普通高等教育新工科机器人工程系列教材

工业机器人

主　编　尹海斌　曾文会
副主编　李　丽　姚碧涛
参　编　潘运平　雷　艇　卢　红　吴超群

机械工业出版社

本书响应新工科智能制造工程专业课程建设，立足经典，兼顾前沿，有系统的理论知识体系和前沿知识介绍，能够让学生在学习经典理论知识的过程中了解机器人技术的前沿方向。

本书主要内容包括：工业机器人概述、工业机器人的机械部分、工业机器人的理论基础、工业机器人运动学、工业机器人静力学、工业机器人动力学、工业机器人轨迹规划、工业机器人动态控制、工业机器人机电统一设计方法和工业机器人应用技术。

本书可作为各大院校智能制造工程、机械工程、机械制造及其自动化、机电一体化、机械设计及理论、机器人工程等专业的教材，也可作为机器人技术领域的广大工程技术人员，特别是产品技术人员的参考书。

图书在版编目（CIP）数据

工业机器人 / 尹海斌，曾文会主编. -- 北京 ：机械工业出版社，2025. 6. -- （普通高等教育新工科机器人工程系列教材）. -- ISBN 978-7-111-78183-7

Ⅰ. TP242. 2

中国国家版本馆 CIP 数据核字第 20253GB720 号

机械工业出版社（北京市百万庄大街 22 号　邮政编码 100037）

策划编辑：余　皞　　　　责任编辑：余　皞　杜丽君

责任校对：张　薇　王　延　　封面设计：张　静

责任印制：邓　博

河北鑫兆源印刷有限公司印刷

2025 年 6 月第 1 版第 1 次印刷

184mm×260mm · 9. 75 印张 · 237 千字

标准书号：ISBN 978-7-111-78183-7

定价：35. 80 元

电话服务　　　　　　　　　网络服务

客服电话：010-88361066　　机　工　官　网：www. cmpbook. com

　　　　　010-88379833　　机　工　官　博：weibo. com/cmp1952

　　　　　010-68326294　　金　　书　　网：www. golden-book. com

封底无防伪标均为盗版　　机工教育服务网：www. cmpedu. com

前　言

本书是一本立足新工科，面向智能制造工程人才培养，服务智能制造工程专业建设的教材。本书兼顾经典的理论和前沿的科研实践，在讲授系统的理论知识体系的基础上，扩充介绍了科研新成果和应用案例，不仅能让学生掌握机器人的操作与编程知识，还能让学生理解编程的原理，引领学生思考交叉前沿的发展方向。

本书在机器人机构运动学、静力学、动力学的经典理论基础上结合科技前沿发展方向，描述了工业机器人的组成结构，讲解了工业机器人轨迹规划、动态控制和机器人统一设计方法，扩充了科研成果和应用案例的介绍，知识点丰富，实例生动有趣。

本书所涉及的研究成果和应用案例是在国家自然科学基金面上项目（51575409）和重大研究计划培育项目（91848102）等的资助下取得的。本书的编写人员都是机器人领域的研究人员，主持过多项国家级和企事业单位的机器人领域项目，同时发表过多篇机器人领域的顶级学术论文，在机器人领域具有深厚的学术研究基础，力求把工业机器人领域的前沿研究成果和学术科研心得贯穿于本科教学。

本书第 1、2 章由曾文会编写，第 3～6、8、9 章由尹海斌编写，第 7 章由潘运平编写，第 10 章由姚碧涛、卢红和吴超群编写，本书配套的数字资源由李丽和雷艇编写。

本书的编写完成得到了众多智能制造与机器人领域的专家、教授和工程技术人员的热情支持与帮助。特别是同济大学的陈明教授、陈云教授和于颖教授对本书提出了许多宝贵意见，以及课题组的研究生张夫刚和刘北等同学对书中的公式和图表进行了编辑校正，在此表示衷心的感谢。

限于编者的水平，书中难免会存在不妥之处，衷心希望广大读者批评指正。

编　者

目　录

第 1 章
工业机器人概述

1.1 工业机器人的概念

国际标准化组织（ISO）对工业机器人的定义为：工业机器人是一种具有自动控制的操作和移动功能，能完成各种作业的可编程操作机。

我国国家标准（GB/T 12643—2013《机器人与机器人装备　词汇》）对工业机器人的定义为：工业机器人是一种能够自动定位控制，可重复编程的，多功能的、多自由度的操作机，能搬运材料、零件或操持工具，用于完成各种作业。

通俗地讲，工业机器人是广泛用于工业领域的多关节机械手或多自由度的机器装置，具有一定的自动化能力，可依靠自身的动力能源和控制能力实现各种工业加工制造功能。工业机器人被广泛应用于电子、物流、化工、航空航天等工业领域之中。

1.2 工业机器人的发展历程

工业机器人是自动执行工作的机器装置。它既可以接受人类指挥，又可以运行预先编写的程序，也可以根据以人工智能技术制订的原则纲领行动。它的任务是协助或代替人类的工作。机器人是融合多学科如控制论、机械电子、计算机、材料和仿生学等的产物，在工业、医学、农业、服务业、建筑业甚至军事等领域中均有重要用途。工业机器人诞生于 1959 年，至今经历了 60 多年的发展。

1）第一代工业机器人：顺序工业机器人。第一代工业机器人能够按照人类预先示教的轨迹、行为、顺序和速度重复作业，可由操作员手把手进行或通过示教器完成，如图 1-1 所示。1947 年，为了搬运和处理核燃料，美国橡树岭国家实验室开始研发世界上第一台遥控的工业机器人。1959 年，戴沃尔与美国发明家英格伯格联手制造出第一台工业机器人，成立了世界上第一家工业机器人制造工厂——Unimation 公司，由此英格伯格被称为“工业机器人之父”。1962 年，美国又研制成功了 PUMA 通用示教再现型工业机器人，这种工业机器人通过一台计算机来控制一个多自由度的机械，通过示教存储程序和信息，工作时把存储的信息读取出来，根据信息发出指令，这样机器人可以按照示教的过程再现出这种动作。例如汽车的点焊机器人，只要把点焊的过程示教完以后，它就可以重复这种动作了。

2）第二代工业机器人：感觉型工业机器人。示教再现型工业机器人对于外界的环境没有感知，如操作力的大小、工件是否存在、焊接的好坏与否并无法判断。因此，在 20 世纪 70 年代后期，人们开始研究第二代工业机器人，即感觉型工业机器人，这种机器人拥有类似人的某种感觉，如力觉、触觉、滑觉、视觉、听觉等，它能够通过感觉来识别工件的形状、大小、颜色。图 1-2 所示为配备视觉系统的工业机器人。

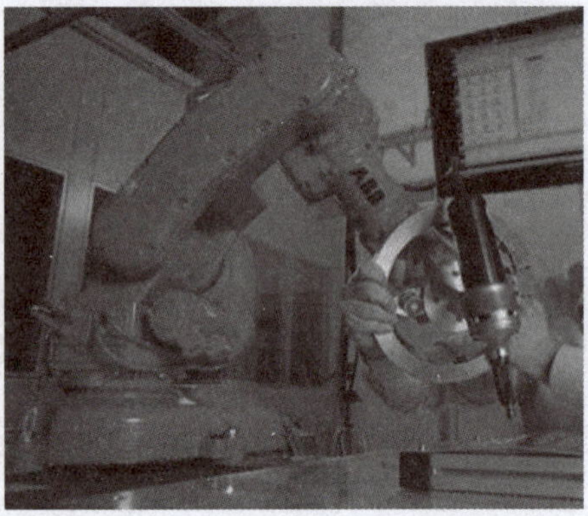

图 1-1　手把手示教

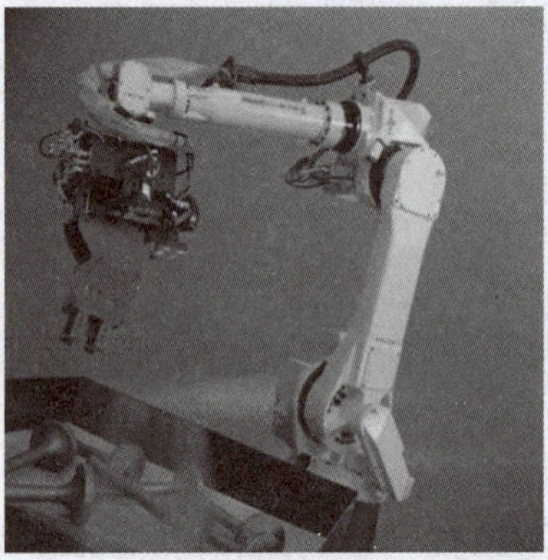

图 1-2　配备视觉系统的工业机器人

3）第三代工业机器人：智能型工业机器人。20 世纪 90 年代，人们发明了第三代工业机器人。这种机器人带有多种传感器，可以进行复杂的逻辑推理、判断及决策，能在变化的内部状态与外部环境中自主决定自身的行为。2005 年，YASKAWA 公司推出可代替人类完成组装或搬运工作的机器人 MOTOMAN-DA20（图 1-3a）和 MOTOMAN-IA20（图 1-3b）。2010 年，意大利 COMAU 公司推出 SMART5PAL 机器人（图 1-3c），可实现装载、卸载、多产品拾取、堆垛等。国际工业机器人技术日趋成熟，基本沿着两条路径在发展：一是模仿人的手臂，实现多维运动，典型应用为点焊、弧焊机器人；二是模仿人的下肢运动，实现物料输送、传递等搬运功能，如搬运机器人。

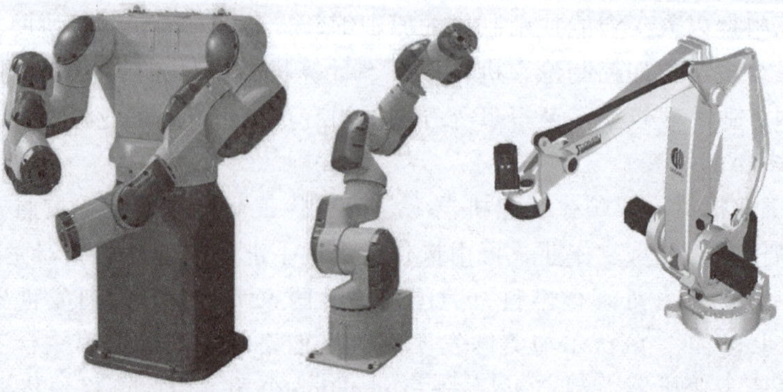

a) MOTOMAN-DA20　　b) MOTOMAN-IA20　　c) SMART5PAL

图 1-3　第三代工业机器人

1.3　工业机器人的生产应用

随着社会的不断进步与发展，科技水平日益提高，机器人作为人工智能领域不可或缺的一部分自然也有了极大的发展。除了我们日常生活中最常见到的家用机器人（如扫地机器人），工业机器人也在各个行业中扮演着不可替代的角色。

移动机器人是工业机器人的一种类型，它由计算机控制，具有移动、自动导航、多传感器控制、网络交互等功能，广泛应用于机械、电子、纺织、医疗、食品、造纸等行业的柔性搬运、传输等环节，以及自动化立体仓库、柔性加工系统、柔性装配系统，如图 1-4 所示。

a)

b)

图 1-4　移动机器人的应用

焊接机器人具有性能稳定、工作空间大、运动速度快和负荷能力强等特点，其焊接质量明显优于人工焊接质量，大大提高了焊接作业的生产率，如图 1-5 所示。

a) 120kg点焊机器人

b) 6kg弧焊机器人

图 1-5　焊接机器人的应用

真空机器人是一种在真空环境下工作的工业机器人，如图 1-6 所示，主要应用于半导体工业，实现晶圆在真空腔室内的传输。真空机器人因其难进口、受限制、用量大、通用性强，成为制约半导体装备整机研发进度和整机产品竞争力的关键部件。

洁净机器人是一种在洁净环境中使用的工业机器人。随着生产技术水平不断提高，对生产环境的要求也日益苛刻，很多现代工业产品生产都要求在洁净环境中进行。洁净机器人是在洁净环境下生产的关键设备，其广泛应用于半导体制造、生物医药制造、光学仪器制造和精密电子制造等行业中，如图 1-7 所示。

图 1-6　真空机器人

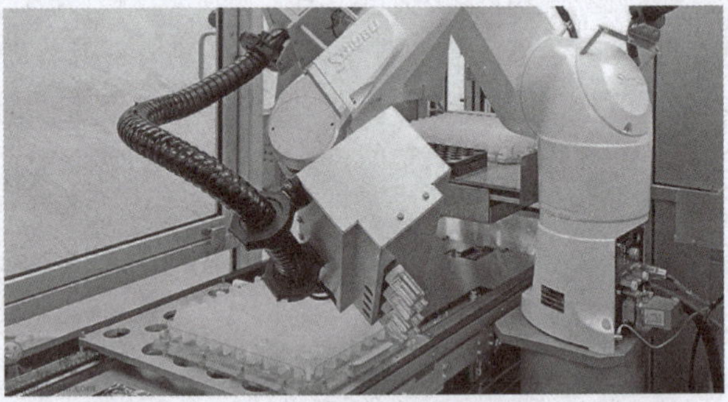

图 1-7　洁净机器人

1.4　工业机器人的分类

（1）按坐标形式分类　常见工业机器人是由杆件和运动副构成的。工业机器人的关节常为单自由度主动运动副，即每一个关节均由一个驱动器驱动。运动副有移动副 P、转动副 R 两种，见表 1-1。

表 1-1　常用的运动副符号表示方法

名称	简图	图例
移动副		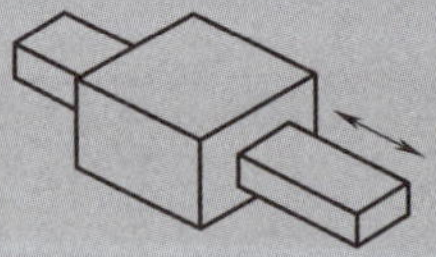
转动副	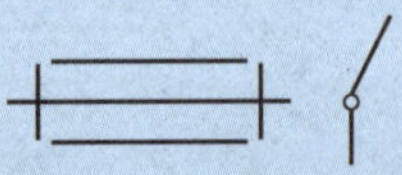	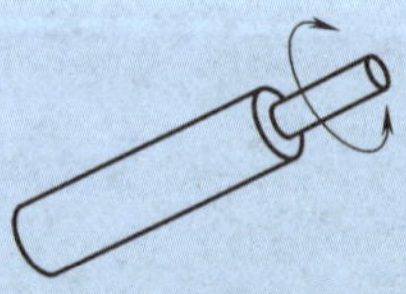

按照 P 和 R 的不同组合，可以分为直角坐标机器人、圆柱坐标机器人、极坐标机器人、关节坐标机器人、平面关节型机器人、并联机器人等。

1）直角坐标机器人（PPP）。如图 1-8 所示，直角坐标机器人含有三个直线运动轴，各个运动轴通常对应直角坐标系中的 x 轴、y 轴和 z 轴。一般 x 轴和 y 轴是水平面内运动的轴，z 轴是上下运动的轴。在绝大多数情况下，直角坐标机器人的各个直线运动轴间的夹角为直角。

直角坐标机器人可以在三个互相垂直的方向上做直线伸缩运动。这类机器人在各个方向上的运动是独立的，计算和控制比较方便，但占地面积大，仅限于特定的应用场合，有较多的局限性。

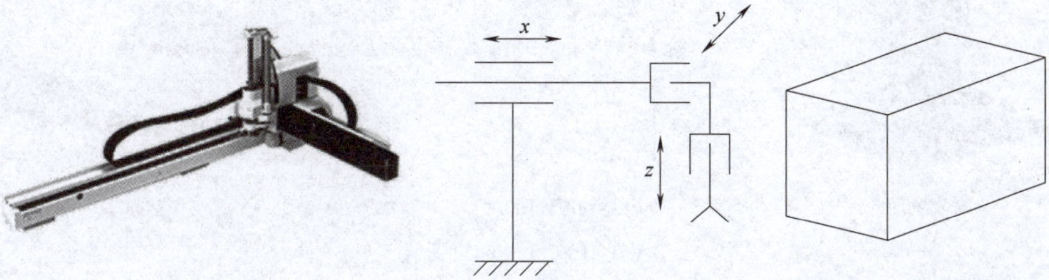

a) 实物图　　b) 运动原理图　　c) 工作空间

图 1-8　直角坐标机器人

2）圆柱坐标机器人（RPP）。圆柱坐标机器人的末端执行器空间位置的改变是由两个移动坐标和一个旋转坐标实现的。如图 1-9 所示，r、θ 和 z 为机器人的三个坐标，其中 r 是手臂的径向长度，θ 是手臂的角位置，z 是垂直方向上手臂的位置。如果机器人手臂的径向坐标 r 保持不变，机器人手臂的运动将形成一个圆柱表面。

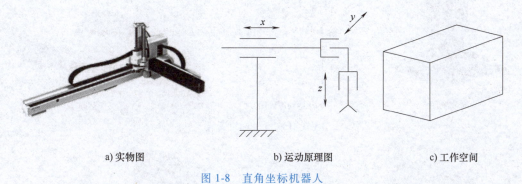

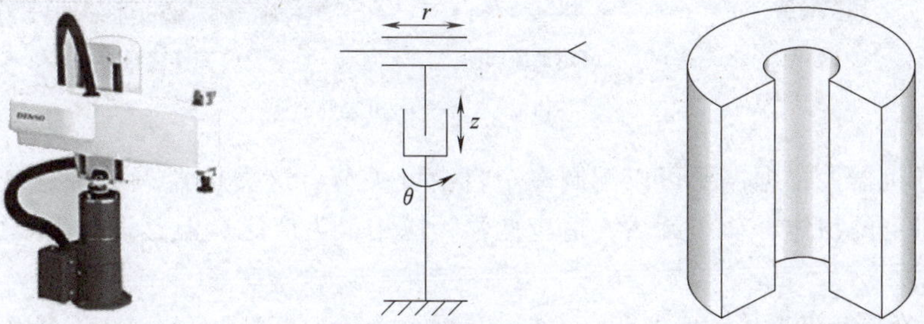

a) 实物图　　b) 运动原理图　　c) 工作空间

图 1-9　圆柱坐标机器人

圆柱坐标机器人位置精度高，运动直观，控制简单，结构简单，占地面积小，性价比高，因此应用广泛。但由于立柱尺寸和基础高度的限制，使其不能抓取靠近立柱或地面上的物体。

3）极坐标机器人（RRP）。极坐标机器人的运动由一个直线运动和两个转动组成，即沿 r 轴的伸缩、绕 ϕ 轴的俯仰和绕 θ 轴的回转。如图 1-10 所示，r、θ 和 ϕ 为机器人的运动坐标，其中 r 是机械臂的径向长度，θ 是绕垂直底座的轴转动的回转角，ϕ 是机械臂在铅垂面内的俯仰角。这种机器人运动所形成的轨迹表面是半球面。

极坐标机器人的结构紧凑，动作灵活，占地面积小。但其结构复杂，定位精度低，运动直观性差。

4）关节坐标机器人（RRR）。关节坐标机器人由底座、立柱、大臂和小臂组成，具有拟人的机械结构，底座与立柱构成腰关节，立柱与大臂构成肩关节，大臂与小臂构成肘关节。如图 1-11 所示，θ 是腰关节坐标，ϕ_1 是肩关节坐标，ϕ_2 是肘关节坐标，具有三个转动副的关节坐标机器人工作空间为空心球体形状。这种机器人执行器可以达到空心球形空间内绝大部分位置，所能达到区域的形状取决于大臂和小臂的长度比例。

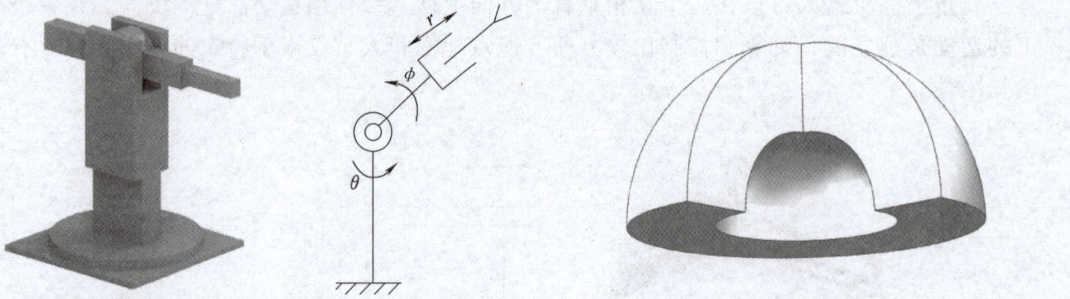

a) 实物图　　b) 运动原理图　　c) 工作空间

图 1-10　极坐标机器人

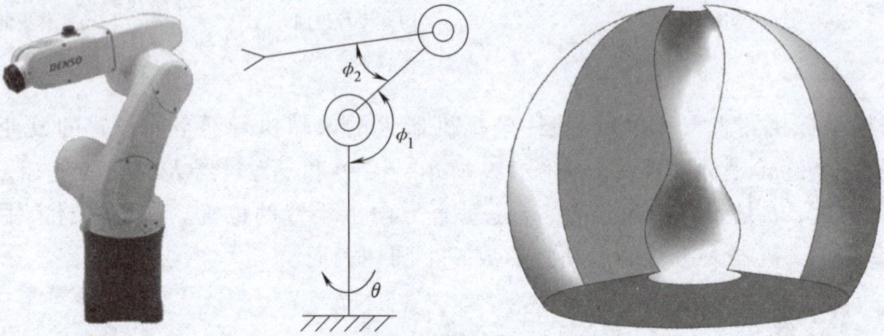

a) 实物图　　b) 运动原理图　　c) 工作空间

图 1-11　关节坐标机器人

关节坐标机器人根据需要可以配制多个自由度关节。这类机器人的特点是作业范围大，能抓取靠近机身的物体，动作灵活，适应性强，应用最为广泛。但其运动直观性差，制造难度大，成本高。

5）平面关节型机器人（Selective Compliance Assembly Robot Arm，SCARA）。如图 1-12 所示的 SCARA 机器人具有三个转动关节和一个移动关节，三个转动关节的轴线相互平行，可在平面内进行定位和定向，移动关节用于执行器在垂直于平面方向上的运动。

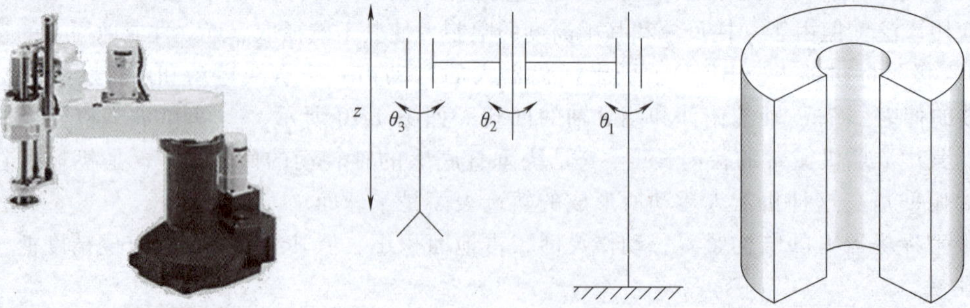

a) 实物图　　b) 运动原理图　　c) 工作空间

图 1-12　SCARA 机器人

SCARA 机器人的特点是在垂直平面内具有很好的刚度，在水平面内具有较好的柔顺性，动作灵活，速度快，定位精度高，常用于装配。

6）并联机器人。如图 1-13 所示，并联机器人是指动平台和定平台通过两个以上独立的运动链相连接，机构具有两个以上自由度，且以并联方式驱动的一种闭环机构。

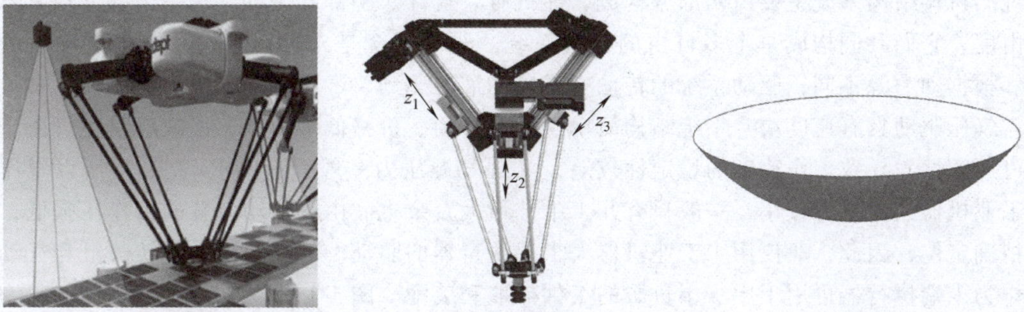

a) 实物图　　b) 运动原理图　　c) 工作空间

图 1-13　并联机器人

并联机器人的特点呈现为无累积误差，精度较高，驱动装置可置于定平台上或接近定平台的位置，运动部分重量轻、速度高、动态响应好，但工作空间小且控制复杂。

（2）按驱动方式分类

1）电动机驱动机器人。该类机器人使用最多，驱动元件可以是步进电动机、直流伺服电动机和交流伺服电动机。目前使用交流伺服电动机是主流。

2）液压驱动机器人。该类机器人有很大的抓取能力（抓取力可高达上千牛），液压力可达 7MPa。液压驱动传动平稳，防爆性好，动作也较灵敏，但对密封性要求高，对温度敏感。

3）气压驱动机器人。该类机器人结构简单、动作迅速、价格低，但由于空气可压缩致使工作速度稳定性差，气压一般为 0.7MPa，因而抓取力小（几十牛至百牛）。

（3）按控制方式分类

1）点位控制机器人。该类机器人只控制机器人末端执行器目标点的位置和姿态，对从空间的一点到另一点的轨迹不进行严格控制。该类机器人控制方式简单，适用于上下料、点焊、装卸等作业。

2）连续轨迹控制机器人。该类机器人不仅要控制目标点的位置精度，还要对运动轨迹进行控制，比较复杂。采用这种控制方式的机器人，常用于焊接、涂装和检测等作业。

（4）按使用范围分类

1）可编程的通用机器人。该类机器人工作程序可以改变，通用性强，适用于多品种、中小批量的生产系统。

2）固定程序专用机器人。该类机器人根据工作要求设计成固定程序，多采用液压或气压驱动，结构比较简单。

1.5　工业机器人的系统组成

工业机器人的基本组成是实现机器人功能的基础。现代工业机器人一般由三大部分和六大系统组成。三大部分是指机械部分、传感部分和控制部分。六大系统是指机械结构系统、驱动系统、感知系统、机器人环境交互系统、人机交互系统和控制系统。

(1) 机械部分　机械部分是机器人的本体部分，分为两个系统：机械结构系统和驱动系统。机械结构系统主要由四部分构成，即机身、臂部、腕部和手部，每一个部分均有若干自由度，它们共同构成一个多自由的机械系统。驱动系统是向机械结构系统提供动力的装置。根据动力源不同，驱动系统的传动方式分为液压驱动、气压驱动、电动机驱动。

气压驱动具有速度快、系统结构简单、维修方便、价格低等优点，但缺点是空气由于具有可压缩性，导致工作速度的稳定性较差，又因气源压力一般只有 6kPa 左右，所以气压驱动工业机器人抓举力较小，一般只有几十牛，最大百余牛。由于气动装置的工作压强低，不易精确定位，因此一般仅用于工业机器人末端执行器的驱动。气动手爪、旋转气缸和气动吸盘作为末端执行器可用于中、小负载的工件抓取和装配。图 1-14 所示为典型气压驱动系统。

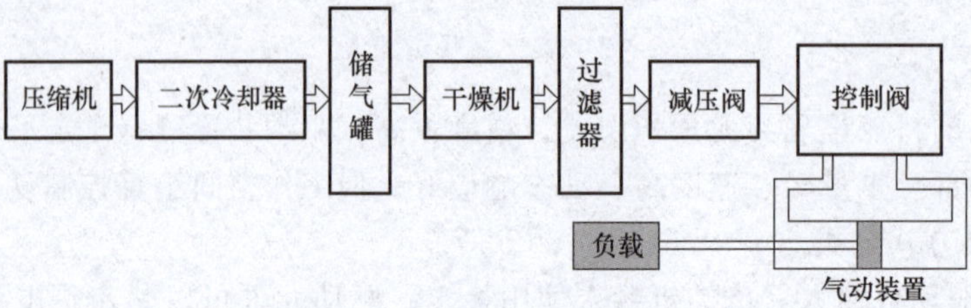

图 1-14　典型气压驱动系统

液压驱动比气压驱动的压力高得多，一般为 7MPa 左右，故液压驱动的工业机器人具有较大的抓举能力，可达上千牛。这类工业机器人结构紧凑、传动平稳、动作灵敏，但对密封性要求较高，且不宜在高温或低温环境下工作。早期的工业机器人采用液压驱动。由于液压驱动存在泄漏和低速不稳定等问题，并且功率单元笨重、昂贵，目前只有大型重载机器人、并联加工机器人和一些特殊应用场合的工业机器人使用液压驱动。图 1-15 所示为典型液压驱动系统。

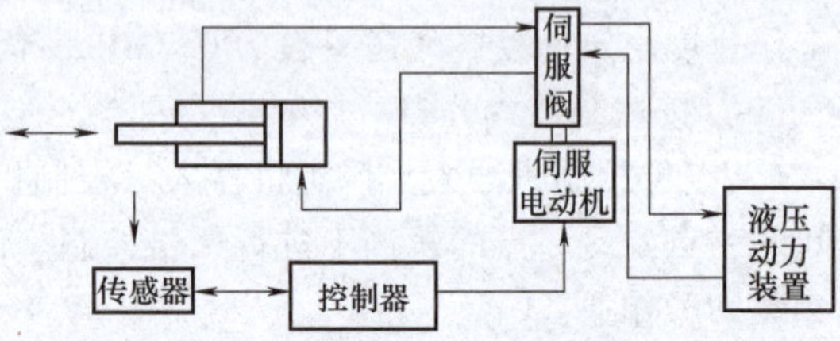

图 1-15　典型液压驱动系统

电动机驱动的工业机器人是目前应用最多的一类工业机器人，不仅因为电动机种类多，为工业机器人提供了多种驱动选择，还因为它们可以运用多种灵活的控制方法。早期工业机器人多采用步进电动机驱动，后来出现了采用直流伺服电动机驱动的工业机器人，目前采用交流伺服电动机驱动的工业机器人也在迅速发展。这些电动机要么直接驱动机器人关节，要么通过减速器减速后驱动机器人关节，结构十分紧凑、简单。

(2) 传感部分　传感部分就好比人类的五官，为机器人工作提供感知能力，有助于机器人工作过程更加精确。这部分主要可以分为两个系统：感知系统和机器人环境交互系统。

感知系统把机器人各种内部状态信息和外部环境信息，从信号转变为机器人自身或者机器人之间能够理解和应用的数据和信息。除了需要感知与自身工作状态相关的物理量，如位移、速度和力等信息外，工业机器人还要感知周围环境或操作对象的状态信息。如机器视觉系统将周围环境信息作为反馈信号，用于控制调整机器人的位置和姿态，已在质量检测、识别工件、食品分拣、包装等各个方面得到了广泛应用。感知系统由内部传感器模块和外部传感器模块组成。几乎所有的机器人都使用内部传感器，如为测量回转关节位置的旋转编码器以及测量速度以控制其运动的测速计。外部传感器（如视觉传感器）可为机器人提供更强的适应能力和自主的操作能力。

机器人环境交互系统是实现工业机器人与外部环境中的设备相互联系和协调的系统。工业机器人可以与外部设备（如加工制造单元、焊接单元、装配单元等）集成为一个功能单元，也可以与多台机器人、多台机床设备或者多个零件存储装置集成为一个能执行复杂任务的功能单元。

（3）控制部分　控制部分相当于机器人的大脑部分，可以直接或者通过人工对机器人的动作进行控制。控制部分也可以分为两个系统：人机交互系统和控制系统。

人机交互系统是使操作人员参与机器人控制并与机器人进行联系的装置，如计算机的标准终端、指令控制台、信息显示板、危险信号警报器、示教盒等。人机交互系统可以分为两大部分：指令给定系统和信息显示板。

控制系统主要根据机器人的作业指令程序以及从传感器反馈回来的信号支配执行机构去完成规定的运动和功能。根据控制原理，控制系统可以分为程序控制系统、自适应控制系统和人工智能控制系统三种。根据运动形式，控制系统可以分为点位控制系统和轨迹控制系统两大类。

通过这三大部分、六大系统的协调作业，工业机器人作为一台智能的机械设备，具备工作精度高、稳定性强、工作速度快等特点，能为企业提高生产率和产品质量奠定基础。

1.6　工业机器人的主要技术参数

工业机器人的技术参数反映了机器人可胜任的工作及具有的最高操作性能等情况，是选择、设计、应用工业机器人时必须考虑的数据指标。工业机器人的主要技术参数有自由度、定位精度、重复定位精度、工作空间、最大工作速度、工作载荷等。

（1）自由度　自由度是指工业机器人所具有的独立坐标轴的运动数目，不包括末端执行器的开合自由度或手指关节的自由度。工业机器人的一个自由度对应一个关节，所以自由度与关节的概念是对等的。自由度是表示工业机器人动作灵活程度的参数，自由度越多工业机器人运动就越灵活，但结构也越复杂，控制难度越大，所以工业机器人的自由度要根据其需要设计，一般在 3~6 个自由度之间。

大于 6 个的自由度称为冗余自由度，冗余自由度增加了机器人的灵活性，可以提升机器人的避障能力或改善机器人的动态性能。

（2）定位精度和重复定位精度　定位精度和重复定位精度是工业机器人的两个主要精度指标。定位精度是指工业机器人末端执行器的实际位置与目标位置之间的偏差值，由机械误差、控制算法误差与系统分辨率等部分组成。重复定位精度是指在同一环境、同一条件、同一目标动作、同一命令之下，机器人连续重复若干次时，其位置的分散情况，是关于精度的统计数据。

重复定位精度不受工作载荷变化的影响，故通常用重复定位精度指标作为衡量工业机器人性能水平的重要指标。定位精度与具体载荷有关，在最大载荷作用下，定位精度的值比重复定位精度值大。例如，MOTOMAN SV3 机器人的定位精度为±0.2mm，而重复定位精度为±0.03mm。

(3) 工作空间　工业机器人执行器末端或手腕中心所能到达的空间区域即为工业机器人的工作空间。工业机器人的工作空间大小不仅与机器人的总体结构形式有关，而且与机器人各连杆的尺寸有关。工业机器人的工作空间通常用图解法和解析法两种方法进行表示。

工业机器人的工作空间的形状和大小是十分重要的，它是衡量工业机器人工作任务是否能够完成的重要指标。

(4) 最大工作速度　工业机器人的厂家不同，最大工作速度的含义也可能不同。有的厂家将最大工作速度规定为工业机器人主要关节的最大稳定转速，有的厂家将最大工作速度规定为执行器末端最大的合成速度。

最大工作速度越高，工作效率就越高。但是，最大工作速度高就要花费更多的时间加速或减速，或者对工业机器人的最大加速度或减速度的要求就更高。

(5) 工作载荷　工作载荷是指工业机器人在工作范围内任何位置上以任意姿态所能承受的最大负载，一般用质量表示。工作载荷不仅取决于负载质量，还与工业机器人的运行速度和加速度的大小、方向有关，一般将高速运行时工业机器人所能抓取的工件质量作为工作载荷指标。

1.7 工业机器人的发展趋势

(1) 人机协作机器人　随着人工智能、机器学习等先进技术的发展，人机协作机器人(也称为协作机器人) 成为工业机器人领域的一个重要发展趋势。这类机器人可以和工人一起工作，实现更加灵活、高效的生产流程。

(2) 智能化　人工智能和机器学习等技术的应用，使得工业机器人可以更好地理解和感知周围环境，并且能够自主地做出决策和反应。智能化的工业机器人具有更高的生产力和运营效率。

(3) 安全性　如今对工业机器人的安全性要求越来越高，特别是在协作和交互方面。为了保障工人的安全，工业机器人必须具有更加精准的感知和控制能力，以及更加完善的安全保护措施。

(4) 数据化　工业机器人正在向数据化方向发展。生产线上的数据会被工业机器人收集和分析，通过算法的优化，进一步提高工业机器人的效率和精度。

(5) 软件化　工业机器人的软件化趋势也越来越明显。随着软件技术的进步，工业机器人软件可以实现更加高效的编程和控制，进而实现更加复杂的操作。

以上是目前工业机器人的主要发展趋势，可以预计，随着人们对机器人技术智能化本质认识的加深，机器人技术会源源不断地向人类活动的各个领域渗透。结合这些领域的应用特点，各式各样具有感知、决策、行动和交互能力的特种机器人和智能机器人将不断涌现。

课后习题

1-1　简述工业机器人和智能机器人的定义。

1-2　简述工业机器人的组成部分及其作用。

1-3　简述工业机器人的分类形式。

1-4　简述工业机器人的主要技术指标有哪些。

1-5　简述工业机器人的未来发展趋势。

第2章 工业机器人的机械部分

工业机器人通常是应用于工业领域的多关节机械手或者多自由度机器人，它的成功应用降低了人类的劳动强度，提高了企业生产率。如图2-1所示，工业机器人的机械部分包括机械结构系统和驱动系统。机械结构系统主要包括基座、腰部（机身）、臂部、腕部和手部（末端执行器），驱动系统将这些结构通过运动副关联起来。

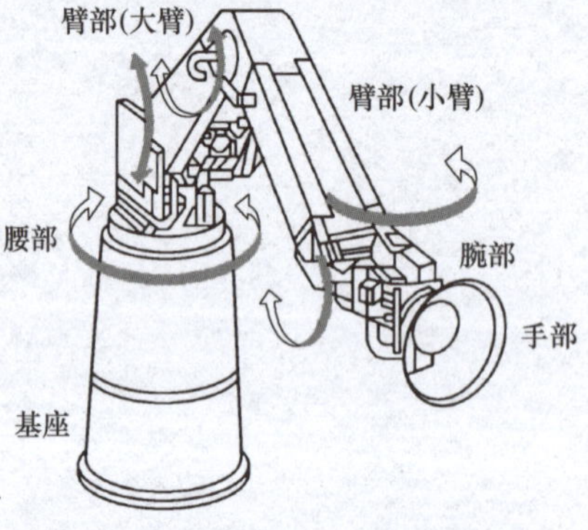

图2-1　工业机器人的机械部分

2.1　工业机器人的机械结构系统设计

1. 设计原则

（1）最小运动惯量原则　由于工业机器人运动部件多，运动状态经常改变，必然会产生冲击和振动，采用最小运动惯量原则，可增加工业机器人运动平稳性，提高操作机动力学特性。为此，在设计时应注意在满足强度和刚度的前提下，尽量减小运动部件的质量，并注意运动部件对转轴的质心配置。

（2）尺度规划优化原则　当工业机器人设计要求满足一定工作空间要求时，通过尺度优化选定最小的臂杆尺寸，将有利于工业机器人刚度的提高，使运动惯量进一步减小。

（3）高强度材料选用原则　由于工业机器人从腕部、小臂、大臂到基座是依次作为负载起作用的，选用高强度材料以减小零部件的质量是十分必要的。

（4）刚度设计的原则　在工业机器人设计中，刚度是比强度更重要的问题。要使刚度最大，必须恰当地选择杆件剖面形状和尺寸，提高支承刚度和接触刚度，合理地安排作用在臂杆上的力和力矩，尽量减少杆件的弯曲变形。

（5）可靠性原则　工业机器人因机构复杂、环节较多，可靠性问题显得尤为重要。一般来说，元器件的可靠性应高于部件的可靠性，而部件的可靠性应高于整机的可靠性。可以通过概率设计方法设计出可靠度满足要求的零件或结构，也可以通过系统可靠性综合方法评定工业机器人的可靠性。

（6）工艺性原则　工业机器人是一种高精度、高集成度的自动机械系统，良好的加工和装配工艺性是设计时要体现的重要原则之一。仅有合理的结构设计而无良好的工艺性，必然导致工业机器人性能的降低和成本的提高。

2. 机械结构设计

（1）需求分析　根据工业机器人的使用场合，明确采用工业机器人的目的和任务；分析工业机器人所在系统的工作环境，包括与已有设备的兼容性；认真分析系统的工作要求，确定工业机器人的基本功能和方案；进行必要的调查研究，搜集国内外的有关技术资料，进行综合分析，找出可取之处和需要注意的问题。

（2）确定技术参数　根据需求分析，确定工业机器人的基本参数，包括自由度、定位精度、工作空间、最大工作速度、工作载荷等。

（3）选择工业机器人运动形式　根据需求分析以及技术参数确定工业机器人的运动形式，然后才能确定其结构。常见的工业机器人运动形式有直角坐标型、圆柱坐标型、极坐标型、关节坐标型及 SCARA 型等。

（4）确定检测传感系统　选择合适的传感器，以便在结构设计时考虑安装位置。

（5）确定控制系统总体方案　结构设计中还要考虑控制器的放置与布线。需要选择工业机器人的控制方式，确定控制系统类型，设计计算机控制硬件电路，编制相应控制软件。然后确定控制系统总体方案，绘制出控制系统框图，并选择合适的电气元件。

（6）机械结构设计　确定驱动方式，选择运动部件和设计具体结构，绘制工业机器人总装图及主要零部件图。

2.2　工业机器人的驱动系统

工业机器人的驱动系统是使机器人各运动部件动作的执行机构，对工业机器人的性能和功能影响很大。

1. 驱动方式

工业机器人的驱动方式主要有液压驱动、气压驱动和电动机驱动三种。

（1）液压驱动　工业机器人的液压驱动以有压力的液压油作为传递运动和动力的工作介质，实现机器人的动力传递和控制。如图 2-2 所示，电动机带动液压泵输出液压油，将电动机供给的机械能转换成液压油的压力能，液压油经过管道及一些控制调节装置等进入液压缸，推动活塞杆，从而使手臂产生收缩、伸出等运动，将液压油的压力能又转换成机械能。

（2）气压驱动　气压驱动工业机器人是指以压缩空气为动力源驱动的工业机器人。气动执行机构包括气缸、气动马达（也称为气马达），如图 2-3 所示。气缸和气动马达是将压缩空气的压力能转换为机械能的一种能量转换装置。气缸可以输出力，驱动工作部分做直线往复运动或往复摆动。气动马达输出力矩，驱动机构做回转运动。气动马达和液压马达相比，具有长时间工作温升很小，输送系统安全、价格低，可以瞬间升到全速运行等优点。

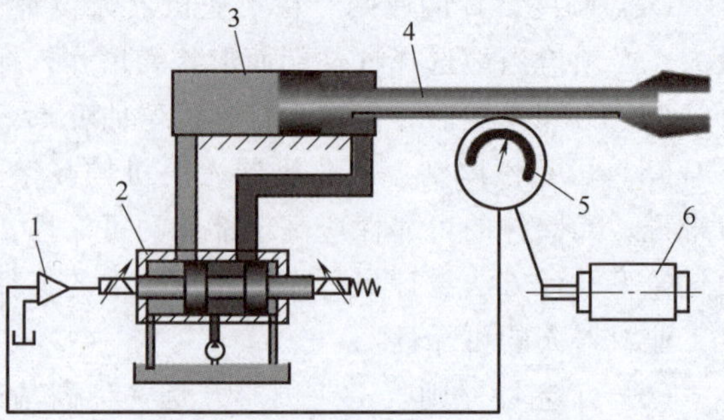

图 2-2　液压驱动原理

1—放大器　2—电液伺服阀　3—液压缸

4—机械手臂　5—电位器　6—步进电动机

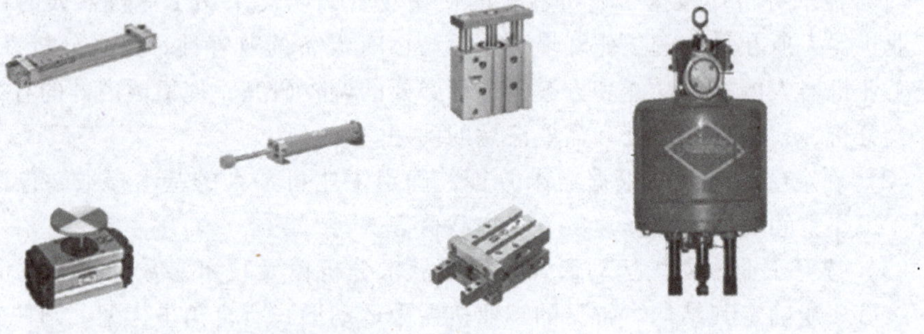
a) 不同类型的气缸　　b) 气动马达

图 2-3　气动执行机构

（3）电动机驱动　工业机器人电动机驱动是利用各种电动机产生的力矩和力，直接或间接地驱动机器人本体以获得机器人的各种运动的执行机构。

用于工业机器人的电动机驱动系统大致可分为以下两种：

1）交流伺服电动机：包括永磁同步交流伺服电动机和感应异步交流伺服电动机。伺服电动机一般与伺服驱动器共同构成伺服驱动系统，伺服电动机的端部安装有编码器，编码器的反馈连接到伺服驱动器，形成半闭环控制。如图 2-4 所示为半闭环伺服控制系统，其反馈信号通过伺服电动机编码器测量。这种方法间接测量运动部件的移动量，采用误差补偿消除传动环节的误差，在工业机器人与数控机床中广泛应用。

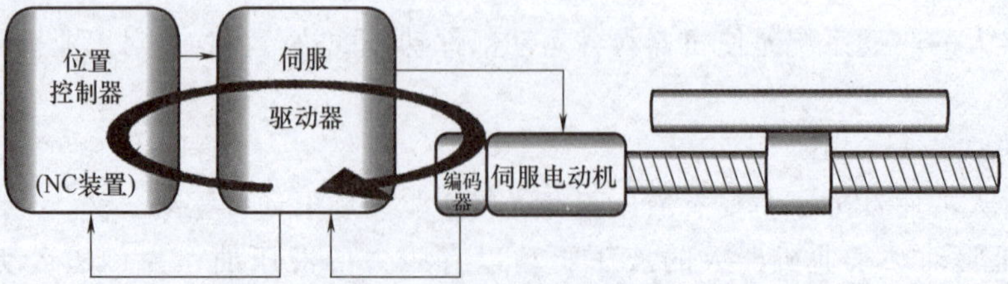

图 2-4　半闭环伺服控制系统

此外，相比于半闭环伺服控制系统，全闭环伺服控制系统（图 2-5）直接对运动部件的实际位置进行测量，可消除中间传动环节的误差对运动部件的位置控制精度的影响，位置控制精度高，但检测传感器价格高，多用于超精设备，如镗铣床、超精车床、超精磨床以及较大型的数控机床等。

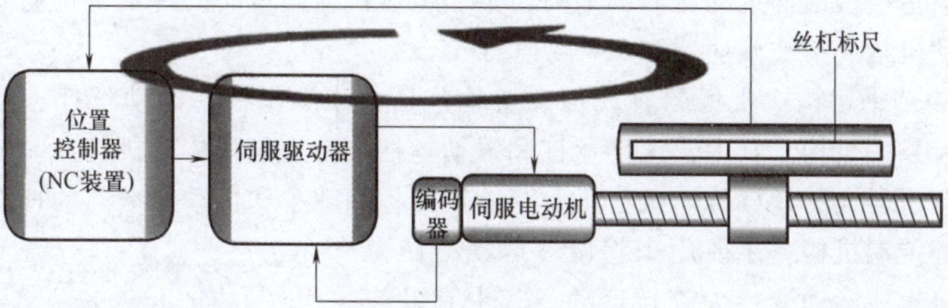

图 2-5　全闭环伺服控制系统

2）直流伺服电动机：包括有刷直流伺服电动机和无刷直流伺服电动机。有刷直流伺服电动机因为存在电刷磨损、换向摩擦静电以及不能直接用于有防爆要求的场合等问题，目前多采用无刷直流伺服电动机。无刷直流伺服电动机本质上采用了电子换向装置，它和永磁同步电动机在结构上非常相似，前者的电势为方波形，后者的电势为正弦波。

工业机器人关节通常采用伺服电动机和减速机构一起实现低速、大扭矩运动。

（4）三种驱动方式对比　液压技术是一种比较成熟的技术，液压驱动具有动力大、力（或力矩）与惯量比大、响应快速、易于实现直接驱动等优点，适于在承载能力大、惯量大以及要求在防爆环境中工作的工业机器人中应用。但液压系统需进行能量转换（电能转换成液压能），多数情况下采用节流调速，效率比电力驱动系统低。液压驱动系统对环境会产生一定污染，工作噪声也较大，因此在负荷为 100kg 以下的工业机器人中往往被电动驱动系统所取代。

气压驱动系统具有速度快、系统结构简单、维修方便、价格低等优点，适于在中、小负荷的工业机器人中采用，但因难于实现伺服控制，多用于程序控制的工业机器人，如用在上、下料和冲压机器人中。

电动机驱动系统具有低惯量、动态特性好、大转矩、响应快速、配套的伺服驱动器技术成熟、电动机驱动系统不需要二次能量转换、使用方便、控制灵活和控制精度好等优点，在工业机器人中广泛应用。但大多数电动机需配套精密的传动机构或减速机构使用，因此成本也比上两种驱动方式高。

表 2-1 所列为三种驱动方式的特点及优缺点。

表 2-1　三种驱动方式的特点及优缺点

种类	特点	优点	缺点
液压驱动	液压源的压力为(20～80)×10^5Pa，要求操作人员技术熟练	输出功率大，速度快，动作平稳，可实现定位伺服，易于计算机控制，响应快	设备难于小型化，液压源或液压油要求(杂质、温度、油量、质量)严格，易泄漏且有污染
气压驱动	空气压力源的压力为(5～7)×10^5Pa，要求操作人员技术熟练	气源使用方便，成本低，无泄漏和污染，速度快，操作比较简单	功率小，体积大，动作不够平稳，设备不易小型化，远距离传输困难，工作噪声大，难于伺服
电动机驱动	可使用商用电源，信号与动力的传送方向相同，有交流和直流之别，应注意电压之大小	操作简便，编程容易，能实现定位伺服，响应快，易于计算机控制，体积小，动力较大，无污染	瞬时输出功率大，过载能力差，特别是由于某种原因而卡住时，会引起过载事故，易受外部环境影响

2. 传动机构

为了保证末端执行器所要求的位置、姿态准确和实现其运动功能，驱动需要选择合适的传动机构来满足机械结构运动所需的动力参数。工业机器人常用的传动机构主要有直线传动机构、带传动机构、谐波减速器和 RV 减速器。

（1）直线传动机构　常见的直线传动机构包括：滚珠丝杠、滑动丝杠、同步带、轮式滚动、齿轮齿条等机构。其中，滚珠丝杠和滑动丝杠统称为丝杠传动机构。

用于工业机器人的丝杠传动机构具备结构紧凑、间隙小和传动效率高的特点。丝杠传动机构又称螺旋传动机构，主要用来将旋转运动变换为直线运动或将直线运动变换为旋转运动。其中有以传递能量为主的，如螺旋压力机、千斤顶等；也有以传递运动为主的，如机床工作台的进给丝杠；还有用于调整零件之间相对位置的，如螺旋传动机构等。图 2-6 所示为滚珠丝杠的基本组成。当丝杠转动时，带动滚珠沿螺纹滚道滚动，为防止滚珠从滚道端面掉出，在螺母的螺旋槽两端设有滚珠回程引导装置，构成滚珠的循环返回通道，从而形成滚珠滚动的闭合通道。滚珠丝杠具有轴向刚度高、传动精度高、使用寿命长、不易磨损、运动平稳、传动可逆、不能自锁等特点。

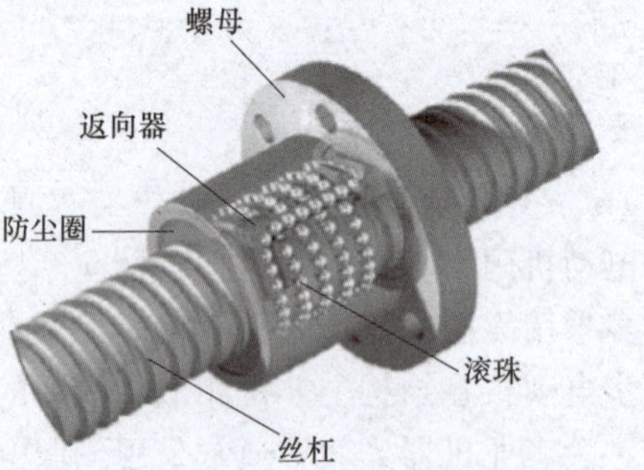

图 2-6　滚珠丝杠的基本组成

（2）带传动机构　带传动机构不仅可以实现直线运动，还可以将驱动轴和运动轴分开布置，实现工业机器人的结构质量合理分布。

图 2-7 所示为带传动机构简图。带传动机构具有重量轻、传动加速度大、动态特性好的优点。在工业机器人驱动系统中使用较多的为同步带传动。其主要特点为：带与带轮间无相对滑动，传动比恒定、准确；传动平稳，具有缓冲、减振能力，噪声低；传递速度快、中心距大、传动比大；由于预拉力小，承载能力也较小；安装精度要求高，对中心距的要求严格；长距离传动时需要安装张紧轮或使中心距可调。

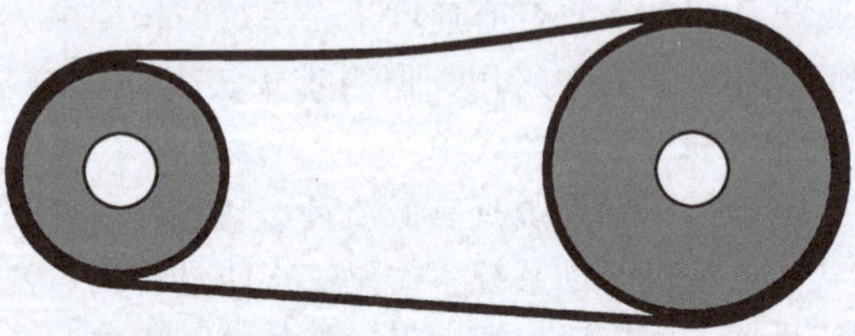
图 2-7　带传动机构简图

直线传动机构和带传动机构在工业机器人驱动系统中扮演着重要角色，但也存在占用空间较多的问题。当工业机器人机械结构需要紧凑的关节驱动系统时，应选择具有传动链短、体积小、功率大、重量轻和易于控制等特点的关节减速传动机构。大量应用在关节坐标机器人上的减速传动机构主要有谐波减速器和 RV 减速器两种。

（3）谐波减速器　如图 2-8 所示，谐波减速器通常由三个基本构件组成，包括一个有内齿的刚轮，一个工作时可产生径向弹性变形并带有外齿的柔轮，以及一个装在柔轮内部、呈椭圆形、外圈带有柔性滚动轴承的谐波发生器。在这三个基本构件中可任意固定一个，其余一个为主动件，另一个为从动件。

刚轮是一个加工有连接孔的刚性内齿圈，其齿数比柔轮略多（一般多 2 或 4 齿）。刚轮上的孔通常用于减速器安装和固定，在超薄型或微型减速器上，刚轮与交叉滚子轴承

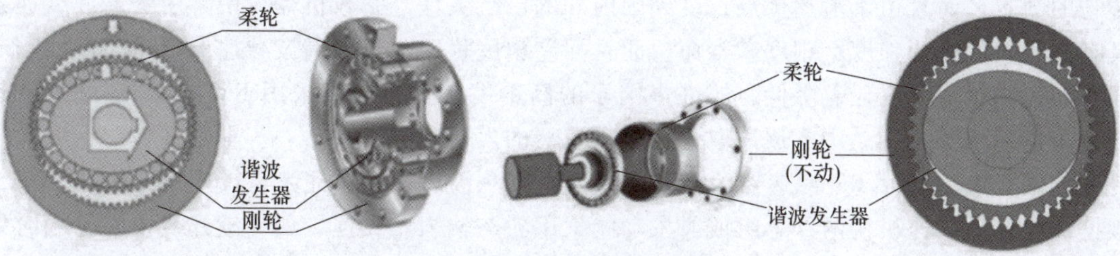

图 2-8　谐波减速器原理图

（Cross Roller Bearing，CRB）设计成一体，构成减速器单元。

柔轮是一个可产生较大变形的薄壁金属弹性体，有水杯、礼帽、薄饼等形状。柔轮通过外齿圈与刚轮啮合，通常用来连接输出轴。

谐波发生器又称波发生器，其内侧是一个椭圆形的凸轮，凸轮外圆套有一个能弹性变形的柔性滚动轴承，轴承外圈与柔轮外齿圈的内侧接触。凸轮装入轴承内圈后，轴承、柔轮均将变成椭圆形，并使椭圆长轴附近的柔轮齿与刚轮齿完全啮合，短轴附近的柔轮齿与刚轮齿完全脱开。凸轮通常与输入轴连接，它的旋转可使柔轮齿与刚轮齿的啮合位置不断改变。

谐波发生器为主动件，刚轮或柔轮为从动件。刚轮有内齿圈，柔轮有外齿圈，其齿形为渐开线或三角形，齿距相同而齿数不同，刚轮的齿数比柔轮的齿数多几齿。柔轮是薄圆筒形的，由于谐波发生器的长径比柔轮内径略大，故装配在一起时就将柔轮撑成椭圆形。工程上常用的谐波发生器有两个触头的（即双波发生器），也有三个触头的。双波发生器的刚轮和柔轮的齿数之差为 2，其椭圆长轴的两端柔轮与刚轮的齿相啮合，在短轴方向的齿完全分离。当谐波发生器逆时针方向转一圈时，两轮相对位移为两个齿矩。当刚轮固定时，柔轮的回转方向与谐波发生器的回转方向相反。

与一般齿轮传动相比，谐波减速器有如下特点：

1）传动比大。单级传动比为 50~300，双级传动比可达 2×10^6。

2）传动平稳，承载能力高。在传动的同时参与啮合的齿数多。传递单位转矩的体积小、重量轻。在相同的工作条件下，体积可减小 20%~50%。

3）齿面磨损小而均匀，传动效率高。若正确选择啮合参数，则齿面的相对滑动速度很低。传动效率随着转矩的增加而增加。而当传递的转矩比额定值小 20%时，效率很快降低。

4）传动精度高。在制造精度相同的情况下，谐波减速器的传动精度可比普通齿轮传动高一级。若齿面经过很好的研磨，则谐波减速器的传动精度要比普通齿轮传动高 4 倍。

5）传动回差小。谐波减速器的传动回差可小于 1′，甚至可以实现无回差。

6）可以通过密封箱传递运动。当采用长杯式柔轮固定传动时，谐波减速器可实现向密封箱内传递运动，这是其他传动机构很难实现的。

7）谐波减速器不能获得中间输出，并且杯式柔轮刚度较低。

（4）RV 减速器　如图 2-9 所示，RV 减速器主要由太阳轮（中心轮）、行星轮、转臂（曲柄轴）、转臂轴承、摆线轮（RV 齿轮）、针齿、刚性盘与输出盘等零部件组成。它具有体积小、寿命长、传动比范围大、传动平稳、环境适应性强及扭转刚度大等优点。高精度工业机器人传动多采用 RV 减速器。

RV 减速器是在传统的针摆行星传动的基础上发展出来的，不仅克服了一般的针摆行星传动的缺点，而且由于上述优点，受到国内外的广泛关注。它较机器人中常用的谐波减速器具有高得多的疲劳强度、刚度和寿命，而且回差精度稳定，不像谐波减速器那样随着使用时间增长运动精度就会显著降低，故许多国家的高精度工业机器人采用 RV 减速器。RV 减速器在先进的机器人传动中有逐渐取代谐波减速器的发展趋势。

如图 2-9b 所示，RV 减速器的传动装置是由第一级渐开线圆柱齿轮行星减速机构和第二级摆线轮行星减速机构两部分组成。主动的太阳轮与输入轴相连，如果渐开线中心轮顺时针方向旋转，它将带动三个呈 120°布置的行星轮在绕太阳轮轴心公转的同时还有逆时针方向自转，三个曲柄轴与行星轮同速转动，两片相位差为 180°的摆线轮铰接在三个曲柄轴上，并与固定的针齿相啮合，在其轴线绕针齿轴线公转的同时，还将反方向自转，即顺时针转动。输出机构（即行星架）由装在其上的三对曲柄轴支撑轴承来推动，把摆线轮上的自转向量以 1∶1 的速比传递出来。

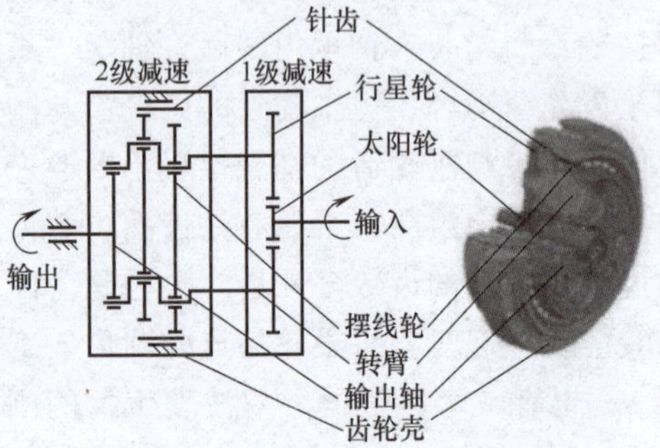

a) RV减速器模型

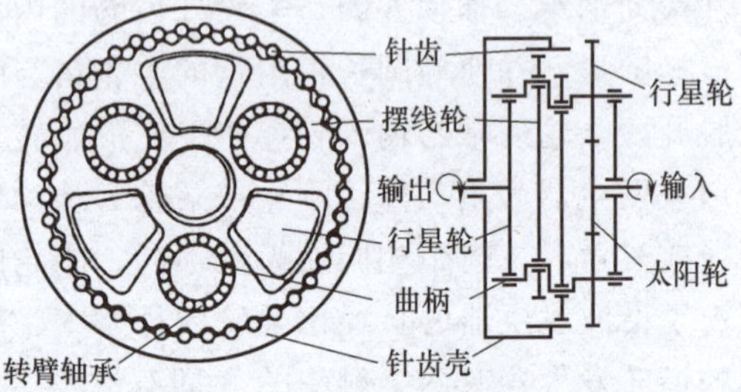

b) RV减速器传动装置

图 2-9 RV 减速器原理图

相比于谐波减速器，RV 减速器具有更高的刚度和回转精度。因此在关节型工业机器人中，一般将 RV 减速器放置在基座、大臂、肩部等重负载的位置，而将谐波减速器放置在小臂、腕部或手部。

2.3 工业机器人的机身与臂部

1. 工业机器人的机身

由于机器人的运动方式、使用条件、载荷能力各不相同，因此所采用的传动装置、传动机构、导向装置也不同，致使其机身结构有很大差异。典型的工业机器人的机身也称腰部或腰身，是连接基座和臂部的部位。机身与臂部是工业机器人结构的主要部分，是实现大范围运动的连杆机构。有些大负载工业机器人实现各种运动的驱动和传动件都安装在机身上，运动方式越多，机身的受力越复杂。

图 2-10 所示为典型的工业机器人机身。机身的回转运动再加上臂部的平面运动，就能使腕部实现一定范围的空间运动。机身是执行机构的关键部位，其制造误差、运动精度和平稳性对工业机器人的定位精度有决定性的影响。

腰关节作为机身的回转关节，既承受很大的轴向力和径向力，又承受倾覆力矩，应具有

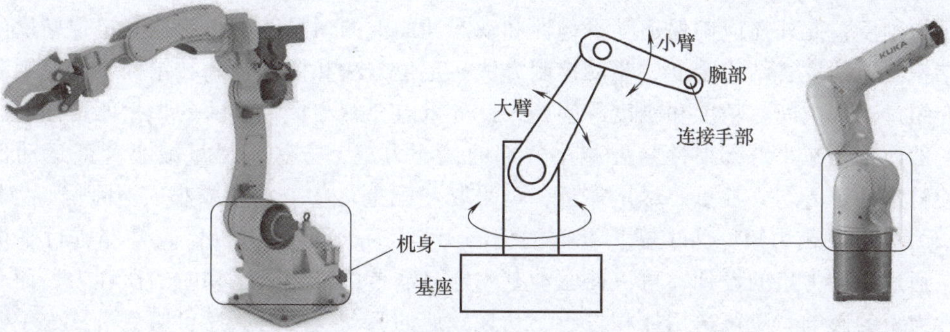

图 2-10　典型工业机器人机身

较高的运动精度和刚度。因此，腰关节多采用高刚性的 RV 减速器传动，一般采用同轴或偏置两种方案，如图 2-11a 和 b 所示。为方便走线，常采用中空型 RV 减速器，如图 2-11c 所示。RV 减速器内部有一对径向止推球轴承，可承受机器人的倾覆力矩，能够满足机身在没有轴承情况下抗颠覆力矩的要求，故可取消机身的轴承。RV 减速器的输出法兰直接和机器人基座相连，RV 减速器的外壳与机身回转部件相连，伺服电动机的输出轴通过键与 RV 减速器输入轴直接相连。机器人机身回转精度靠 RV 减速器的回转精度保证。

总的来说，机身的设计应满足：有足够的刚度、强度和稳定性，运动灵活，不能有运动干涉，驱动方式适宜，结构布置合理。

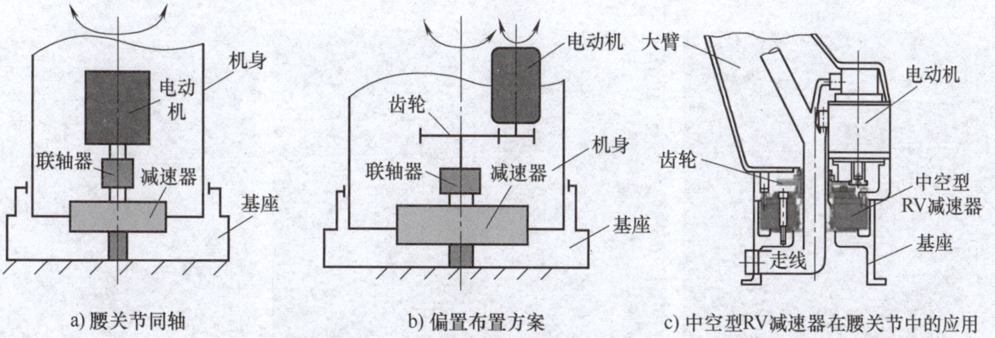

图 2-11　工业机器人的腰关节

2. 工业机器人的臂部

如图 2-12 所示，臂部主要连接机身和腕部，通常由大臂和小臂组成，用以带动腕部做平面运动，一般具有 2 个自由度，即伸缩、回转或俯仰。臂部的作用是引导手部准确地抓住工件并运送到所需的位置上。在运动时，臂部直接承受腕部、手部和工件（或工具）的静、动载荷，尤其在高速运动时，将产生较大的惯性力（或惯性力矩），引起冲击，影响定位的准确性，所以臂部的结构尺寸、结构刚度和制造精度将直接影响机器人的工作范围、承载能力和定位精度等。

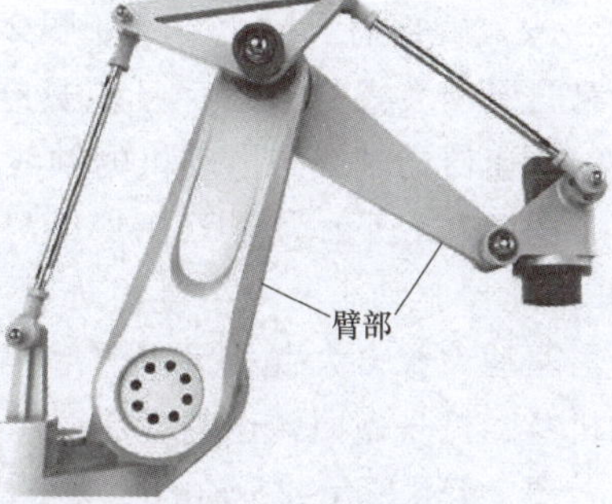

图 2-12　工业机器人臂部的结构

因此，臂部结构不但要满足工作空间要求的结构尺寸，还要满足承载能力和定位精度要求的结构刚度，此外还应确保运动平稳性和动态性能上的惯量匹配。影响其定位精度的因素有：结构制造精度、结构刚度、驱动控制方法、定位方法和惯性等。在结构设计原则分析中已经介绍过工作空间、精度和刚度等问题，此处重点介绍与惯性有关的惯量匹配问题。

一般而言，减小臂部惯性需要减小臂部的偏心力矩，方法是尽量减小臂部运动件的质量，使臂部的重心与立柱重心尽量靠近，可采取“配重”的方法来减小或消除偏心力矩。

（1）臂部平衡力矩　为了减小臂部的偏心力矩，一般需要对机器人臂部进行平衡力矩设计。通过平衡力矩的设计，可以使驱动基本上只需考虑机器人运动时的惯性力，而不用考虑惯性力矩的影响，故可选用体积较小、功耗较低的驱动。同时，还可避免机器人手臂因自重下落而伤人的危险。此外，在伺服控制中，因减少了惯量变化的影响，从而可实现更精确的伺服控制。

平衡力矩设计通常采用各种重力平衡机构，如图 2-13 所示。

1）配重平衡机构。这种平衡机构简单，平衡效果好，易于调整，工作可靠，但增加了手臂的转动惯量和关节的负载，适用于平衡力矩较小的情况。

2）弹簧平衡机构。这种平衡机构简单，平衡效果较好，工作可靠，不会增加关节转动惯量，适用于中小负载，但平衡范围较小。

3）液压缸（或气缸）平衡机构。液压缸（或气缸）平衡机构多用在重载搬运和点焊机器人操作机上。液压缸平衡机构的体积小、平衡力大；气缸平衡机构具有很好的阻尼作用，但体积较大。

a) 配重平衡机构　　b) 弹簧平衡机构　　c) 液压缸(或气缸)平衡机构

图 2-13　重力平衡机构

（2）臂部肩、肘关节　如图 2-14 所示，臂部肩、肘关节承受很大转矩（肩关节同时承受来自平衡装置的弯矩）且应具有较高的运动精度和刚度，多采用高刚性的 RV 减速器传动。减速器的轴线与电动机的轴线有同轴和偏置两种情况。

图 2-15a 所示为 MOTOMAN-SV3X 工业机器人。*U* 轴为肘关节，采用交流伺服电动机和 RV 减速器驱动小臂，小臂相对于大臂摆动。*L* 轴为肩关节，采用交流伺服电动机和 RV 减速器驱动大臂，大臂相对于腰部摆动。*S* 轴为腰关节，采用交流伺服电动机和 RV 减速器驱动机身，机身做回转运动。

图 2-15b 所示，*S* 轴的腰关节中，电动机和减速器安装在工业机器人机身内部，*S* 轴电动机与减速器外壳相连接，内部转动体相连接。减速器输出盘与基座连接，当电动机带动减

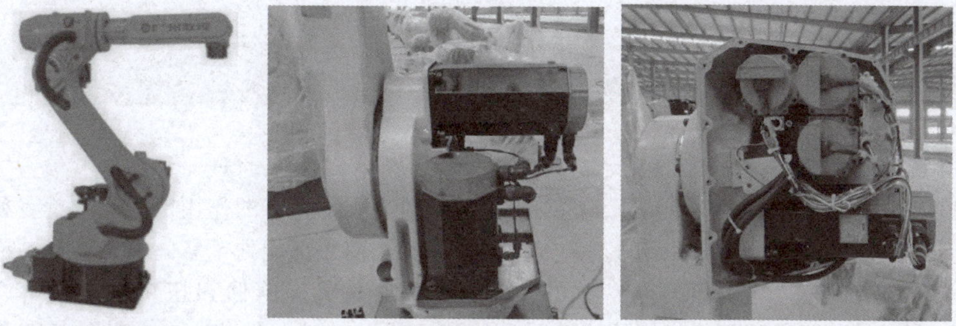

a) 肩、肘关节同轴　　b) 肩关节偏置　　c) 肘关节偏置

图 2-14　臂部肩、肘关节的电动机轴与减速器轴的配置情况

速器转动时，由于输出盘与基座连接不能动，这就使得电动机和减速器的外壳与之相连的机身一起转动。减速器外壳与输出盘之间用了推力圆柱滚子轴承。左侧为 *L* 轴电动机，工业机器人大臂下端左侧与减速器输出盘连接，大臂下端右侧的转轴通过轴承支承在 *U* 轴连杆内，*L* 轴减速器安装在电动机外壳与大臂下端左侧之间，极限位置安装极限挡块。右侧为 *U* 轴电动机，*U* 轴减速器输出盘与连杆连接，大臂、小臂、拉杆和连杆构成平行四边形机构，铰链中用圆锥滚子轴承，此外，采用端盖调整轴承间隙并密封。

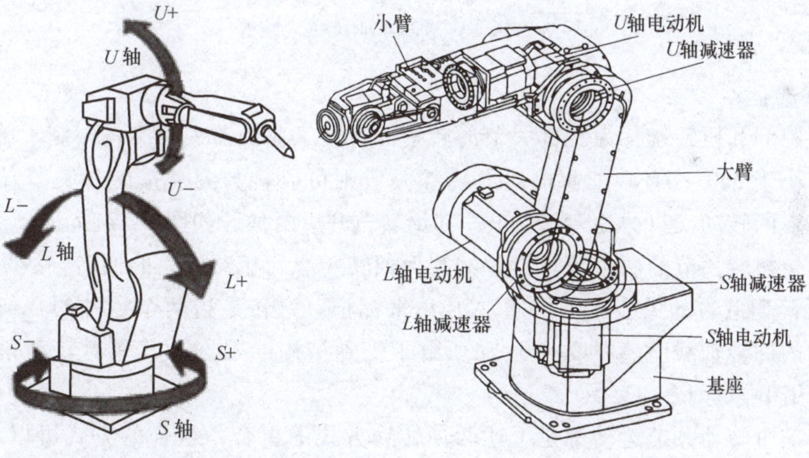

a) MOTOMAN-SV3X工业机器人　　b) *S*轴、*L*轴、*U*轴的结构

图 2-15　MOTOMAN-SV3X 工业机器人结构

机身与臂部统称工业机器人的连杆机构，这些连杆机构采用有限元、模态分析和仿真软件等现代设计工具轻量化设计，并采用新的高强度轻质材料制造，进一步提高工业机器人的负载与自重比。将并联平行四边形机构改为串联机构，拓展了工业机器人的工作范围，如德国 KUKA 公司的工业机器人。工业机器人连杆机构向模块化、可重构方向发展，伺服电动机、减速器和检测系统三位一体化形成关节模块，将关节模块和连杆模块用重组的方式构造整机，从而实现工业机器人本体的模块化。

腰关节驱动机身的回转运动和肩肘关节驱动大小臂的平面运动实现了工业机器人手部的空间运动。

2.4 工业机器人的腕部

1. 腕部的定义

腕部是臂部和手部的连接部分，起支承手部和改变手部姿态的作用。因此它具有独立的自由度，以实现工业机器人手部的复杂运动姿态。为了使手部能处于空间任意姿态，要求腕部能实现对空间三个坐标轴 x、y、z 的转动，即具有偏转、俯仰和扭转三个自由度，如图 2-16 所示。通常把腕部绕 x 轴的旋转称为偏转运动（yaw），把腕部绕 y 轴的旋转称为俯仰运动（pitch），把腕部绕 z 轴的旋转称为扭转运动（roll）。并不是所有的腕部都必须具备三个自由度，应根据实际的工作任务要求来确定，一般为 1~3 个自由度。

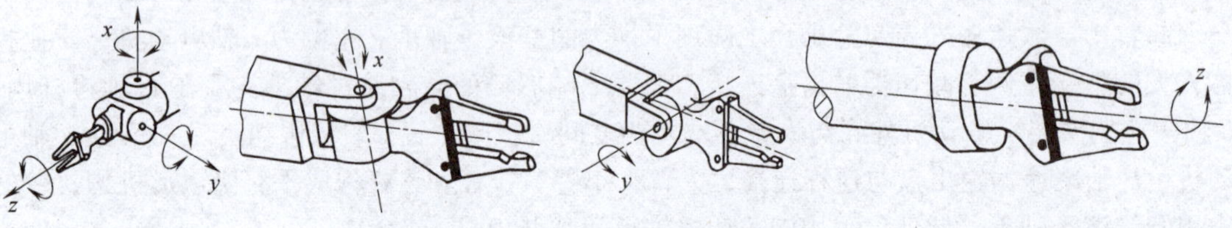

a) 腕部坐标系　b) 腕部的偏转　c) 腕部的俯仰　d) 腕部的扭转

图 2-16　典型的工业机器人腕部

2. 腕部的运动形式

偏转、俯仰和扭转统称为腕部关节的转动。有些工业机器人的结构限制了腕部关节的转动角，使其小于 360°；有些工业机器人腕部关节则可以转数圈。按腕部关节转动特点的不同，腕部关节的转动又可分为弯转（B）和回转（R）两种，如图 2-17 所示。

回转是指扭转关节的两个零件自身的几何回转中心和相对运动的回转轴线重合，因而能实现 360°无障碍旋转的关节运动，通常用 R 来标记。弯转是指两个零件的几何回转中心和其相对运动的回转轴线垂直的关节运动。由于受到结构的限制，其相对转动角度一般小于 360°，通常用 B 来标记。

腕部的三个转动关节运动都是上述两种转动方式的组合，组合的方式可以有多种形式，常用的组合方式有 RBB、BBB 等，如图 2-17 所示。

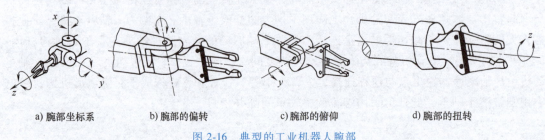

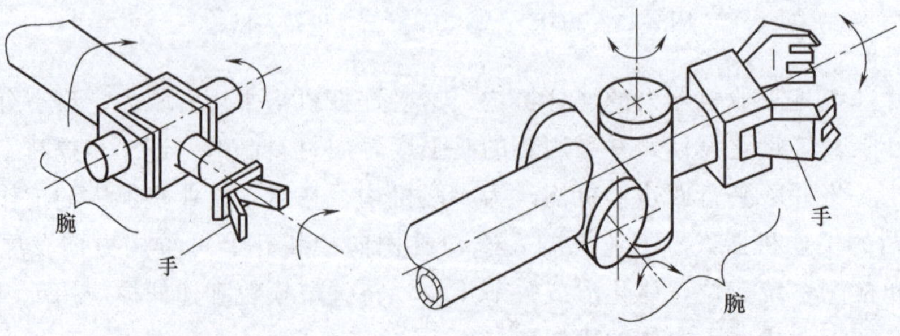

a) RBB　b) BBB

图 2-17　腕部运动的组合方式

3. 腕部的分类

腕部根据实际使用的工作要求和工业机器人的工作性能来确定。按运动关节数目，腕部可分为单关节腕部、双关节腕部和三关节腕部。

（1）单关节腕部　如图 2-18a 所示，R 腕部具有单一的扭转功能，腕部关节轴线与臂部的纵轴线共线，其回转角度不受结构限制，可以转动 360°以上，因此该运动用回转关节（R 型关节）实现。

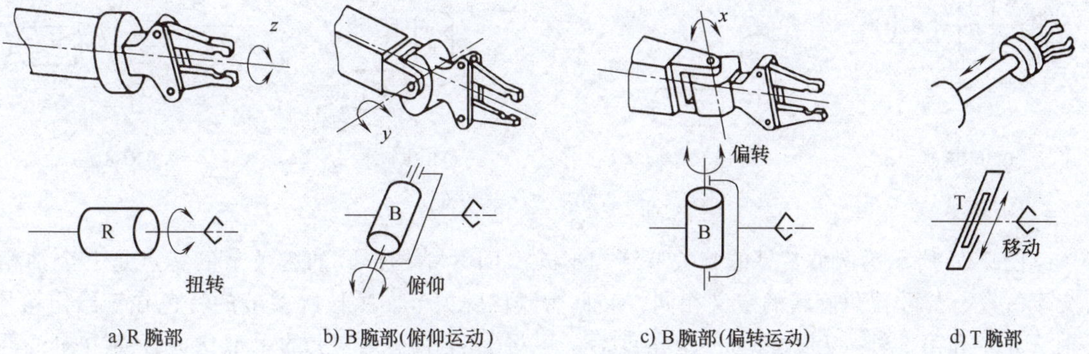

图 2-18　单关节腕部

如图 2-18b 所示，该 B 腕部具有单一的俯仰功能，手腕关节轴线与臂部及末端执行器的轴线相互垂直。如图 2-18c 所示，该 B 腕部具有单一的偏转功能，腕部关节轴线与臂部及末端执行器的轴线在另一个方向上相互垂直。两者的转动角度都受到结构的限制，通常小于 360°，因此两者的运动用弯转关节（B 型关节）实现。

如图 2-18d 所示，T 腕部具有单一的移动功能，腕部关节轴线与臂部及末端执行器的轴线在一个方向上成一平面，不能转动只能平移。该运动用平移关节（T 型关节）实现。

（2）双关节腕部　如图 2-19a 所示，可以由一个弯转关节和一个回转关节构成 BR 腕部，实现二自由度腕部；也可以由两个弯转关节组成 BB 腕部，如图 2-19b 所示。但不能由两个同轴回转关节（RR）构成二自由度腕部，因为两个回转关节的功能是重复的，实际上只能起到单自由度的作用，如图 2-19c 所示。

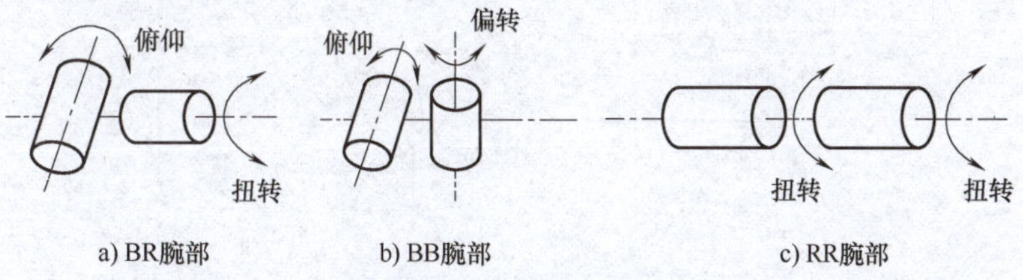

图 2-19　双关节腕部

（3）三关节腕部　三关节腕部可以由 B 型关节和 R 型关节组成多种形式，实现扭转、俯仰和偏转功能。事实证明，三关节腕部能使末端执行器实现空间所需姿态。图 2-20a 所示为 BBR 腕部，使末端执行器具有俯仰、偏转和扭转运动功能；图 2-20b 所示为 BRR 腕部，为了不使自由度退化，第一个 R 型关节必须偏置；图 2-20c 所示为 RRR 腕部，三个 R 型关节不能共轴线；图 2-20d 所示为 RBR 腕部，这种关节的驱动通常放置在手臂后端，优点是可以把体积、重量都较大的驱动放在远离手腕处，这不仅减轻了手腕的整体重量，而且改善了工业机器人整体结构的平衡性。此外，B 型关节和 R 型关节排列的次序不同也会产生不同的效果，因而也产生了其他形式的三关节腕部。腕部实际所需要的关节数目或自由度数目根据工业机器人的工作性能要求来确定。

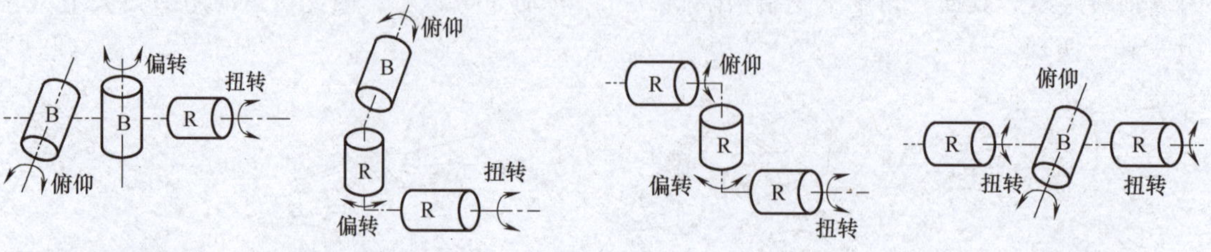

a) BBR腕部　b) BRR腕部　c) RRR腕部　d) RBR腕部

图 2-20　三关节腕部

图 2-21 所示为两种常见的腕关节结构形式。RBR 结构形式的腕关节的特点是三个轴相交于一点，与欧拉角旋转的定义相同，又称为欧拉腕关节。欧拉腕关节的特色在于给定第 4 轴（J_4）和第 5 轴（J_5）转动一定角度后，可将安装在腕关节上的手部指向任意方向，再给定第 6 轴（J_6）角度，调整手部的姿态，如图 2-22 所示。

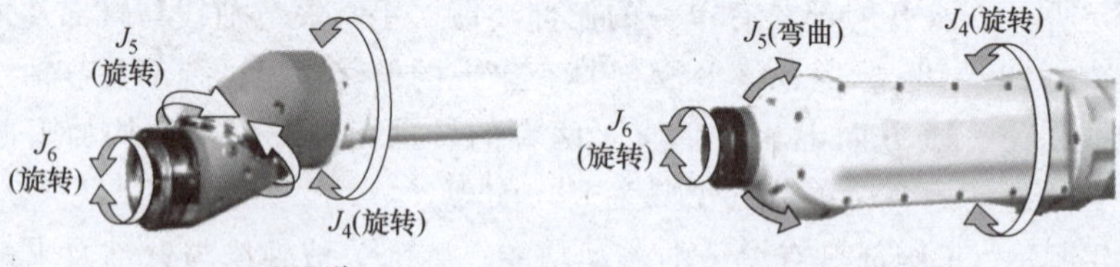

a) 3R型　b) RBR型

图 2-21　两种常见的腕关节结构形式

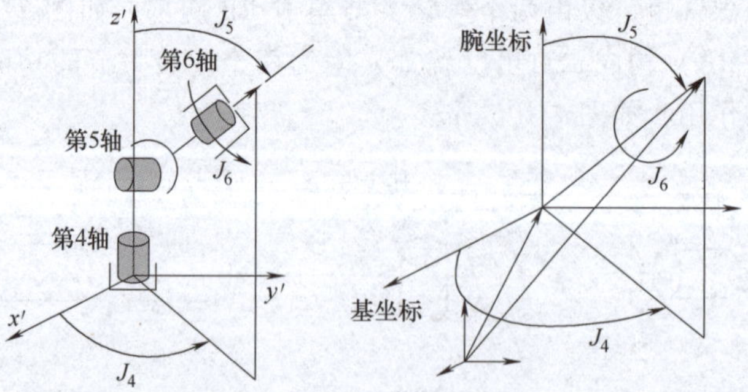

图 2-22　欧拉腕关节的姿态

4. 腕关节的典型结构

RBR 型腕关节是工业机器人典型的腕关节结构，具有三个自由度。对小负载机器人，腕关节的三个关节电动机一般布置在工业机器人小臂内部。对于中、大负载机器人，腕关节的三个关节电动机一般布置在工业机器人小臂的末端，以尽量使小臂受力平衡。

（1）内置电动机的典型结构　为了实现小臂的回转运动，小臂在结构上要做成前、后两段，其前段可以相对后段实现旋转运动。小臂前段用两圆锥滚子轴承支承于后段内。电动机及减速器装于后段内，输出转盘与小臂前段连接，调节螺母用来调整轴承间隙。如图 2-23 所示，第 4 轴（R 轴）电动机做旋转运动，通过谐波齿轮减速器减速，其输出轴转盘带动小臂前段做旋转运动。

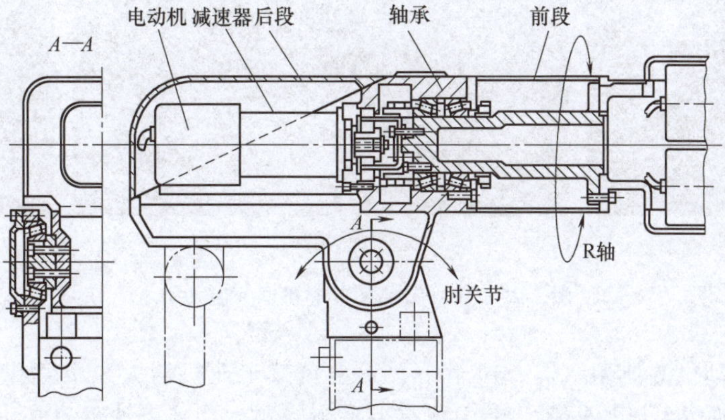

图 2-23　工业机器人的第 4 轴（R 轴）的典型结构

如图 2-24 所示为内置第 5 轴（B 轴）和第 6 轴（T 轴）的典型结构，B 轴和 T 轴电动机均沿小臂轴线方向布置。B 轴电动机输出旋转运动，通过锥齿轮改变方向后，由同步带传递给谐波齿轮减速器。T 轴的运动传递与 B 轴类似，T 轴电动机输出的旋转运动，通过锥齿轮改变旋转方向后，同样由同步带传递给锥齿轮后，再次改变方向传递给谐波齿轮减速器。在实际应用中，B 轴、T 轴电动机也可以垂直于小臂轴线内置，电动机的输出轴直接与带轮链接，可以省去一对改变方向的锥齿轮。T 轴电动机如果体积允许，也可以直接与减速器相连，省去中间的传动链，使结构大大简化。

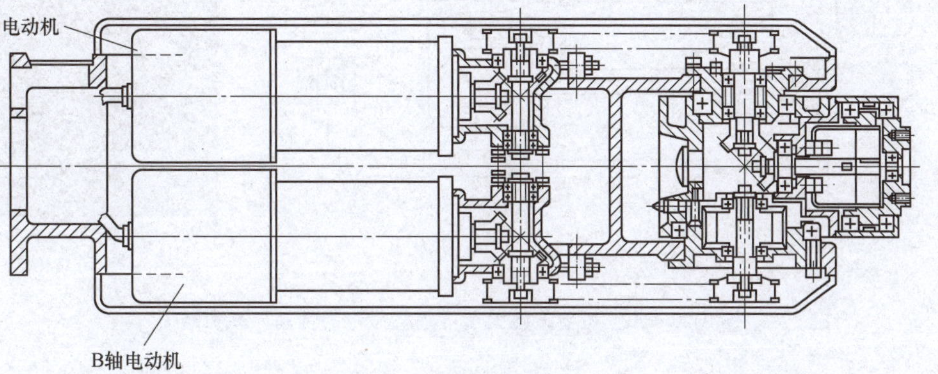

图 2-24　工业机器人的第 5 轴（B 轴）和第 6 轴（T 轴）的典型结构

MOTOMAN-SV3X 工业机器人也属于内置 RBR 型腕关节电动机驱动的工业机器人，如图 2-25 所示。R 轴以小臂中心线为轴线，由交流伺服电动机、同步带和 RV 减速器驱动小臂绕 R 轴旋转。为了减小转动惯量，电动机安装在肘关节处，即和 *L* 轴的电动机交错安装。B 轴的轴线和 R 轴的轴线垂直，由交流伺服电动机、同步带和谐波齿轮减速器驱动腕关节做俯仰运动。交流伺服电动机安装在小臂内部末端。T 轴的轴线与 B 轴垂直，由交流伺服电动机和谐波齿轮减速器驱动法兰盘绕 T 轴转动。末端执行器通过法兰盘安装在小臂末端。

a) R轴　　b) B轴　　c) T轴

图 2-25　MOTOMAN 工业机器人腕关节

（2）后置电动机的典型结构　对于中、大型负载工业机器人，小臂和电动机的重量要比小型负载工业机器人增加很多。考虑到重力平衡问题，手腕三轴驱动电动机应尽量靠近小臂的末端布置，并超过肘关节旋转中心。如图 2-26 所示，三轴驱动电动机内置于小臂的后段内。R 轴驱动电动机 D4 通过中空型 RV 减速器 R4，直接带动小臂前段相对于后段旋转，实现 R 轴的旋转运动。B 轴驱动电动机 D5 通过两端带齿轮的薄壁套筒，将运动传递给 RV 减速器 R5，减速器 R5 带动手腕摆动，实现 B 轴的旋转运动；T 轴驱动电动机 D6 通过实心长轴和一对锥齿轮，再通过带传动装置和一对锥齿轮，将运动传递给 RV 减速器 R6，实现 T 轴的旋转运动。

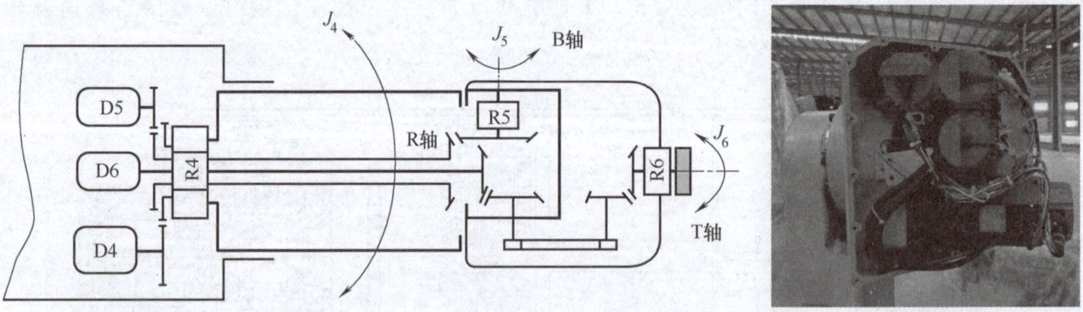

a) 传动原理　　b) 结构

图 2-26　工业机器人腕关节电动机后置的传动原理和结构

目前各大厂商提供的 6 轴关节坐标工业机器人从外观上看虽然不同，但从本质上来说，其结构（图 2-27）是一致的。6 轴关节工业机器人的结构特点如下：

1）J_1、J_2 和 J_3 轴的运动实现末端位置，J_4、J_5 和 J_6 轴的运动实现末端姿态。

2）J_1、J_4 和 J_6 轴是回转轴，记为 R，J_2、J_3 和 J_5 轴是摆动轴，记为 B。

3）J_4、J_5 和 J_6 轴的轴线相交于一点，J_2 轴线前置，J_3 和 J_4 轴线垂直，而不是平行的，这是因为 J_4 轴的电动机要尽量后移。

4）J_1、J_2 和 J_3 轴的电动机轴线与减速器轴线可以同轴或偏置，J_4、J_5 和 J_6 轴的电动机可以内藏于小臂或后置。

因此，针对工业机器人的机械结构，目前主要基于模块化的设计思想，进行工业机器人本体的总体设计。将工业机器人的腰部、臂部、腕部设计成模块的形式，可以根据实际要求设计出满足不同载荷和运动范围要求的工业机器人产品，减少设计周期，降低制造成本，有利于批量生产。在材料选择上，小臂和腕部采用高强度铝合金，体现重量轻和易成形的要求。大臂采用组合焊件，用薄壁钢板围成空腔，在保证强度和刚度的前提下，追求重量轻、加工周期短、用材少。基座采用铸铁，吸振性和成形性好。传动应保证传动路线短，结构紧凑，J_1、J_2、J_3 轴采用 RV 减速器，突出刚性和转矩的要求，J_4、J_5、J_6 轴采用谐波减速器，突出重量轻和精度高的要求。

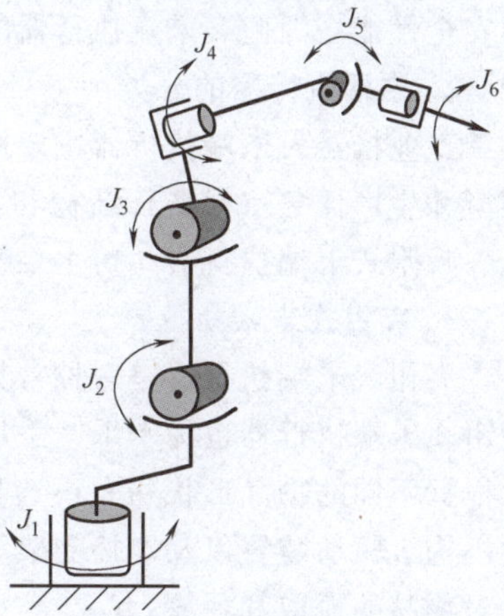

图 2-27　6 轴关节坐标工业机器人的结构

2.5　工业机器人的末端执行器

1. 末端执行器的定义与特点

工业机器人的末端执行器也称手部，是直接装在工业机器人的腕部上用于夹持工件或对工件执行指定任务的工具。根据任务对象或工件的特征，工业机器人末端执行器有多种类型的工具可供选择。这些工具包括机器人手爪、机器人工具快换装置、机器人碰撞传感器、机器人旋转连接器、机器人压力工具、机器人喷涂枪、机器人毛刺清理工具、机器人弧焊焊枪和机器人电焊焊枪等。工业机器人末端执行器通常被认为是工业机器人的外围设备、工业机器人的附件、工业机器人的工具。

末端执行器是工业机器人的重要组成部分，它是工业机器人与工件之间交互的接口，负责完成各种工业操作。末端执行器的主要特点包括：

1）多样化。末端执行器可以根据不同的工业需求进行设计和制造，可以是夹具、吸盘、钳子、剪刀等多种形式，以适应不同的工业应用。

2）灵活性。末端执行器可以根据需要进行快速更换，以适应不同的工件形状和尺寸，从而实现灵活的生产线布局和生产流程。

3）精度高。末端执行器可以实现高精度的操作，可以精确地定位和控制工件的位置和姿态，从而保证生产过程稳定和产品质量可靠。

4）自动化。末端执行器可以与工业机器人控制系统进行无缝集成，实现自动化生产，提高生产率和质量。

5）安全性。末端执行器可以通过安全传感器和控制系统实现安全保护，避免工业机器人与人员或其他设备发生碰撞和意外事故。

在工业机器人应用中，末端执行器的特点对于工业机器人的性能和应用效果具有重要影响。随着工业自动化的不断发展，末端执行器的应用范围和功能也在不断扩展。例如，在医疗、食品加工、电子制造等领域中，都需要末端执行器有更高的精度、更好的灵活性和更强的安全性能。因此，末端执行器的研发和创新将成为未来工业机器人发展的重要方向。

2. 末端执行器的分类

工业机器人末端执行器主要用于完成指定的任务，不同的末端执行器适用于不同的生产环境和生产任务。根据其结构和功能，可以将工业机器人末端执行器分为夹钳式末端执行器、吸附式末端执行器、仿生柔性末端执行器和专用末端执行器等。

3. 夹钳式末端执行器

夹钳式末端执行器是一种常见的末端执行器，主要用于抓取、搬运和释放工件或物品。夹钳式末端执行器也称手爪，手爪有很多种类型，如平行手爪、角度手爪、离心手爪等，可以根据不同的物品形状和大小选择合适的手爪类型。如图 2-28 所示，夹钳一般由手指、传动机构、驱动装置以及连接支架等部件组成，可以通过控制驱动装置和传动机构驱动手指实现对物品的抓取和释放。

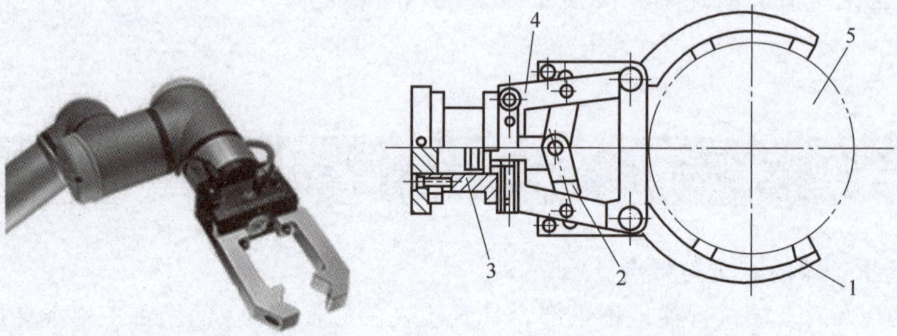

a) 实物图　　b) 结构示意图

图 2-28　夹钳式末端执行器

1—手指　2—传动机构　3—驱动装置　4—连接支架　5—工件

(1) 手指　手指是直接与工件接触的构件，通过手指的张开与闭合来实现工件的松开和夹紧。指端是手指与工件接触的部位，依其形状分为 V 形手指、平面手指、尖手指和特殊形手指等，如图 2-29 所示。

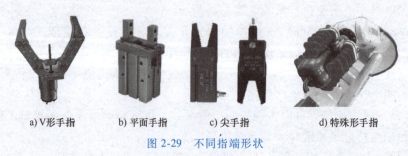

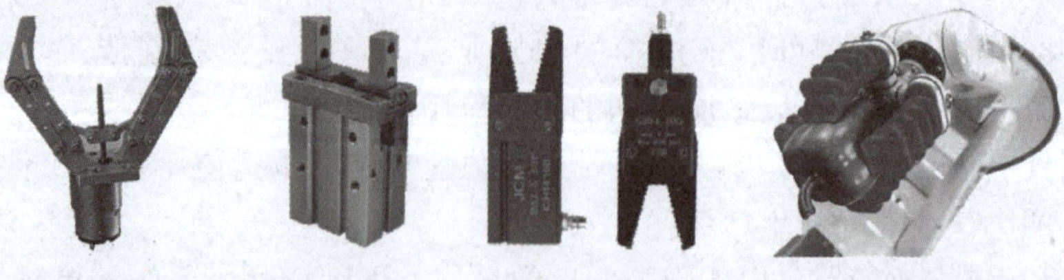

a) V形手指　b) 平面手指　c) 尖手指　d) 特殊形手指

图 2-29　不同指端形状

(2) 驱动装置　驱动装置是向传动机构提供动力的装置，通常采用气压驱动、液压驱动、电动机驱动和电磁驱动。气压驱动方式目前得到了广泛的应用，主要因为气压驱动方式具有成本低、容易维修、开合迅速、执行单元重量轻等优点，其缺点在于空气介质存在可压缩性，使手指的位置控制比较复杂。液压驱动和气压驱动一样，需要一套泵站系统，结构比较复杂，成本较高。电动机驱动方式的优点在于手指开合电动机的控制与机器人控制共用一个系统，但是夹紧力比气压驱动和液压驱动的夹紧力小，相比而言开合时间稍长。电动机驱动的末端执行器整体结构紧凑，在综合性能上优于液压和气压驱动的末端执行器。电磁驱动的末端执行器主要是磁吸附夹具，这种方案只能吸附钢铁类材料的工件，应用有局限性。

（3）传动机构 驱动的原动力通过传动机构驱动手指开合并产生夹紧力。按夹取工件的手指的运动方式，传动机构可分为手指回转型和手指平移型。夹钳式末端执行器还常以传动机构来命名。

夹钳式末端执行器中用得最多的是手指回转型传动机构，其手指就是一对杠杆，一般与斜楔、滑槽、连杆、齿轮、蜗轮或螺杆等机构组成复合式杠杆传动机构，用以改变传动比和运动方向等。

图 2-30a 所示为斜楔式手指回转型传动机构末端执行器示意图。驱动杆 2 的斜楔向下运动，克服弹簧 5 的拉力，使手指装有滚子 3 的一端向外张开，从而夹紧工件 8。反之，斜楔向上运动，则在弹簧的拉力作用下，使手指装有滚子的一端向内闭合。手指 7 与驱动杆斜楔通过滚子连接，可以减少摩擦力，提高效率。

图 2-30b 所示为滑槽式手指回转型传动机构的末端执行器示意图。杠杆形手指 7 的一端装有 V 形指 9，另一端则开有长滑槽。驱动杆 2 上的圆柱销 4 套在滑槽内，当驱动杆和圆柱销一起做往复运动时，即可拨动两个手指 7 各绕其支点（铰销 6）做回转运动，从而实现手指 7 对工件 8 的夹紧与松开动作。滑槽式手指回转型传动结构的定心精度与滑槽的制造精度有关。

图 2-30c 所示为齿轮齿条式手指回转型传动机构的末端执行器示意图。驱动杆 2 下端制成双面齿条，与扇形齿轮 11 啮合，而扇形齿轮与手指 7 固连在一起，可绕支点回转。驱动力推动驱动杆做直线往复运动，即可带动扇形齿轮回转，从而使手指闭合或松开。

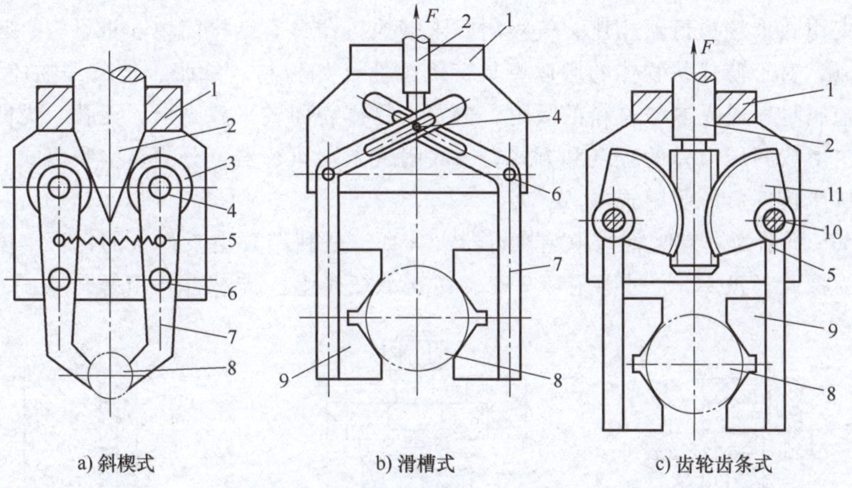

图 2-30 手指回转型传动机构

1—壳体 2—驱动杆 3—滚子 4—圆柱销 5—弹簧 6—铰销 7—手指 8—工件 9—V 形指 10—小轴 11—扇形齿轮

手指平移型传动机构的末端执行器是通过手指的指面做直线往复运动或平面移动来实现张开或闭合动作的，常用来夹取具有平行平面的工件（如箱体等）。根据结构，手指平移型传动机构可分为平面平行移动机构和直线往复运动机构两种类型，如图 2-31 所示。

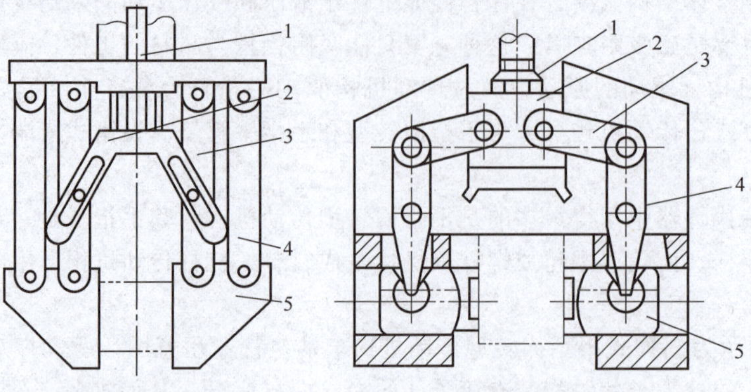

a) 平面平行移动机构　　b) 直线往复运动机构

图 2-31　手指平移型传动机构

1—驱动器　2—驱动元件　3—主动摇杆　4—从动摇杆　5—手指

4. 吸附式末端执行器

吸附式末端执行器是一种基于负压原理实现对物品抓取和搬运的末端执行器，通常由吸盘头、吸盘底座、气路控制系统等组成。当气路控制系统打开时，在吸盘头内部产生负压，从而使得物品被吸附在吸盘头上。吸附式末端执行器主要适用于表面平整、密封性好的物品，如玻璃、金属板等。根据吸附力的不同，吸附式末端执行器可分为气吸附和磁吸附两种。

（1）气吸附式末端执行器　气吸附式末端执行器利用轻型塑胶或特殊材料制成的空腔与物体之间形成密封空腔，通过抽空密封空腔内的空气而产生的负压真空吸力来抓取和搬运物体。与夹钳式末端执行器相比，气吸附式末端执行器具有结构简单、重量轻、吸附力分布均匀等优点，对于薄片状物体的搬运更具有优越性（如板材、纸张、玻璃等物体）。它广泛应用于非金属材料或无剩磁材料的吸附，但要求物体表面较平整光滑、无孔、无凹槽。根据密封空腔内形成的压力差的程度和方式，气吸附式末端执行器可分为真空吸附式、气流负压吸附式、挤压排气负压吸附式等。

图 2-32a 所示为真空吸附式末端执行器，其真空是利用真空泵产生的，真空度较高。其主要零件为橡胶吸盘 1，通过固定环 2 安装在支承杆 4 上。支承杆 4 由螺母 6 固定在基板 5

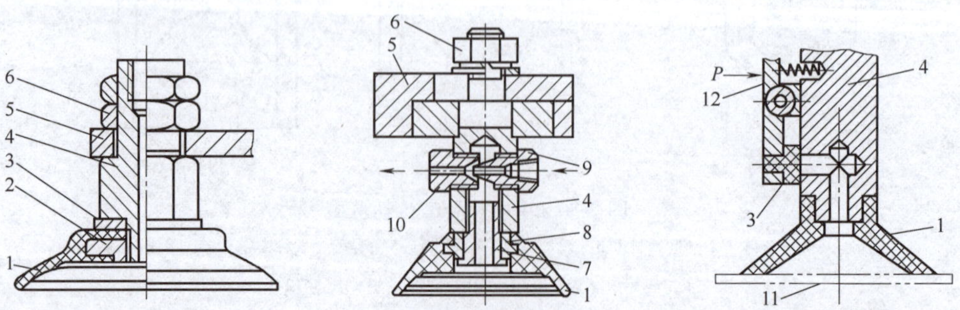

a) 真空吸附式　　b) 气流负压吸附式　　c) 挤压排气负压吸附式

图 2-32　气吸附式末端执行器

1—橡胶吸盘　2—固定环　3—密封垫　4—支承杆　5—基板　6—螺母

7—心套　8—通气螺钉　9—喷嘴　10—喷嘴套　11—工件　12—压盖

上。取料时，橡胶吸盘与物体表面接触，橡胶吸盘的边缘既起到密封作用，又起到缓冲作用，然后真空泵抽气，吸盘内腔形成真空，吸取物料。放料时，管路接通大气，失去真空，物体放下。为避免在取放料时产生撞击，有的真空吸附式末端执行器还在支承杆上配有弹簧，起到缓冲作用。为更好地适应物体吸附面的倾斜状况，有的真空吸附式末端执行器在橡胶吸盘背面设计有球铰链。真空吸附式末端执行器工作可靠、吸附力大，但需配备真空泵及其控制系统，成本较高。

图 2-32b 所示为气流负压吸附式末端执行器。气流负压吸附式末端执行器是利用流体力学的原理，当需要取物时，压缩空气高速流经喷嘴 9 时，其出口处的气压低于吸盘腔内的气压，于是腔内的气体被高速气流带走而形成负压，完成取物动作。当需要释放时，切断压缩空气即可。气流负压吸附式末端执行器需要的压缩空气易取得，使用方便，成本较低。

图 2-32c 所示为挤压排气负压吸附式末端执行器。取料时末端执行器先向下，吸盘压向工件 11，橡胶吸盘 1 形变，将吸盘内的空气挤出。之后，末端执行器向上提升，下压力去除，橡胶吸盘恢复弹性形变使吸盘内腔形成负压，将工件牢牢吸住，即可进行工件搬运。到达目标位置后要释放工件时，用压力 P 或电磁力使压盖 12 转动，使吸盘腔与大气连通，破坏吸盘腔内的负压，释放工件。挤压排气负压吸附式末端执行器结构简单，经济方便，但吸附力小，吸附状态不易长期保持，可靠性比真空吸附式和气流负压吸附式差。

（2）磁吸附式末端执行器　磁吸附式末端执行器是利用电磁铁通电后产生的磁力来吸附工件的，其应用只能针对钢铁等材料的物品。磁吸附式末端执行器主要由电磁铁和吸盘组成，可以通过控制电磁铁开关来实现对物品的抓取和释放，其工作原理如图 2-33 所示。磁吸附式末端执行器与气吸附式末端执行器相同，不会破坏被吸附物体表面质量。磁吸附式末端执行器的优点表现为有较大的单位面积吸力，能吸附表面较粗糙或存在通孔的工件；缺点表现为被吸附工件存在剩磁，吸附头上常吸附磁性屑（如铁屑），影响正常工作。因此，对那些不允许有剩磁的工件不能使用磁吸附式末端执行器。因钢铁等材料的制品在温度超过一定值时就会失去导磁的特性，故在高温下也不能使用磁吸附式末端执行器来吸附钢铁等材料的制品。

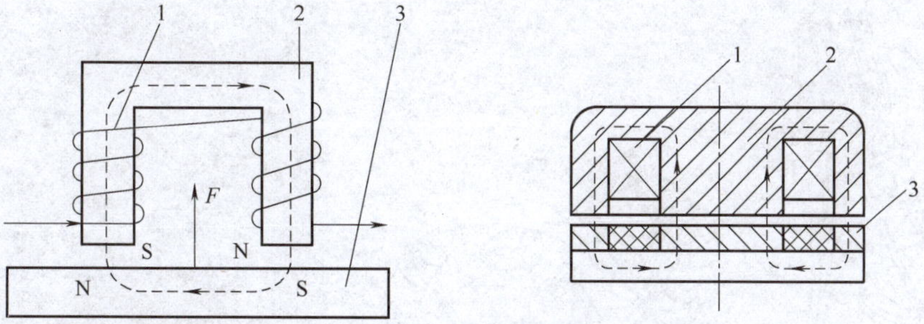

图 2-33　电磁工作原理

1—线圈　2—铁心　3—衔铁

磁吸附式末端执行器按磁力与控制逻辑不同，可分为通电有磁的末端执行器和通电去磁的末端执行器两种。通电有磁的末端执行器在偶然断电时会有物品掉落危险。通电去磁的末端执行器可以避免这种危险，使用更加安全可靠，但这种末端执行器是永磁体和电磁体的复合结构，成本要高一些。

5. 仿生柔性末端执行器

目前，大部分工业机器人的末端执行器只有两个手指，而且手指上一般没有关节，取料时不能适应物体外形的变化，不能使物体表面承受比较均匀的夹持力，因此无法对复杂形状、不同物质的物体实施柔性夹持和操作。

为了提高工业机器人末端执行器和腕部的操作柔性、灵活性和快速反应能力，使机器人能像人一样进行各种柔性的作业，如装配作业、维修作业、设备操作等，工程师们开发出了仿生柔性末端执行器。仿生柔性末端执行器有两种：一种是柔性手，另一种是仿生多指灵巧手。

（1）柔性手　柔性手可对不同外形的物体实施抓取，并使物体表面受力均匀。图 2-34 所示为多关节柔性手，每个手指由多个关节串联而成。手指驱动部分由牵引钢丝绳及摩擦滚轮组成，每个手指由两根钢丝绳牵引，一侧为紧握状态，另一侧为放松状态。手指传动部分采用气压驱动方式，通过充气和抽气在手指空腔中形成正压和负压来实现手指夹紧和松开动作。这样的结构可抓取凹凸外形的物体，且使物体受力均匀。

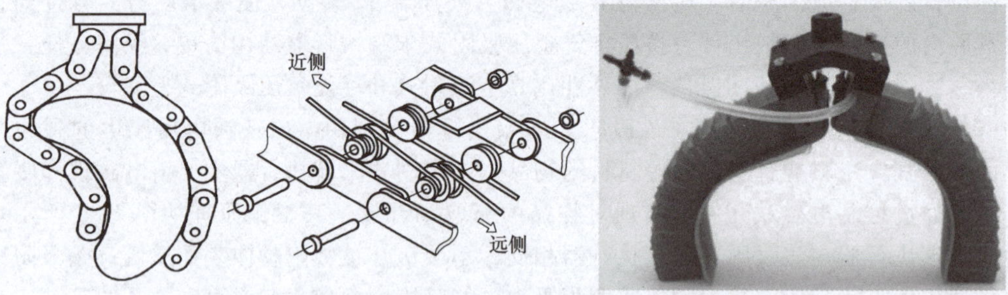

图 2-34　多关节柔性手

（2）仿生多指灵巧手　工业机器人末端执行器和腕部近乎完美的形式就是模仿人的多指灵活手，如图 2-35 所示。

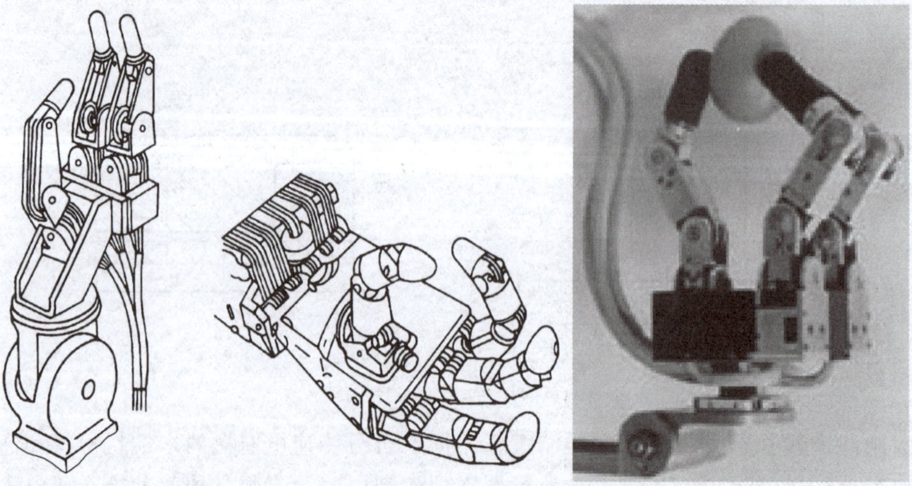

图 2-35　仿生多指灵巧手

仿生多指灵巧手有多个手指，每个手指有 3 个回转关节，每一个关节的自由度都是独立控制的，因此它几乎能模仿人手指完成各种复杂的动作，如打螺钉、弹钢琴、作礼仪手势等。在手部配置触觉、力觉、视觉和温度传感器，闭环控制会使仿生多指灵巧手达到近乎完美的程度。仿生多指灵巧手的应用十分广泛，可在各种极限环境下完成人类期望的操作，如核工业领域、宇宙空间作业，以及在高温、高压、高真空环境下作业等。

6. 专用末端执行器

工业机器人是一种通用性很强的自动化设备，可根据作业要求完成各种动作，需要配上对应的工具或专用末端执行器。例如，在通用工业机器人上安装焊枪就成为一台焊接机器人，在通用工业机器人上安装螺钉旋具则成为一台装配机器人。目前常用的专用末端执行器有喷枪、焊枪、螺钉旋具、电磨头、电铣头、抛光头、激光切割机等，这些专用末端执行器形成一整套系列供用户选用，使工业机器人能够胜任各种工作。图 2-36 所示的工业机器人装有喷枪和焊枪专用末端执行器。

a) 喷枪

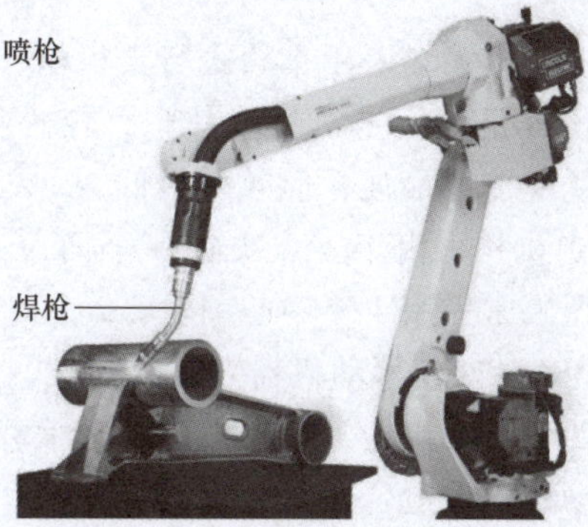

b) 焊枪

图 2-36　专用末端执行器

2.6　工业机器人的行走机构

常规的工业机器人是固定的，只有少部分设计成能沿着固定轨道移动。随着工业机器人应用范围的不断扩大，具有一定智能的可移动工业机器人将是未来工业机器人的发展方向。

行走机构是可移动工业机器人的重要组成部分，它由驱动装置、传动机构、位置检测传感器、电缆线路等组成。一方面，行走机构要支承工业机器人的本体结构，需要它具有足够的刚度和稳定性；另一方面，根据作业任务的要求，行走机构还需要带动机器人在更大范围内运动，提高机器人的工作空间。

按行走运动轨迹特点，行走机构可分为固定轨迹式和无固定轨迹式两种。

1. 固定轨迹式

固定轨迹式行走机构主要用于工厂车间内的工业机器人移动，也称为工业机器人（六自由度）的第七轴。这种行走机构的控制是结构化的，通常由轨道的精度保证机器人的第七轴运动精度，控制比较简单。有地轨式和天轨式两种，地轨式行走机构上的机器人是立式安装的，天轨式行走机构上的机器人是倒挂安装的。图 2-37 所示为地轨式行走机构。

图 2-37　地轨式行走机构

2. 无固定轨迹式

固定轨迹式行走机构的运动范围有限且固定，不能随意改变。有些场合需要更大范围的工作空间，因此需要使用无固定轨迹式行走机构。

根据行走机构的结构特点，无固定轨迹式行走机构可分为车轮式行走机构、履带式行走机构、足式行走机构等类型。它们在移动过程中，车轮式行走机构和履带式行走机构与地面连续接触，足式行走机构与地面间断接触。前者的移动方式为车行方式，后者则为类人或动物的腿脚移动方式。

一般室内的工业机器人多采用车轮式行走机构；为适应野外环境，室外的工业机器人多采用履带式行走机构或足式行走机构。其中，轮式行走机构效率最高，但适应能力相对较差；足式行走机构适应能力最强，但效率最低。

（1）车轮式行走机构　由于三点决定一个面，三轮移动机器人的平稳性比单轮和双轮式好。三轮移动机器人常采用 1 个中心前轮，2 个对称分布的后轮，呈等腰三形状，这种布局最为稳定（图 2-38）。四轮移动机器人最为常见，结构设计、驱动系统和控制系统都最为容易实现。三轮和四轮移动机器人结构稳定，其承载能力较单轮和双轮移动机器人有很大提高。三轮和四轮移动机器人适合在负载大、速度高和路面平整的情况下工作，其应用范围最为广泛。三轮和四轮移动机器人在坑洼的路面上移动会很颠簸，采用多轮移动机器人可以有效缓解颠簸并提高机器人的爬坡能力，六轮移动机器人的爬坡能力最大可达 45°。图 2-39 所示为车轮式行走机构。

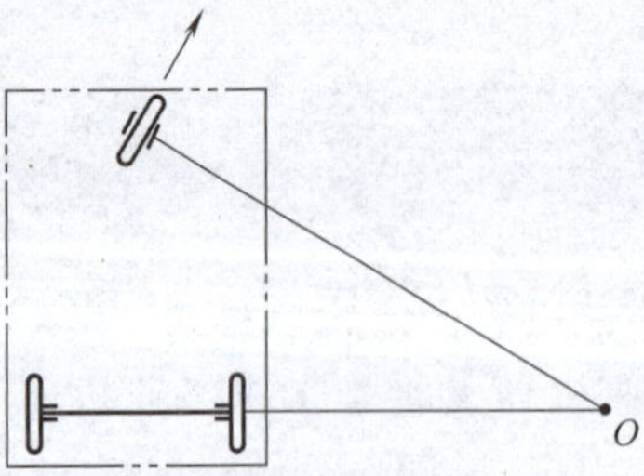

a) 一个驱动轮和转向机构来转弯

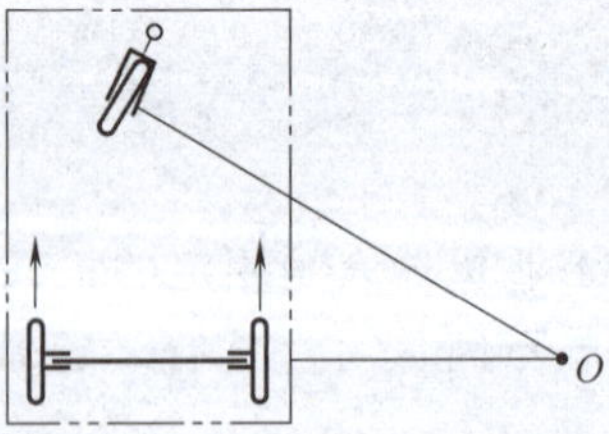

b) 两个驱动轮转速差和另一个支撑轮来转弯

图 2-38　三轮式机器人行走机构

（2）履带式行走机构　履带式行走机构是一种常见的移动机构，它的特点是采用履带作为移动部件，通过履带的滚动来实现机器人的移动。相比于其他机器人移动机构，履带式行走机构具有以下特点：

1）适应性强。履带式行走机构适用于各种地形，如泥泞、沙漠、雪地等，能够在复杂的地形中保持稳定的移动性能。

2）承载能力大。由于履带的接触面积大，能够承受更大的重量和压力，因此履带式行

a) 单轮移动机器人

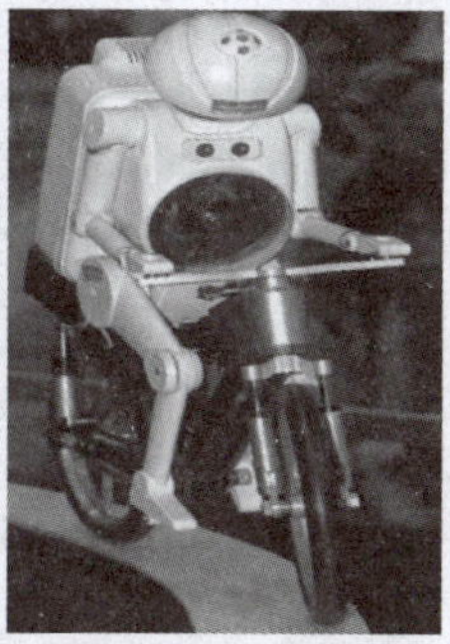

b) 双轮移动机器人

c) 三轮移动机器人

d) 四轮移动机器人

e) 多轮移动机器人

图 2-39　车轮式行走机构

走机构的承载能力比其他移动机构更强。

3）稳定性好。履带式行走机构的重心低，能够保持稳定的移动状态，不易翻倒或失控。

4）能耗低。由于履带的滚动摩擦力小，在相同的能源消耗下能行走更远的距离。

5）维护成本高。履带式行走机构的履带易磨损和损坏，需要定期更换和维护，因此维护成本较高。

在军事、工程、采矿等领域，履带式行走机构被广泛应用。随着科技的不断发展，履带式行走机构也在不断升级和改进。例如，采用电动或液压驱动、增加自动化控制等技术，使其更加智能化和高效化。图 2-40 所示的履带式移动机器人 TALON 被称为世界上第一个武装机器人。基于特殊武器观测勘查探测系统（SWORDS），TALON 机器人能够让士兵在 1km 以外远程遥控开火。这个机器人能装备一系

图 2-40　履带式移动机器人 TALON

列的武器，包括 M16 步枪，M82 巴雷特步枪和一个 40mm 的榴弹发射器。

（3）足式行走机构　类似于动物行走一样，利用腿脚关节机构，以步行方式实现移动的机械装置，称为足式行走机构。采用足式行走机构的机器人不仅能够在凸凹不平的崎岖道路上行走，跨越沟壑，还能上下台阶，因而具有广泛的适应性，但控制上存在一定的难度。

足式行走机构可以选择最优的支撑点，具有主动隔振能力，运动平稳，运动速度高，能耗较少。腿足的数目越多，越适合于重载和慢速运动。双足和四足行走机构具有较好的适应性和灵活性，接近人类和动物。图 2-41 所示为足式行走机构。

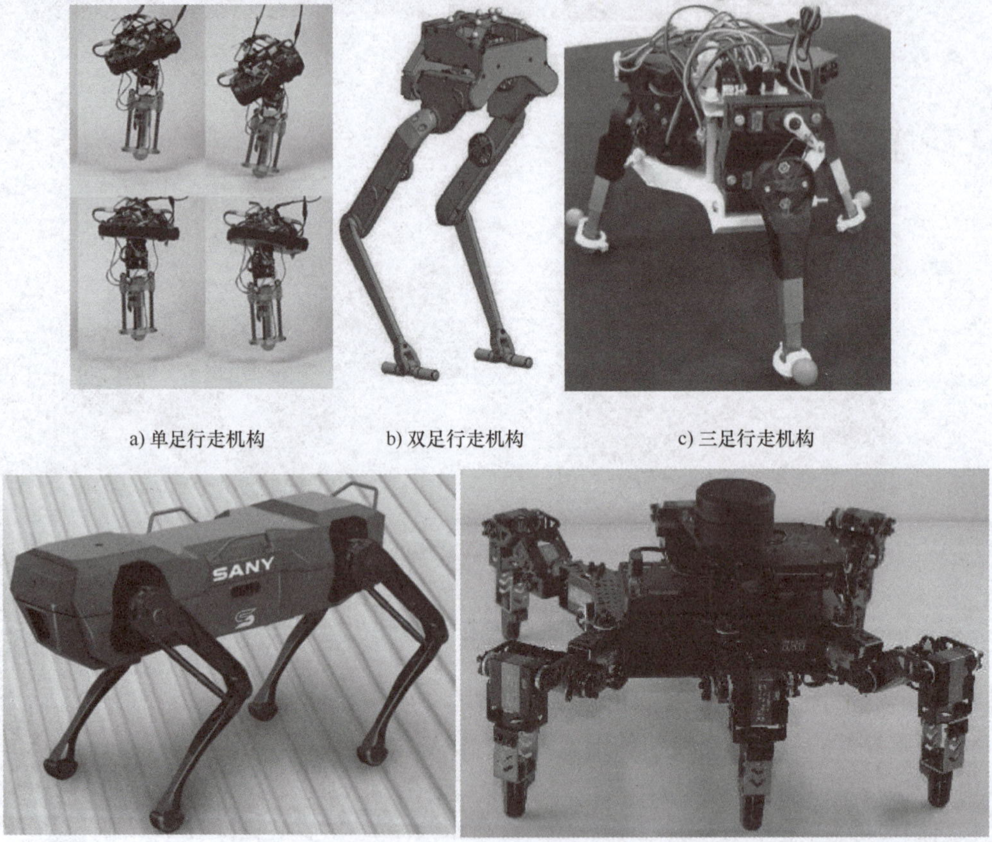

a) 单足行走机构　　b) 双足行走机构　　c) 三足行走机构

d) 四足行走机构　　e) 六足行走机构

图 2-41　足式行走机构

足式行走机构是一种仿生机器人的设计，其特点是模仿动物的步态和运动方式，具有高效、稳定、灵活的特点。其主要特点如下：

1）多足设计。足式行走机构通常采用多足设计，每个足部都可以独立运动，从而实现更加灵活的行走方式。

2）步态稳定。足式行走机构的步态稳定性较高，可以在不平坦的地面上行走，同时可以适应不同的地形和环境。

3）能耗低。足式行走机构的能耗较低，因为它可以利用重力和惯性来帮助运动，从而减少能量的消耗。

4）适应性强。足式行走机构可以适应不同的环境和任务，如在灾难救援、探险、农业等领域都有广泛的应用。

5）控制复杂。足式行走机构的控制较为复杂，需要采用先进的控制算法和传感器技术来实现。

足式行走机构是一种高效、稳定、灵活、适应性强的机器人机构，具有广泛的应用前景。随着科技的不断进步，足式行走机构的性能和应用领域将会不断扩展。

课后习题

2-1　工业机器人机械结构由哪几部分组成，每一部分的作用是什么？

2-2　工业机器人的俯仰型机身机构是如何工作的？

2-3　工业机器人腕部机构的转动方式有哪几种？

2-4　试述工业机器人手部机构的特点及种类。

2-5　夹持式手部、吸附式手部和仿人类手部分别适用于哪些作业场合？

第 3 章
工业机器人的理论基础

3.1 向量积的公式

1. 向量积

如图 3-1 所示，存在两个夹角为 θ 的向量 $\boldsymbol{a}$ 和 $\boldsymbol{b}$，则向量 $\boldsymbol{a}$ 和 $\boldsymbol{b}$ 的向量积可写作为 $\boldsymbol{a}\times\boldsymbol{b}$，且向量积 $\boldsymbol{a}\times\boldsymbol{b}$ 垂直于向量 $\boldsymbol{a}$ 和 $\boldsymbol{b}$ 构成的平面，方向遵循右手定则。

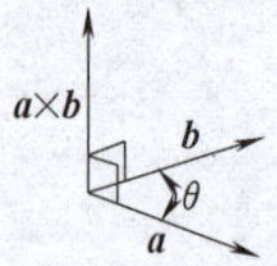

图 3-1　向量积的定义

假设 $\boldsymbol{a}=(a_x,\ a_y,\ a_z)$，$\boldsymbol{b}=(b_x,\ b_y,\ b_z)$，则 $\boldsymbol{a}\times\boldsymbol{b}$ 可利用三阶行列式或矩阵的形式表达：

$$\boldsymbol{a}\times\boldsymbol{b}=\begin{vmatrix} \boldsymbol{i} & \boldsymbol{j} & \boldsymbol{k} \\ a_x & a_y & a_z \\ b_x & b_y & b_z \end{vmatrix}=\begin{pmatrix} a_y b_z-a_z b_y \\ a_z b_x-a_x b_z \\ a_x b_y-a_y b_x \end{pmatrix} \tag{3-1}$$

式中，$\boldsymbol{i}$、$\boldsymbol{j}$、$\boldsymbol{k}$ 分别是 x、y、z 轴方向的单位向量，且向量积模长为

$$|\boldsymbol{a}\times\boldsymbol{b}|=|\boldsymbol{a}||\boldsymbol{b}|\sin\theta \tag{3-2}$$

向量积存在如下运算规则：

1）反交换律：$$\boldsymbol{a}\times\boldsymbol{b}=-\boldsymbol{b}\times\boldsymbol{a} \tag{3-3}$$

2）分配律：$$(\boldsymbol{a}+\boldsymbol{b})\times\boldsymbol{c}=\boldsymbol{a}\times\boldsymbol{c}+\boldsymbol{b}\times\boldsymbol{c} \tag{3-4}$$

3）数乘结合律：$$(\lambda\boldsymbol{a})\times(\mu\boldsymbol{b})=\lambda\mu(\boldsymbol{a}\times\boldsymbol{b}) \tag{3-5}$$

给定三个向量 $\boldsymbol{a}$、$\boldsymbol{b}$ 和 $\boldsymbol{c}$，称（$\boldsymbol{a}\times\boldsymbol{b}$）$\cdot\boldsymbol{c}$ 为三个向量的标量混合积，具有以下运算规则：

1）假设 $\boldsymbol{c}=(c_x,\ c_y,\ c_z)$，则混合积 $(\boldsymbol{a}\times\boldsymbol{b})\cdot\boldsymbol{c}=\begin{vmatrix} a_x & a_y & a_z \\ b_x & b_y & b_z \\ c_x & c_y & c_z \end{vmatrix}$。　(3-6)

2）混合积的运算性质为 $(\boldsymbol{a}\times\boldsymbol{b})\cdot\boldsymbol{c}=(\boldsymbol{b}\times\boldsymbol{c})\cdot\boldsymbol{a}=(\boldsymbol{c}\times\boldsymbol{a})\cdot\boldsymbol{b}$。　(3-7)

2. 向量三重积

根据上述定义可知，可将向量的三重积定义为 $\boldsymbol{a}\times(\boldsymbol{b}\times\boldsymbol{c})$。同理，可用三阶行列式或矩阵形式表达：

$$a\times(b\times c)=\begin{vmatrix} i & j & k \\ a_x & a_y & a_z \\ b_yc_z-b_zc_y & b_zc_x-b_xc_z & b_xc_y-b_yc_x \end{vmatrix}=\begin{bmatrix} a_y(b_xc_y-b_yc_x)-a_z(b_yc_z-b_zc_y) \\ a_z(b_yc_z-b_zc_y)-a_x(b_xc_y-b_yc_x) \\ a_x(b_zc_x-b_xc_z)-a_y(b_yc_z-b_zc_y) \end{bmatrix} \tag{3-8}$$

根据向量三重积 $\boldsymbol{a}\times(\boldsymbol{b}\times\boldsymbol{c})$ 的矩阵形式表达，$\boldsymbol{a}\times(\boldsymbol{b}\times\boldsymbol{c})$ 也可用式（3-9）计算：

$$\boldsymbol{a}\times(\boldsymbol{b}\times\boldsymbol{c})=(\boldsymbol{c}^{\mathrm{T}}\boldsymbol{a})\boldsymbol{b}-(\boldsymbol{a}^{\mathrm{T}}\boldsymbol{b})\boldsymbol{c} \tag{3-9}$$

其中，

$$(\boldsymbol{c}^{\mathrm{T}}\boldsymbol{a})\boldsymbol{b}=(\boldsymbol{c}^{\mathrm{T}}\boldsymbol{a})\boldsymbol{E}_3\boldsymbol{b} \tag{3-10}$$

$$(\boldsymbol{a}^{\mathrm{T}}\boldsymbol{b})\boldsymbol{c}=(\boldsymbol{c}\boldsymbol{a}^{\mathrm{T}})\boldsymbol{b} \tag{3-11}$$

式中，$\boldsymbol{E}_3$ 表示 3 阶单位矩阵。

因此，根据式（3-9）~式（3-11），$\boldsymbol{a}\times(\boldsymbol{b}\times\boldsymbol{c})$ 可重新表示为

$$\begin{aligned}\boldsymbol{a}\times(\boldsymbol{b}\times\boldsymbol{c})&=(\boldsymbol{c}^{\mathrm{T}}\boldsymbol{a})\boldsymbol{b}-(\boldsymbol{a}^{\mathrm{T}}\boldsymbol{b})\boldsymbol{c}\\&=(\boldsymbol{c}^{\mathrm{T}}\boldsymbol{a})\boldsymbol{E}_3\boldsymbol{b}-(\boldsymbol{c}\boldsymbol{a}^{\mathrm{T}})\boldsymbol{b}\\&=(\boldsymbol{c}^{\mathrm{T}}\boldsymbol{a}\boldsymbol{E}_3-\boldsymbol{c}\boldsymbol{a}^{\mathrm{T}})\boldsymbol{b}\end{aligned} \tag{3-12}$$

式（3-12）称为向量三重积和矩阵乘以向量的交换公式。

3.2 任意轴的旋转矩阵

将任意轴绕旋转轴 $\boldsymbol{k}$ 旋转角度 α 的旋转矩阵记为

$$\boldsymbol{R}=\mathrm{Rot}(\boldsymbol{k},\alpha) \tag{3-13}$$

式中，$\boldsymbol{k}$ 是单位向量。

如图 3-2 所示，向量 $\boldsymbol{p}$ 的表达式为

$$\boldsymbol{p}=(\boldsymbol{p}^{\mathrm{T}}\boldsymbol{i})\boldsymbol{i}+(\boldsymbol{p}^{\mathrm{T}}\boldsymbol{j})\boldsymbol{j}+(\boldsymbol{p}^{\mathrm{T}}\boldsymbol{k})\boldsymbol{k} \tag{3-14}$$

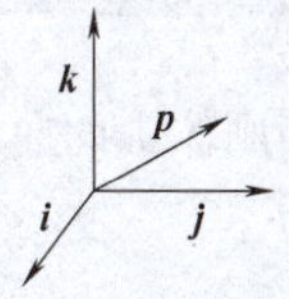

图 3-2　向量 $\boldsymbol{p}$ 的表达

向量 $\boldsymbol{i}^*$ 是由向量 $\boldsymbol{i}$ 绕 $\boldsymbol{k}$ 旋转角度 α 得到的，即

$$\boldsymbol{i}^*=\boldsymbol{i}\cos\alpha+\boldsymbol{j}\sin\alpha \tag{3-15}$$

同理，$\boldsymbol{j}^*$ 是由向量 $\boldsymbol{j}$ 绕 $\boldsymbol{k}$ 旋转角度 α 得到的，即

$$\boldsymbol{j}^*=-\boldsymbol{i}\sin\alpha+\boldsymbol{j}\cos\alpha \tag{3-16}$$

向量 $\boldsymbol{p}$ 也绕 $\boldsymbol{k}$ 旋转角度 α，旋转后得到的向量记作 $\boldsymbol{p}^*$，即

$$\boldsymbol{p}^*=(\boldsymbol{p}^{*\mathrm{T}}\boldsymbol{i}^*)\boldsymbol{i}^*+(\boldsymbol{p}^{*\mathrm{T}}\boldsymbol{j}^*)\boldsymbol{j}^*+(\boldsymbol{p}^{*\mathrm{T}}\boldsymbol{k}^*)\boldsymbol{k}^* \tag{3-17}$$

运用关系式 $\boldsymbol{p}^{*\mathrm{T}}\boldsymbol{i}^*=\boldsymbol{p}^{\mathrm{T}}\boldsymbol{i}$，得

$$\boldsymbol{p}^*=(\boldsymbol{p}^{\mathrm{T}}\boldsymbol{i})\boldsymbol{i}^*+(\boldsymbol{p}^{\mathrm{T}}\boldsymbol{j})\boldsymbol{j}^*+(\boldsymbol{p}^{\mathrm{T}}\boldsymbol{k})\boldsymbol{k}^* \tag{3-18}$$

将式（3-15）、式（3-16）代入式（3-18），得

$$\boldsymbol{p}^*=(\boldsymbol{p}^{\mathrm{T}}\boldsymbol{i})(\boldsymbol{i}\cos\alpha+\boldsymbol{j}\sin\alpha)+(\boldsymbol{p}^{\mathrm{T}}\boldsymbol{j})(-\boldsymbol{i}\sin\alpha+\boldsymbol{j}\cos\alpha)+(\boldsymbol{p}^{\mathrm{T}}\boldsymbol{k})\boldsymbol{k} \tag{3-19}$$

运用关系式 $(\boldsymbol{p}^{\mathrm{T}}\boldsymbol{i})\boldsymbol{j}-(\boldsymbol{p}^{\mathrm{T}}\boldsymbol{j})\boldsymbol{i}=(\boldsymbol{i}\times\boldsymbol{j})\times\boldsymbol{p}=\boldsymbol{k}\times\boldsymbol{p}$，得

$$\begin{aligned}\boldsymbol{p}^*&=(\boldsymbol{p}^{\mathrm{T}}\boldsymbol{i})\boldsymbol{i}\cos\alpha+\sin\alpha(\boldsymbol{p}^{\mathrm{T}}\boldsymbol{i})\boldsymbol{j}-\sin\alpha(\boldsymbol{p}^{\mathrm{T}}\boldsymbol{j})\boldsymbol{i}+\cos\alpha(\boldsymbol{p}^{\mathrm{T}}\boldsymbol{j})\boldsymbol{i}+(\boldsymbol{p}^{\mathrm{T}}\boldsymbol{k})\boldsymbol{k}\\&=\cos\alpha[\boldsymbol{p}-(\boldsymbol{p}^{\mathrm{T}}\boldsymbol{k})\boldsymbol{k}]+\sin\alpha(\boldsymbol{k}\times\boldsymbol{p})+(\boldsymbol{p}^{\mathrm{T}}\boldsymbol{k})\boldsymbol{k}\\&=(1-\cos\alpha)(\boldsymbol{p}^{\mathrm{T}}\boldsymbol{k})\boldsymbol{k}+\sin\alpha(\boldsymbol{k}\times\boldsymbol{p})+\cos\alpha\boldsymbol{p}\end{aligned} \tag{3-20}$$

由于 $\boldsymbol{p}$ 是任意向量，任选 $\boldsymbol{p}=\boldsymbol{x}=[1,\ 0,\ 0]^{\mathrm{T}}$。$\boldsymbol{p}^*=\boldsymbol{x}^*$ 是单位向量，$\boldsymbol{x}^*$ 可表示为

$$x^* = \cos\alpha \boldsymbol{x} + (\boldsymbol{x}^T\boldsymbol{k})\boldsymbol{k}(1-\cos\alpha) + (\boldsymbol{k}\times\boldsymbol{x})\sin\alpha \tag{3-21}$$

由 $\boldsymbol{k}=[k_x, k_y, k_z]^T$ 可得

$$\boldsymbol{x}^* = \cos\alpha\begin{bmatrix}1\\0\\0\end{bmatrix} + k_x\begin{bmatrix}k_x\\k_y\\k_z\end{bmatrix}(1-\cos\alpha) + \begin{bmatrix}0\\k_z\\-k_y\end{bmatrix}\sin\alpha \tag{3-22}$$

类似，$\boldsymbol{y}^*$ 为

$$\boldsymbol{y}^* = \cos\alpha\begin{bmatrix}0\\1\\0\end{bmatrix} + k_y\begin{bmatrix}k_x\\k_y\\k_z\end{bmatrix}(1-\cos\alpha) + \begin{bmatrix}-k_z\\0\\k_x\end{bmatrix}\sin\alpha \tag{3-23}$$

$\boldsymbol{z}^*$ 为

$$\boldsymbol{z}^* = \cos\alpha\begin{bmatrix}0\\0\\1\end{bmatrix} + k_z\begin{bmatrix}k_x\\k_y\\k_z\end{bmatrix}(1-\cos\alpha) + \begin{bmatrix}k_y\\-k_x\\0\end{bmatrix}\sin\alpha \tag{3-24}$$

根据定义 $\boldsymbol{R}=[\boldsymbol{x}^* \ \boldsymbol{y}^* \ \boldsymbol{z}^*]$，可得

$$\boldsymbol{R}=\mathrm{Rot}(\boldsymbol{k},\alpha)=\begin{bmatrix} k_x^2(1-\cos\alpha)+\cos\alpha & k_xk_y(1-\cos\alpha)+k_z\sin\alpha & k_zk_x(1-\cos\alpha)-k_y\sin\alpha \\ k_xk_y(1-\cos\alpha)+k_z\sin\alpha & k_y^2(1-\cos\alpha)+\cos\alpha & k_zk_y(1-\cos\alpha)-k_x\sin\alpha \\ k_xk_z(1-\cos\alpha)-k_y\sin\alpha & k_yk_z(1-\cos\alpha)+k_x\cos\alpha & k_z^2(1-\cos\alpha)+\cos\alpha \end{bmatrix} \tag{3-25}$$

3.3 惯性张量和角动量

当刚体中的向量 $\boldsymbol{p}$ 绕 $\boldsymbol{\omega}$ 旋转时，如图 3-3 所示，$\boldsymbol{p}$ 的速度表示为

$$\dot{\boldsymbol{p}} = \boldsymbol{v} = \boldsymbol{\omega}\times\boldsymbol{p} \tag{3-26}$$

将点 $\boldsymbol{p}$ 处的微小部分质量描述为 $\mathrm{d}m$，则

$$微小部分的动量 = \boldsymbol{v}\mathrm{d}m \tag{3-27}$$

$$微小部分的角动量 = \boldsymbol{p}\times\boldsymbol{v}\mathrm{d}m \tag{3-28}$$

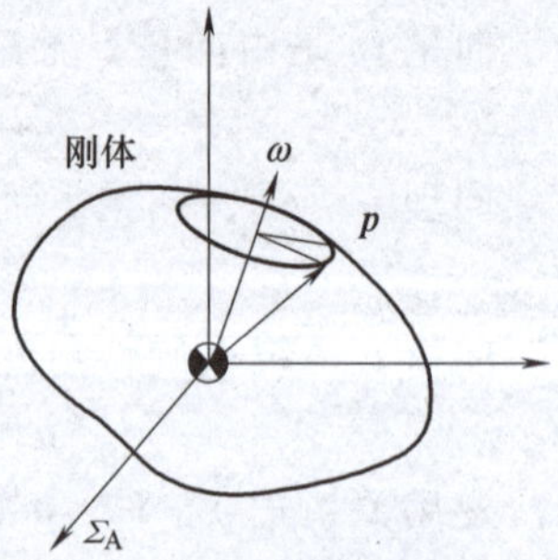

图 3-3　旋转刚体

对于整个刚体，角动量 $\boldsymbol{M}$ 为

$$\begin{aligned}\boldsymbol{M} &= \int_V \boldsymbol{p}\times\boldsymbol{v}\mathrm{d}m \\ &= \int_V \boldsymbol{p}\times(\boldsymbol{\omega}\times\boldsymbol{p})\mathrm{d}m\end{aligned} \tag{3-29}$$

由向量三重积公式矩阵乘以向量，有

$$\begin{aligned}\boldsymbol{M} &= \int_V (\boldsymbol{p}^T\boldsymbol{p}E_3 - \boldsymbol{p}\boldsymbol{p}^T)\boldsymbol{\omega}\mathrm{d}m \\ &= \int_V (\boldsymbol{p}^T\boldsymbol{p}E_3 - \boldsymbol{p}\boldsymbol{p}^T)\mathrm{d}m\boldsymbol{\omega} \\ &= \boldsymbol{I}\boldsymbol{\omega}\end{aligned} \tag{3-30}$$

可得

$$
\boldsymbol{I}=\begin{bmatrix}\int_V(p_x^2+p_y^2+p_z^2-p_x^2)\mathrm{d}m & -\int_V p_xp_y\mathrm{d}m & -\int_V p_xp_z\mathrm{d}m\\ -\int_V p_xp_y\mathrm{d}m & \int_V(p_x^2+p_y^2+p_z^2-p_y^2)\mathrm{d}m & -\int_V p_yp_z\mathrm{d}m\\ -\int_V p_xp_z\mathrm{d}m & -\int_V p_yp_z\mathrm{d}m & \int_V(p_x^2+p_y^2+p_z^2-p_z^2)\mathrm{d}m\end{bmatrix}
$$

$$
=\begin{bmatrix}\int_V(p_y^2+p_z^2)\mathrm{d}m & -\int_V p_xp_y\mathrm{d}m & -\int_V p_xp_z\mathrm{d}m\\ -\int_V p_xp_y\mathrm{d}m & \int_V(p_x^2+p_z^2)\mathrm{d}m & -\int_V p_yp_z\mathrm{d}m\\ -\int_V p_xp_z\mathrm{d}m & -\int_V p_yp_z\mathrm{d}m & \int_V(p_x^2+p_y^2)\mathrm{d}m\end{bmatrix}
$$

$$
=\begin{bmatrix}I_{xx} & -H_{xy} & -H_{xz}\\ -H_{xy} & I_{yy} & -H_{yz}\\ -H_{xz} & -H_{yz} & I_{zz}\end{bmatrix} \tag{3-31}
$$

$\boldsymbol{I}$ 被称为惯性张量。刚体通常在基本坐标系 Σ_A 中旋转，这意味着惯性元素 $\boldsymbol{I}$ 随着时间 t 改变。为便于分析，在描述相对于惯性张量刚体坐标系时，将 $\boldsymbol{I}$ 的元素表示为常数。

在坐标系 Σ_A 中，

$$
{}^\mathrm{A}\boldsymbol{M}={}^\mathrm{A}\boldsymbol{I}\,{}^\mathrm{A}\boldsymbol{\omega} \tag{3-32}
$$

其中，角动量 $\boldsymbol{M}$ 和角速度 $\boldsymbol{\omega}$ 是向量，因此

$$
\boldsymbol{M}={}^0\boldsymbol{R}_\mathrm{A}\,{}^\mathrm{A}\boldsymbol{M} \tag{3-33}
$$

$$
\boldsymbol{\omega}={}^0\boldsymbol{R}_\mathrm{A}\,{}^\mathrm{A}\boldsymbol{\omega} \tag{3-34}
$$

将式（3-33）和式（3-34）代入 $\boldsymbol{M}=\boldsymbol{I}\boldsymbol{\omega}$，得

$$
{}^0\boldsymbol{R}_\mathrm{A}\,{}^\mathrm{A}\boldsymbol{M}=\boldsymbol{I}\,{}^0\boldsymbol{R}_\mathrm{A}\,{}^\mathrm{A}\boldsymbol{\omega} \tag{3-35}
$$

在式（3-35）两边左乘（${}^0\boldsymbol{R}_\mathrm{A}$）$^{-1}$=（${}^0\boldsymbol{R}_\mathrm{A}$）$^\mathrm{T}$，得

$$
{}^\mathrm{A}\boldsymbol{M}=({}^0\boldsymbol{R}_\mathrm{A})^\mathrm{T}\boldsymbol{I}\,{}^0\boldsymbol{R}_\mathrm{A}\,{}^\mathrm{A}\boldsymbol{\omega} \tag{3-36}
$$

由式（3-32）和式（3-36）可得

$$
{}^\mathrm{A}\boldsymbol{I}=({}^0\boldsymbol{R}_\mathrm{A})^\mathrm{T}\boldsymbol{I}\,{}^0\boldsymbol{R}_\mathrm{A} \tag{3-37}
$$

或等价为

$$
\boldsymbol{I}=({}^0\boldsymbol{R}_\mathrm{A})\,{}^\mathrm{A}\boldsymbol{I}({}^0\boldsymbol{R}_\mathrm{A})^\mathrm{T} \tag{3-38}
$$

式（3-38）为惯性张量的坐标变换公式。注意：尽管 ${}^0\boldsymbol{R}_\mathrm{A}$ 和 $\boldsymbol{I}$ 的元素不是恒定的，但 ${}^\mathrm{A}\boldsymbol{I}$ 的元素是恒定的。

3.4　平行轴定理

本节将推导惯性张量（矩）的平移变换，假设刚体中存在任意点 $\boldsymbol{p}$，两个坐标系 Σ_A 和

$\boldsymbol{\Sigma}_{\mathrm{B}}$ 是平行的，如图 3-4 所示，$\boldsymbol{\Sigma}_{\mathrm{A}}$ 的原点是相对于刚体的质心，设：$\boldsymbol{M}\rightarrow{}^{\mathrm{B}}\boldsymbol{M}$，$\boldsymbol{p}\rightarrow{}^{\mathrm{B}}\boldsymbol{p}=({}^{\mathrm{A}}\boldsymbol{p}-{}^{\mathrm{A}}\boldsymbol{p}_{\mathrm{B0}})$，$\boldsymbol{\omega}\rightarrow{}^{\mathrm{B}}\boldsymbol{\omega}={}^{\mathrm{A}}\boldsymbol{\omega}$，$\int_V {}^{\mathrm{A}}\boldsymbol{p}\mathrm{d}m=0$。考虑坐标 $\boldsymbol{\Sigma}_{\mathrm{B}}$ 中角动量和惯性张量的数学表达式，则有

$$
\begin{aligned}
{}^{\mathrm{B}}\boldsymbol{M}=\int_V &({}^{\mathrm{A}}\boldsymbol{p}-{}^{\mathrm{A}}\boldsymbol{p}_{\mathrm{B0}})^{\mathrm{T}}({}^{\mathrm{A}}\boldsymbol{p}-{}^{\mathrm{A}}\boldsymbol{p}_{\mathrm{B0}})\boldsymbol{E}_3- \\
&({}^{\mathrm{A}}\boldsymbol{p}-{}^{\mathrm{A}}\boldsymbol{p}_{\mathrm{B0}})({}^{\mathrm{A}}\boldsymbol{p}-{}^{\mathrm{A}}\boldsymbol{p}_{\mathrm{B0}})^{\mathrm{T}}\mathrm{d}m\,{}^{\mathrm{B}}\boldsymbol{\omega}
\end{aligned}
\tag{3-39}
$$

利用 ${}^{\mathrm{B}}\boldsymbol{M}={}^{\mathrm{B}}\boldsymbol{I}\,{}^{\mathrm{B}}\boldsymbol{\omega}$，可得

$$
\begin{aligned}
{}^{\mathrm{B}}\boldsymbol{I}=\int_V &({}^{\mathrm{A}}\boldsymbol{p}-{}^{\mathrm{A}}\boldsymbol{p}_{\mathrm{B0}})^{\mathrm{T}}({}^{\mathrm{A}}\boldsymbol{p}-{}^{\mathrm{A}}\boldsymbol{p}_{\mathrm{B0}})\boldsymbol{E}_3- \\
&({}^{\mathrm{A}}\boldsymbol{p}-{}^{\mathrm{A}}\boldsymbol{p}_{\mathrm{B0}})({}^{\mathrm{A}}\boldsymbol{p}-{}^{\mathrm{A}}\boldsymbol{p}_{\mathrm{B0}})^{\mathrm{T}}\mathrm{d}m
\end{aligned}
\tag{3-40}
$$

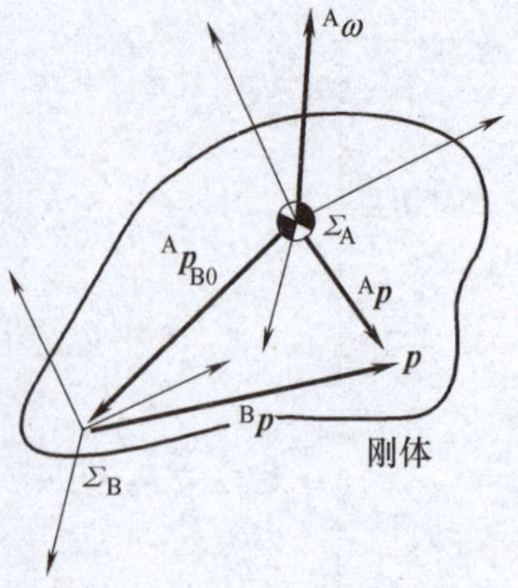

图 3-4 刚体的坐标系 $\boldsymbol{\Sigma}_{\mathrm{A}}$ 和 $\boldsymbol{\Sigma}_{\mathrm{B}}$

对于方程右边第一个积分部分：

$$
\begin{aligned}
\int_V({}^{\mathrm{A}}\boldsymbol{p}-{}^{\mathrm{A}}\boldsymbol{p}_{\mathrm{B0}})^{\mathrm{T}}({}^{\mathrm{A}}\boldsymbol{p}-{}^{\mathrm{A}}\boldsymbol{p}_{\mathrm{B0}})\boldsymbol{E}_3\mathrm{d}m&=\int_V[{}^{\mathrm{A}}\boldsymbol{p}^{\mathrm{T}}({}^{\mathrm{A}}\boldsymbol{p}-{}^{\mathrm{A}}\boldsymbol{p}_{\mathrm{B0}})-({}^{\mathrm{A}}\boldsymbol{p}_{\mathrm{B0}})^{\mathrm{T}}({}^{\mathrm{A}}\boldsymbol{p}-{}^{\mathrm{A}}\boldsymbol{p}_{\mathrm{B0}})]\boldsymbol{E}_3\mathrm{d}m \\
&=\int_V[({}^{\mathrm{A}}\boldsymbol{p}^{\mathrm{T}}\,{}^{\mathrm{A}}\boldsymbol{p})-2{}^{\mathrm{A}}\boldsymbol{p}^{\mathrm{T}}\,{}^{\mathrm{A}}\boldsymbol{p}_{\mathrm{B0}}+({}^{\mathrm{A}}\boldsymbol{p}_{\mathrm{B0}})^{\mathrm{T}}\,{}^{\mathrm{A}}\boldsymbol{p}_{\mathrm{B0}}]\boldsymbol{E}_3\mathrm{d}m
\end{aligned}
\tag{3-41}
$$

对于方程右边的第二个积分部分：

$$
\begin{aligned}
\int_V({}^{\mathrm{A}}\boldsymbol{p}-{}^{\mathrm{A}}\boldsymbol{p}_{\mathrm{B0}})({}^{\mathrm{A}}\boldsymbol{p}-{}^{\mathrm{A}}\boldsymbol{p}_{\mathrm{B0}})^{\mathrm{T}}\mathrm{d}m&=\int_V\{[{}^{\mathrm{A}}\boldsymbol{p}({}^{\mathrm{A}}\boldsymbol{p}-{}^{\mathrm{A}}\boldsymbol{p}_{\mathrm{B0}})^{\mathrm{T}}-{}^{\mathrm{A}}\boldsymbol{p}_{\mathrm{B0}}]({}^{\mathrm{A}}\boldsymbol{p}-{}^{\mathrm{A}}\boldsymbol{p}_{\mathrm{B0}})^{\mathrm{T}}\}\mathrm{d}m \\
&=\int_V({}^{\mathrm{A}}\boldsymbol{p}\,{}^{\mathrm{A}}\boldsymbol{p}^{\mathrm{T}}-2{}^{\mathrm{A}}\boldsymbol{p}\,{}^{\mathrm{A}}\boldsymbol{p}_{\mathrm{B0}}^{\mathrm{T}}+{}^{\mathrm{A}}\boldsymbol{p}_{\mathrm{B0}}\,{}^{\mathrm{A}}\boldsymbol{p}_{\mathrm{B0}}^{\mathrm{T}})\mathrm{d}m
\end{aligned}
\tag{3-42}
$$

利用 $\int_V({}^{\mathrm{A}}\boldsymbol{p}^{\mathrm{T}}\,{}^{\mathrm{A}}\boldsymbol{p}\boldsymbol{E}_3-{}^{\mathrm{A}}\boldsymbol{p}\,{}^{\mathrm{A}}\boldsymbol{p}^{\mathrm{T}})\mathrm{d}m={}^{\mathrm{A}}\boldsymbol{I}$ 的关系，有

$$
\begin{aligned}
{}^{\mathrm{B}}\boldsymbol{I}&={}^{\mathrm{A}}\boldsymbol{I}+\int_V({}^{\mathrm{A}}\boldsymbol{p}_{\mathrm{B0}}^{\mathrm{T}}\,{}^{\mathrm{A}}\boldsymbol{p}_{\mathrm{B0}}\boldsymbol{E}_3-{}^{\mathrm{A}}\boldsymbol{p}_{\mathrm{B0}}\,{}^{\mathrm{A}}\boldsymbol{p}_{\mathrm{B0}}^{\mathrm{T}})\mathrm{d}m-2\int_V({}^{\mathrm{A}}\boldsymbol{p}^{\mathrm{T}}\,{}^{\mathrm{A}}\boldsymbol{p}_{\mathrm{B0}}\boldsymbol{E}_3-{}^{\mathrm{A}}\boldsymbol{p}\,{}^{\mathrm{A}}\boldsymbol{p}_{\mathrm{B0}}^{\mathrm{T}})\mathrm{d}m \\
&={}^{\mathrm{A}}\boldsymbol{I}+{}^{\mathrm{A}}\boldsymbol{p}_{\mathrm{B0}}^{\mathrm{T}}\,{}^{\mathrm{A}}\boldsymbol{p}_{\mathrm{B0}}\boldsymbol{E}_3\int_V\mathrm{d}m-{}^{\mathrm{A}}\boldsymbol{p}_{\mathrm{B0}}\,{}^{\mathrm{A}}\boldsymbol{p}_{\mathrm{B0}}^{\mathrm{T}}\int_V\mathrm{d}m-2\int_V({}^{\mathrm{A}}\boldsymbol{p}^{\mathrm{T}}\,{}^{\mathrm{A}}\boldsymbol{p}_{\mathrm{B0}}\boldsymbol{E}_3-{}^{\mathrm{A}}\boldsymbol{p}\,{}^{\mathrm{A}}\boldsymbol{p}_{\mathrm{B0}}^{\mathrm{T}})\mathrm{d}m
\end{aligned}
\tag{3-43}
$$

可得

$$
\int_V{}^{\mathrm{A}}\boldsymbol{p}^{\mathrm{T}}\,{}^{\mathrm{A}}\boldsymbol{p}_{\mathrm{B0}}\boldsymbol{E}_3\mathrm{d}m=\int_V{}^{\mathrm{A}}\boldsymbol{p}\mathrm{d}m\,{}^{\mathrm{A}}\boldsymbol{p}_{\mathrm{B0}}\boldsymbol{E}_3=0 \tag{3-44}
$$

$$
\int_V{}^{\mathrm{A}}\boldsymbol{p}\,{}^{\mathrm{A}}\boldsymbol{p}_{\mathrm{B0}}^{\mathrm{T}}\mathrm{d}m=\int_V{}^{\mathrm{A}}\boldsymbol{p}\mathrm{d}m\,{}^{\mathrm{A}}\boldsymbol{p}_{\mathrm{B0}}^{\mathrm{T}}=0 \tag{3-45}
$$

那么，${}^{\mathrm{B}}\boldsymbol{I}$ 与 ${}^{\mathrm{A}}\boldsymbol{I}$ 的关系表达式可写为

$$
{}^{\mathrm{B}}\boldsymbol{I}={}^{\mathrm{A}}\boldsymbol{I}+({}^{\mathrm{A}}\boldsymbol{p}_{\mathrm{B0}}^{\mathrm{T}}\,{}^{\mathrm{A}}\boldsymbol{p}_{\mathrm{B0}}\boldsymbol{E}_3-{}^{\mathrm{A}}\boldsymbol{p}_{\mathrm{B0}}\,{}^{\mathrm{A}}\boldsymbol{p}_{\mathrm{B0}}^{\mathrm{T}})m \tag{3-46}
$$

式（3-46）称为平行轴定理的表达式。假设 ${}^{\mathrm{A}}\boldsymbol{p}_{\mathrm{B0}}=\begin{bmatrix}s_x\\s_y\\s_z\end{bmatrix}$，也可用矩阵元素的形式表达：

$$
{}^{i}\boldsymbol{I}={}^{\mathrm{A}}\boldsymbol{I}+m\left\{\begin{bmatrix}s_x^2+s_y^2+z_z^2 & 0 & 0\\ 0 & s_x^2+s_y^2+s_z^2 & 0\\ 0 & 0 & s_x^2+s_y^2+s_z^2\end{bmatrix}-\begin{bmatrix}s_x^2 & s_xs_y & s_xs_z\\ s_ys_x & s_y^2 & s_ys_z\\ s_zs_x & s_zs_y & s_z^2\end{bmatrix}\right\}
$$

$$= {}^{A}\boldsymbol{I}+m\begin{bmatrix} s_y^2+s_z^2 & -s_x s_y & -s_x s_z \\ -s_y s_x & s_x^2+s_z^2 & -s_y s_z \\ -s_z s_x & -s_z s_y & s_z^2+s_x^2 \end{bmatrix} \tag{3-47}$$

3.5　欧拉运动方程

本节证明欧拉运动方程：$\boldsymbol{N}\equiv\dfrac{\mathrm{d}}{\mathrm{d}t}(\boldsymbol{M})=\boldsymbol{I}\dot{\boldsymbol{\omega}}+\boldsymbol{\omega}\times\boldsymbol{I}\boldsymbol{\omega}$。

角动量 $\boldsymbol{M}$ 被定义为

$$\boldsymbol{M}=\boldsymbol{I}\boldsymbol{\omega} \tag{3-48}$$

首先，推导与刚体 A 重心相连的刚性坐标系 Σ_A 中的角动量方程，如图 3-5 所示。

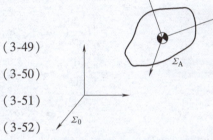

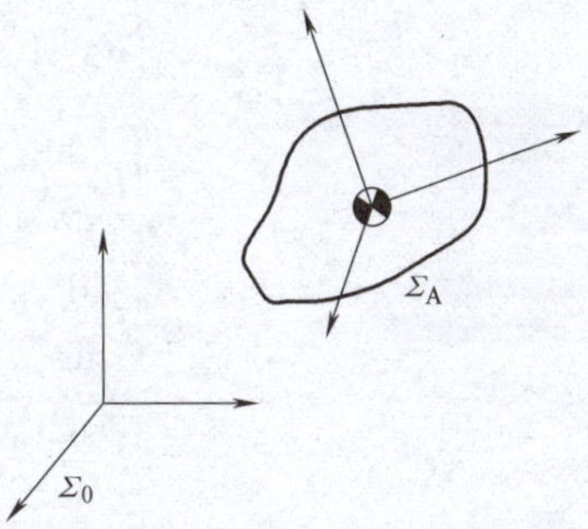

图 3-5　刚体坐标系

由于角动量 $\boldsymbol{M}$ 和力矩 $\boldsymbol{N}$ 都是向量，可知

$${}^{0}\boldsymbol{M}={}^{0}\boldsymbol{R}_{A}{}^{A}\boldsymbol{M} \tag{3-49}$$

$${}^{0}\boldsymbol{N}={}^{0}\boldsymbol{R}_{A}{}^{A}\boldsymbol{N} \tag{3-50}$$

$${}^{0}\boldsymbol{I}={}^{0}\boldsymbol{R}_{A}{}^{A}\boldsymbol{I}({}^{0}\boldsymbol{R}_{A})^{\mathrm{T}} \tag{3-51}$$

$${}^{0}\boldsymbol{\omega}={}^{0}\boldsymbol{R}_{A}{}^{A}\boldsymbol{\omega} \tag{3-52}$$

利用公式（3-49）~式（3-52），可得

$${}^{0}\boldsymbol{M}={}^{0}\boldsymbol{I}_{A}{}^{0}\boldsymbol{\omega}={}^{0}\boldsymbol{R}_{A}{}^{A}\boldsymbol{M}={}^{0}\boldsymbol{R}_{A}{}^{A}\boldsymbol{I}({}^{0}\boldsymbol{R}_{A})^{\mathrm{T}}\,{}^{0}\boldsymbol{R}_{A}{}^{A}\boldsymbol{\omega}={}^{0}\boldsymbol{R}_{A}{}^{A}\boldsymbol{I}^{A}\boldsymbol{\omega} \tag{3-53}$$

$${}^{A}\boldsymbol{M}={}^{A}\boldsymbol{I}^{A}\boldsymbol{\omega} \tag{3-54}$$

式中，${}^{A}\boldsymbol{I}$ 的组成元素是常数。

这表明：角动量 $\boldsymbol{M}=\boldsymbol{I}\boldsymbol{\omega}$ 在坐标系 Σ_A 中也同样成立。

由式（3-49）和式（3-53）可知

$$\begin{aligned}\frac{\mathrm{d}^{0}\boldsymbol{M}}{\mathrm{d}t}&={}^{0}\boldsymbol{R}_{A}\left(\frac{\mathrm{d}^{A}\boldsymbol{M}}{\mathrm{d}t}\right)+{}^{0}\boldsymbol{\omega}_{A}\times{}^{0}\boldsymbol{R}_{A}{}^{A}\boldsymbol{M}\\&={}^{0}\boldsymbol{R}_{A}\frac{\mathrm{d}}{\mathrm{d}t}({}^{A}\boldsymbol{I}^{A}\boldsymbol{\omega})+{}^{0}\boldsymbol{\omega}_{A}\times{}^{0}\boldsymbol{R}_{A}({}^{A}\boldsymbol{I}^{A}\boldsymbol{\omega})\\&={}^{0}\boldsymbol{R}_{A}{}^{A}\boldsymbol{I}\frac{\mathrm{d}}{\mathrm{d}t}({}^{A}\boldsymbol{\omega})+{}^{0}\boldsymbol{\omega}_{A}\times({}^{0}\boldsymbol{R}_{A}{}^{A}\boldsymbol{I}^{A}\boldsymbol{\omega})\end{aligned} \tag{3-55}$$

在式（3-55）的左侧乘 ${}^{0}\boldsymbol{R}_{A}^{\mathrm{T}}$，得

$$({}^{0}\boldsymbol{R}_{A}^{\mathrm{T}})\frac{\mathrm{d}^{0}\boldsymbol{M}}{\mathrm{d}t}=({}^{0}\boldsymbol{R}_{A}^{\mathrm{T}}){}^{0}\boldsymbol{N}={}^{A}\boldsymbol{I}\frac{\mathrm{d}}{\mathrm{d}t}({}^{A}\boldsymbol{\omega})+({}^{0}\boldsymbol{R}_{A}^{\mathrm{T}})[{}^{0}\boldsymbol{\omega}_{A}\times({}^{0}\boldsymbol{R}_{A}{}^{A}\boldsymbol{I}^{A}\boldsymbol{\omega})]$$

$$\begin{aligned}{}^{A}\boldsymbol{N}&={}^{A}\boldsymbol{I}\frac{\mathrm{d}}{\mathrm{d}t}({}^{A}\boldsymbol{\omega})+{}^{A}\boldsymbol{R}_{0}{}^{0}\boldsymbol{\omega}_{A}\times({}^{0}\boldsymbol{R}_{A}^{\mathrm{T}}\,{}^{0}\boldsymbol{R}_{A}{}^{A}\boldsymbol{I}^{A}\boldsymbol{\omega})\\&={}^{A}\boldsymbol{I}\frac{\mathrm{d}}{\mathrm{d}t}({}^{A}\boldsymbol{\omega})+{}^{A}\boldsymbol{\omega}\times({}^{A}\boldsymbol{I}^{A}\boldsymbol{\omega})\end{aligned} \tag{3-56}$$

上述公式为坐标系 Σ_A 中的欧拉运动方程，这里给出了以下关系：

$$\begin{aligned}\frac{\mathrm{d}}{\mathrm{d}t}({}^{A}\boldsymbol{\omega}) &= \frac{\mathrm{d}}{\mathrm{d}t}({}^{A}\boldsymbol{R}_0{}^{0}\boldsymbol{\omega}) \\ &= {}^{A}\boldsymbol{\omega}\times{}^{A}\boldsymbol{R}_0{}^{0}\boldsymbol{\omega}+{}^{A}\boldsymbol{R}_0\frac{\mathrm{d}}{\mathrm{d}t}({}^{0}\boldsymbol{\omega}) \\ &= {}^{A}\boldsymbol{\omega}\times{}^{A}\boldsymbol{\omega}+{}^{A}\boldsymbol{R}_0\frac{\mathrm{d}}{\mathrm{d}t}({}^{0}\boldsymbol{\omega}) \\ &= {}^{0}\boldsymbol{R}_A^{\mathrm{T}}\frac{\mathrm{d}}{\mathrm{d}t}({}^{0}\boldsymbol{\omega})\end{aligned} \tag{3-57}$$

由式（3-56）、式（3-57）以及 ${}^{A}\boldsymbol{I}=({}^{0}\boldsymbol{R}_A)^{\mathrm{T}0}\boldsymbol{I}^{0}\boldsymbol{R}_A$ 之间的关系，可得

$$\begin{aligned}{}^{0}\boldsymbol{N} &= {}^{0}\boldsymbol{R}_A{}^{A}\boldsymbol{N}={}^{0}\boldsymbol{R}_A{}^{A}\boldsymbol{I}\frac{\mathrm{d}}{\mathrm{d}t}({}^{A}\boldsymbol{\omega})\times({}^{A}\boldsymbol{I}^{A}\boldsymbol{\omega}) \\ &= {}^{0}\boldsymbol{R}_A[({}^{0}\boldsymbol{R}_A)^{\mathrm{T}0}\boldsymbol{I}^{0}\boldsymbol{R}_A]^{A}\boldsymbol{I}^{0}\boldsymbol{R}_A^{\mathrm{T}}\frac{\mathrm{d}}{\mathrm{d}t}({}^{0}\boldsymbol{\omega})+({}^{0}\boldsymbol{R}_A)^{A}\boldsymbol{\omega}\times({}^{A}\boldsymbol{I}^{A}\boldsymbol{\omega}) \\ &= {}^{0}\boldsymbol{I}\frac{\mathrm{d}}{\mathrm{d}t}({}^{0}\boldsymbol{\omega})+({}^{0}\boldsymbol{R}_A)^{A}\boldsymbol{\omega}\times[({}^{0}\boldsymbol{R}_A)^{A}\boldsymbol{I}^{A}\boldsymbol{\omega}] \\ &= {}^{0}\boldsymbol{I}\frac{\mathrm{d}}{\mathrm{d}t}({}^{0}\boldsymbol{\omega})+\{{}^{0}\boldsymbol{\omega}\times[({}^{0}\boldsymbol{R}_A)({}^{0}\boldsymbol{R}_A)^{\mathrm{T}0}\boldsymbol{I}^{0}\boldsymbol{R}_A]^{0}\boldsymbol{R}_A^{\mathrm{T}0}\boldsymbol{\omega}\} \\ &= {}^{0}\boldsymbol{I}\frac{\mathrm{d}}{\mathrm{d}t}({}^{0}\boldsymbol{\omega})+{}^{0}\boldsymbol{\omega}\times{}^{0}\boldsymbol{I}^{0}\boldsymbol{\omega}\end{aligned} \tag{3-58}$$

综上，欧拉运动方程可描述为

$$\boldsymbol{N}=\boldsymbol{I}\dot{\boldsymbol{\omega}}+\boldsymbol{\omega}\times\boldsymbol{I}\boldsymbol{\omega} \tag{3-59}$$

3.6 拉格朗日运动方程

本节将通过力学分析推导拉格朗日运动方程。考虑含有广义坐标（q_1，…，q_n）和时间（t）的三维空间中的一个质点 $\boldsymbol{x}_j$，其表达为

$$\boldsymbol{x}_j=\boldsymbol{x}_j(q_1,\cdots,q_n,t) \tag{3-60}$$

假设 N 个质点的系统中有 h 个独立约束条件，该系统的自由度 n 为

$$n=3N-h \tag{3-61}$$

含有 n 个独立质点的系统可用 n 个独立的广义坐标（q_1，…，q_n）代替。

对于第 j 个质点，有

$$\boldsymbol{F}_j=m_j\ddot{\boldsymbol{x}}_j \tag{3-62}$$

质点 $\boldsymbol{x}_j$ 对时间的导数可表示为

$$\begin{aligned}\dot{\boldsymbol{x}}_j &= \frac{\partial\boldsymbol{x}_j}{\partial q_1}\dot{q}_1+\cdots+\frac{\partial\boldsymbol{x}_j}{\partial q_n}\dot{q}_n+\frac{\partial\boldsymbol{x}_j}{\partial t} \\ &= \sum_{i=1}^{n}\frac{\partial\boldsymbol{x}_j}{\partial q_i}\dot{q}_i+\frac{\partial\boldsymbol{x}_j}{\partial t}\end{aligned} \tag{3-63}$$

由式（3-63）可得

$$\frac{\partial \dot{\boldsymbol{x}}_j}{\partial \dot{q}_i}=\frac{\partial \boldsymbol{x}_j}{\partial q_i} \tag{3-64}$$

对式（3-63）中的 q_i 求偏导，得

$$\begin{aligned}\frac{\partial \dot{\boldsymbol{x}}_j}{\partial q_i}&=\frac{\partial}{\partial q_i}\left(\frac{\partial \boldsymbol{x}_j}{\partial q_1}\dot{q}_1+\cdots+\frac{\partial \boldsymbol{x}_j}{\partial q_n}\dot{q}_n+\frac{\partial \boldsymbol{x}_j}{\partial t}\right)\\&=\frac{\partial}{\partial q_1}\left(\frac{\partial \boldsymbol{x}_j}{\partial q_i}\right)\dot{q}_1+\cdots+\frac{\partial}{\partial q_n}\left(\frac{\partial \boldsymbol{x}_j}{\partial q_i}\right)\dot{q}_n+\frac{\partial}{\partial t}\frac{\partial \boldsymbol{x}_j}{\partial q_i}\\&=\frac{\mathrm{d}}{\mathrm{d}t}\left(\frac{\partial \boldsymbol{x}_j}{\partial q_i}\right)\end{aligned} \tag{3-65}$$

接着，对（$\dot{\boldsymbol{x}}_j^{\mathrm{T}}\dot{\boldsymbol{x}}_j$）中的 $\dot{q}_i$ 求偏导，得

$$\begin{aligned}\frac{\partial(\dot{\boldsymbol{x}}_j^{\mathrm{T}}\dot{\boldsymbol{x}}_j)}{\partial \dot{q}_i}&=\left(\frac{\partial \boldsymbol{x}_j}{\partial \dot{q}_i}\right)^{\mathrm{T}}\dot{\boldsymbol{x}}_j+\dot{\boldsymbol{x}}_j^{\mathrm{T}}\left(\frac{\partial \boldsymbol{x}_j}{\partial \dot{q}_i}\right)\\&=2\dot{\boldsymbol{x}}_j^{\mathrm{T}}\frac{\partial \boldsymbol{x}_j}{\partial \dot{q}_i}\end{aligned} \tag{3-66}$$

利用式（3-64）和式（3-65）对式（3-66）的时间求导，得

$$\begin{aligned}\frac{\mathrm{d}}{\mathrm{d}t}\left[\frac{\partial(\dot{\boldsymbol{x}}_j^{\mathrm{T}}\dot{\boldsymbol{x}}_j)}{\partial \dot{q}_i}\right]&=2\frac{\mathrm{d}}{\mathrm{d}t}\left(\dot{\boldsymbol{x}}_j^{\mathrm{T}}\frac{\partial \boldsymbol{x}_j}{\partial \dot{q}_i}\right)=2\left[\ddot{\boldsymbol{x}}_j^{\mathrm{T}}\frac{\partial \dot{\boldsymbol{x}}_j}{\partial \dot{q}_i}+\dot{\boldsymbol{x}}_j^{\mathrm{T}}\frac{\mathrm{d}}{\mathrm{d}t}\left(\frac{\partial \dot{\boldsymbol{x}}_j}{\partial \dot{q}_i}\right)\right]\\&=2\left(\ddot{\boldsymbol{x}}_j^{\mathrm{T}}\frac{\partial \boldsymbol{x}_j}{\partial q_i}+\ddot{\boldsymbol{x}}_j^{\mathrm{T}}\frac{\partial \dot{\boldsymbol{x}}_j}{\partial q_i}\right)\end{aligned} \tag{3-67}$$

对 $\boldsymbol{F}_j=m_j\ddot{\boldsymbol{x}}_j$ 和$\frac{\partial \boldsymbol{x}_j}{\partial q_i}$求内积和，得

$$\sum_{j=1}^{n}\boldsymbol{F}_j^{\mathrm{T}}\left(\frac{\partial \boldsymbol{x}_j}{\partial q_i}\right)=\sum_{j=1}^{n}m_j\ddot{\boldsymbol{x}}_j^{\mathrm{T}}\left(\frac{\partial \boldsymbol{x}_j}{\partial q_i}\right) \tag{3-68}$$

式（3-67）可重新整理为

$$\ddot{\boldsymbol{x}}_j^{\mathrm{T}}\left(\frac{\partial \boldsymbol{x}_j}{\partial q_i}\right)=\frac{1}{2}\frac{\mathrm{d}}{\mathrm{d}t}\left[\frac{\partial(\dot{\boldsymbol{x}}_j^{\mathrm{T}}\dot{\boldsymbol{x}}_j)}{\partial \dot{q}_i}\right]-\dot{\boldsymbol{x}}_j^{\mathrm{T}}\frac{\partial \dot{\boldsymbol{x}}_j}{\partial q_i} \tag{3-69}$$

把式（3-69）代入式（3-68），得

$$\sum_{j=1}^{n}\boldsymbol{F}_j^{\mathrm{T}}\left(\frac{\partial \boldsymbol{x}_j}{\partial q_i}\right)=\sum_{j=1}^{n}m_j\left\{\frac{1}{2}\frac{\mathrm{d}}{\mathrm{d}t}\left[\frac{\partial(\dot{\boldsymbol{x}}_j^{\mathrm{T}}\dot{\boldsymbol{x}}_j)}{\partial \dot{q}_i}\right]-\dot{\boldsymbol{x}}_j^{\mathrm{T}}\frac{\partial \dot{\boldsymbol{x}}_j}{\partial q_i}\right\} \tag{3-70}$$

用 Q_i 表示式（3-70）等号左边的式子，令 $K=\frac{1}{2}\sum_{j=1}^{n}m_j\dot{\boldsymbol{x}}_j^{\mathrm{T}}\dot{\boldsymbol{x}}_j$，可得

$$Q_i=\frac{\mathrm{d}}{\mathrm{d}t}\left(\frac{\partial K}{\partial \dot{q}_i}\right)-\frac{\partial K}{\partial q_i} \tag{3-71}$$

若用 U_i 表示保守力，而 U_i 不取决于 $\dot{q}_i$，那么$\frac{\partial U}{\partial \dot{q}_i}=0$。用 $\mathcal{L}=K-U$ 替换拉格朗日方程 L，可得

$$Q_i=\frac{\mathrm{d}}{\mathrm{d}t}\left(\frac{\partial\mathcal{L}}{\partial\dot{q}_i}\right)-\frac{\partial K}{\partial q_i} \tag{3-72}$$

式（3-72）称为拉格朗日运动方程。

3.7 李雅普诺夫稳定性定理

通常将非线性自治系统（明确不包含 t）描述为

$$\dot{x}=\boldsymbol{F}(x) \tag{3-73}$$

考虑到满足 $\boldsymbol{F}(\boldsymbol{x}_0)=0$ 的平衡点 $\boldsymbol{x}_0$，在不失一般性的情况下，可写成

$$\boldsymbol{F}(0)=0 \tag{3-74}$$

式（3-74）满足在 $\boldsymbol{x}_0\neq 0$ 时，$(\boldsymbol{x}-\boldsymbol{x}_0)\rightarrow\boldsymbol{x}$ 的集合。如图 3-6 所示，存在三种稳定状态如下：

1）原点稳定。如果 $\exists\delta$ 使得当 $\delta>0$ 时，有 $\|x(0)\|<\delta$ 成立，且对于以 $x(0)$ 为起点，$\forall\varepsilon>0$ 的轨迹都满足 $\|x(t)\|<\varepsilon(t\geqslant 0)$，则称原点稳定。

2）原点渐进稳定。如果原点是稳定的且 $\exists\rho<\delta$，使 $\|x(0)\|<\rho$ 成立，且满足对于任意 $x(0)$ 出发的轨迹 $x(t)$；当 $t\rightarrow\infty$ 时，$x(t)\rightarrow 0$，则称原点渐进稳定。

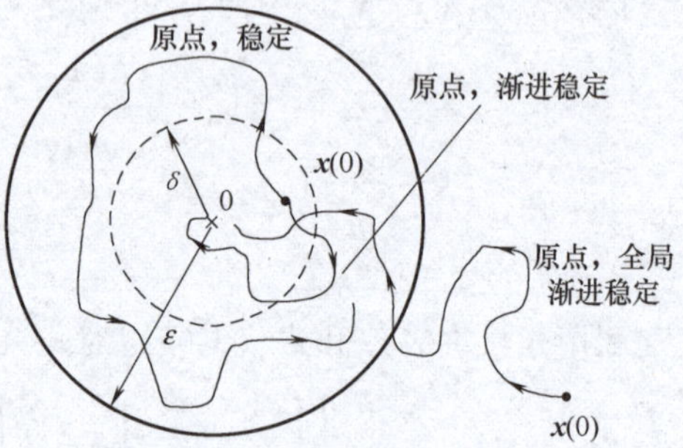

图 3-6　李雅普诺夫稳定

3）原点全局渐进稳定。如果原点稳定且从 $x(0)$ 出发的轨迹 $x(t)$ 满足 $t\rightarrow\infty$ 时，$x(t)\rightarrow 0$，则称原点全局渐进稳定。

考虑一个标量函数 $V(\boldsymbol{x})$，使得 $V(\boldsymbol{0})=0$ 且 $V(\boldsymbol{x})>0$，则 $V(\boldsymbol{x})$ 是正定的。

例如，对于二次型 $V(\boldsymbol{x})=\boldsymbol{x}^{\mathrm{T}}\boldsymbol{A}\boldsymbol{x}$，如果 $V(\boldsymbol{x})$ 正定，则矩阵 $\boldsymbol{A}$ 就是正定矩阵。

李雅普诺夫 $V(\boldsymbol{x})$ 方程的定义：如果 $V(\boldsymbol{x})$ 正定（$\boldsymbol{x}\in\Omega$），$\frac{\partial V}{\partial\boldsymbol{x}}$连续且

$$V(\boldsymbol{x})=\frac{\mathrm{d}V}{\mathrm{d}t}=\frac{\partial V}{\partial\boldsymbol{x}}\frac{\mathrm{d}\boldsymbol{x}}{\mathrm{d}t}=\frac{\partial V}{\partial\boldsymbol{x}}\boldsymbol{F}(\boldsymbol{x})\leqslant 0 \tag{3-75}$$

则 $V(\boldsymbol{x})$ 是一个李雅普诺夫方程。

李雅普诺夫稳定性定理：如果在原点的领域 Ω 存在一个李雅普诺夫方程，则原点稳定。

李雅普诺夫渐进稳定性定理：如果满足李雅普诺夫稳定性定理，且 $\dot{V}(\boldsymbol{x})<0$（$\boldsymbol{x}\neq 0$），则原点渐进稳定。注意：李雅普诺夫稳定性定理的条件是充分条件而不是充分必要条件。

课后习题

3-1　设 $\boldsymbol{a}=(2,\ 1,\ -1)$，$\boldsymbol{b}=(1,\ -1,\ 2)$，$\boldsymbol{c}=(1,\ 0,\ 2)$，计算 $\boldsymbol{a}\times(\boldsymbol{b}\times\boldsymbol{c})$。

3-2　试写出绕单位向量轴的旋转矩阵。

3-3　当轴 $\boldsymbol{A}$ 与轴 $\boldsymbol{B}$ 为平行轴时，利用平行轴定理写出两轴的惯性张量之间的映射关系。

3-4　简述欧拉运动方程。

3-5　对于任何的机械系统，拉格朗日函数 L 与该机械系统中的动能 K 和势能 P 有何关系？

3-6　李雅普诺夫稳定性定理描述了哪三种稳定状态，任一稳定状态需满足什么条件？

第 4 章 工业机器人运动学

4.1 引言

本章首先引入了旋转矩阵概念，利用向量的坐标变换和旋转矩阵定义欧拉角；然后，定义工业机器人关节的横滚角、俯仰角和偏航角；最后，建立机器人基座坐标系到其末端坐标系的齐次变换矩阵。

4.2 旋转矩阵的定义

当机器人执行给定的任务时，应以某种数学方式描述机器人的运动。运动的表示包括机器人手部和机器人各部分的位置和方向。为了表示方向，首先引入旋转矩阵 $\boldsymbol{R}$。

如图 4-1a 所示，本节分别定义两个坐标系 Σ_A 和 Σ_B。其中，Σ_A 表示参考坐标系 Σ_0，Σ_B 表示机器人手部坐标系 Σ_H，如图 4-1b 所示。然后，将 Σ_A 坐标系中的单位向量 ${}^A\boldsymbol{x}_B$、${}^A\boldsymbol{y}_B$ 和 ${}^A\boldsymbol{z}_B$ 定义为：${}^A\boldsymbol{x}_B$ 为 Σ_A 坐标系中沿 X_B 方向的单位向量，${}^A\boldsymbol{y}_B$ 为 Σ_A 坐标系中沿 Y_B 方向的单位向量，${}^A\boldsymbol{z}_B$ 为 Σ_A 坐标系中沿 Z_B 方向的单位向量。

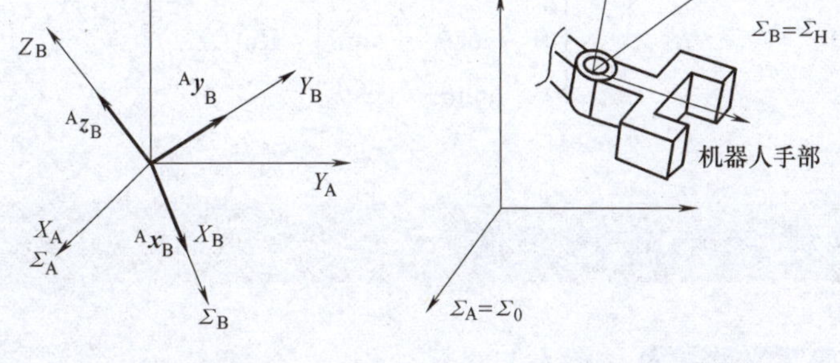

a) Σ_A和Σ_B坐标系　　b) 机器人手部的方向

图 4-1　机器人坐标系

${}^{A}\boldsymbol{R}_{B}$ 表示坐标系 Σ_B 相对于坐标系 Σ_A 的旋转矩阵，可表达为

$$ {}^{A}\boldsymbol{R}_{B}=[{}^{A}\boldsymbol{x}_{B}\quad {}^{A}\boldsymbol{y}_{B}\quad {}^{A}\boldsymbol{z}_{B}] \tag{4-1}$$

当机器人手部固定于坐标系 Σ_B 时，${}^{A}\boldsymbol{R}_{B}$ 是机器人手部相对于 Σ_A 坐标系方向的旋转矩阵。

4.3 向量的坐标变换

如图 4-2 所示，在两个坐标系 Σ_A 和 Σ_B 中定义一个向量 $\boldsymbol{r}_0$。${}^{A}\boldsymbol{r}_0$ 为 Σ_A 坐标系中的向量 $\boldsymbol{r}_0$，${}^{B}\boldsymbol{r}_0$ 为 Σ_B 坐标系中的向量 $\boldsymbol{r}_0$。

尽管 ${}^{A}\boldsymbol{r}_0$ 和 ${}^{B}\boldsymbol{r}_0$ 代表的是相同点，但是 ${}^{A}\boldsymbol{r}_0\neq{}^{B}\boldsymbol{r}_0$。向量 ${}^{B}\boldsymbol{r}_0=[{}^{B}r_{0x}\quad {}^{B}r_{0y}\quad {}^{B}r_{0z}]^{T}$ 可以表示为

$$ {}^{B}\boldsymbol{r}_0={}^{B}r_{0x}\boldsymbol{i}+{}^{B}r_{0y}\boldsymbol{j}+{}^{B}r_{0z}\boldsymbol{k} \tag{4-2}$$

式中，$\boldsymbol{i}$、$\boldsymbol{j}$ 和 $\boldsymbol{k}$ 是沿 X_B、Y_B 和 Z_B 坐标轴的单位向量。

将 Σ_B 坐标系变换到 Σ_A 坐标系后，此时向量为

$$ {}^{A}\boldsymbol{r}_0={}^{B}r_{0x}\,{}^{A}x_B+{}^{B}r_{0y}\,{}^{A}y_B+{}^{B}r_{0z}\,{}^{A}z_B \tag{4-3}$$

此时，${}^{A}\boldsymbol{r}_0$ 可用 ${}^{A}\boldsymbol{R}_{B}$ 和 ${}^{B}\boldsymbol{r}_0$ 表示，即

$$ {}^{A}\boldsymbol{r}_0={}^{A}\boldsymbol{R}_{B}\,{}^{B}\boldsymbol{r}_0 \tag{4-4}$$

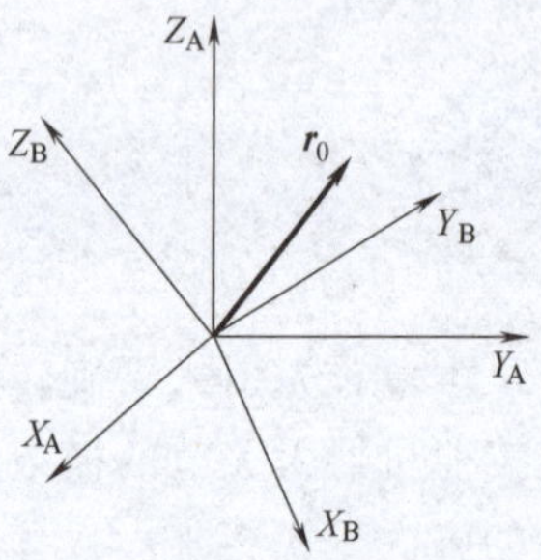

图 4-2 在 Σ_A 和 Σ_B 坐标系中的向量 $\boldsymbol{r}_0$

根据旋转矩阵的定义可知，旋转矩阵具有如下性质：

$$ ({}^{A}\boldsymbol{R}_{B})^{-1}=({}^{A}\boldsymbol{R}_{B})^{T}={}^{B}\boldsymbol{R}_{A} \tag{4-5}$$

$$ {}^{A}\boldsymbol{R}_{B}\,{}^{B}\boldsymbol{R}_{C}={}^{A}\boldsymbol{R}_{C} \tag{4-6}$$

以下是旋转矩阵绕坐标轴转动的矩阵表达形式：

1）绕 Z 轴旋转 θ：
$$\boldsymbol{R}_{Z(\theta)}=\begin{bmatrix}\cos\theta & -\sin\theta & 0\\ \sin\theta & \cos\theta & 0\\ 0 & 0 & 1\end{bmatrix}=\mathrm{Rot}(Z,\theta) \tag{4-7}$$

2）绕 Y 轴旋转 θ：
$$\boldsymbol{R}_{Y(\theta)}=\begin{bmatrix}\cos\theta & 0 & \sin\theta\\ 0 & 1 & 0\\ -\sin\theta & 0 & \cos\theta\end{bmatrix}=\mathrm{Rot}(Y,\theta) \tag{4-8}$$

3）绕 X 轴旋转 θ：
$$\boldsymbol{R}_{X(\theta)}=\begin{bmatrix}1 & 0 & 0\\ 0 & \cos\theta & -\sin\theta\\ 0 & \sin\theta & \cos\theta\end{bmatrix}=\mathrm{Rot}(X,\theta) \tag{4-9}$$

4.4 欧拉角和旋转矩阵

1. 利用旋转矩阵来定义欧拉角（图 4-3）

1）坐标系 Σ_0 绕 Z_0 轴旋转 ϕ 得到坐标系 $\Sigma_{0'}$，其旋转矩阵为 $\boldsymbol{R}_{0'}=\mathrm{Rot}(Z_0,\ \phi)$。

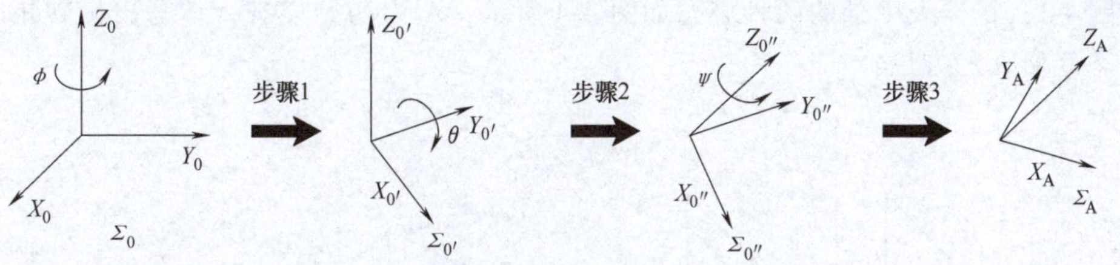

图 4-3　欧拉角的表示

2）坐标系 $\Sigma_{0'}$ 绕 $Y_{0'}$ 轴旋转 θ 得到坐标系 $\Sigma_{0''}$，其旋转矩阵为 $\boldsymbol{R}_{0''}=\mathrm{Rot}(Y_{0'},\ \theta)$。

3）坐标系 $\Sigma_{0''}$ 绕 $Z_{0''}$ 轴旋转 ψ 得到坐标系 Σ_A，其旋转矩阵为 $\boldsymbol{R}_A=\mathrm{Rot}(Z_{0''},\ \psi)$。

因此，表示欧拉角的旋转矩阵 ${}^0\boldsymbol{R}_A$ 为

$$
{}^0\boldsymbol{R}_A={}^0\boldsymbol{R}_{0'}\,{}^{0'}\boldsymbol{R}_{0''}\,{}^{0''}\boldsymbol{R}_A=\begin{bmatrix}\cos\phi\cos\theta\cos\psi-\sin\phi\sin\psi & -\cos\phi\cos\theta\sin\psi-\sin\phi\cos\psi & \cos\phi\sin\theta\\ \sin\phi\cos\theta\cos\psi+\cos\phi\sin\psi & -\sin\phi\cos\theta\sin\psi+\cos\phi\cos\psi & \sin\phi\sin\theta\\ -\sin\theta\cos\psi & \sin\theta\sin\psi & \cos\theta\end{bmatrix}
\tag{4-10}
$$

注意：变形顺序会改变 ${}^0\boldsymbol{R}_A$ 的定义。

2. 利用直接方法寻找给定机器人手部方位的欧拉角

通过欧拉角定义可知：

1）绕 Z_A 轴旋转 $-\psi$，并且位置 Y_A 在 Σ_0 坐标系 XY 平面。

2）绕 Y'' 轴旋转 $-\theta$，并且位置 X'' 在 Σ_0 坐标系 XY 平面。

3）绕 Z' 轴旋转 $-\phi$，并且 X' 轴在 Σ_0 坐标系 XY 平面。

利用旋转矩阵 $\boldsymbol{R}$ 寻找给定旋转矩阵的欧拉角。首先，定义寻找旋转矩阵 $\boldsymbol{R}$ 的构成元素为

$$
\boldsymbol{R}=\begin{bmatrix}R_{11} & R_{12} & R_{13}\\ R_{21} & R_{22} & R_{23}\\ R_{31} & R_{32} & R_{33}\end{bmatrix}
\tag{4-11}
$$

然后，通过旋转矩阵 $\boldsymbol{R}$ 的元素计算欧拉角：

当 $\sin\theta\neq 0$ 时，

$$
\begin{cases}\theta=\mathrm{atan2}\left(\pm\sqrt{R_{13}^2+R_{23}^2},R_{33}\right)\\ \phi=\mathrm{atan2}\left(\dfrac{R_{23}}{\sin\theta},\dfrac{R_{13}}{\sin\theta}\right)\\ \psi=\mathrm{atan2}\left(\dfrac{R_{32}}{\sin\theta},-\dfrac{R_{31}}{\sin\theta}\right)\end{cases}
\tag{4-12}
$$

式中，$\mathrm{atan2}(Y,X)=\tan^{-1}(Y/X)$。注意：“±”符号表示两种解。

当 $\sin\theta=0$ 时，

$$
\begin{cases}\psi=\text{任意值}\\ \theta=0(\cos\theta=1),\ \phi=\mathrm{atan2}(R_{21},R_{23})-\psi\\ \theta=\pi(\cos\theta=-1),\ \phi=-\mathrm{atan2}(R_{21},-R_{22})+\psi\end{cases}
\tag{4-13}
$$

例题 4-1：机器人手部的两种姿态如图 4-4 所示，A 为初始姿态，请写出旋转矩阵 **R** 以表达姿态 B 所在的方位？

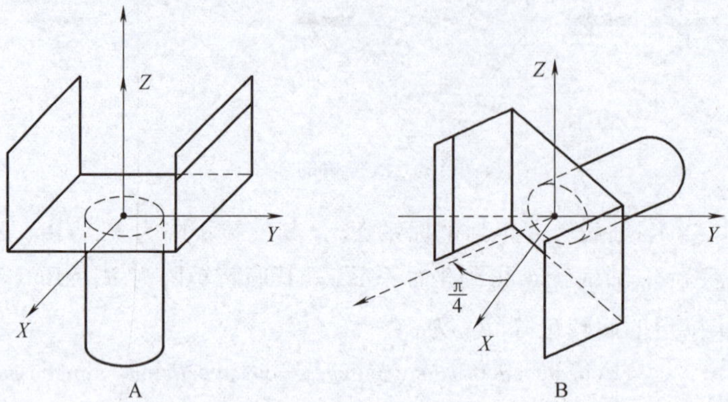

图 4-4　机器人手部姿态

解：旋转矩阵表达式为

$$
\begin{aligned}
{}^{A}\boldsymbol{R}_{B} &= R(z,\ 135°)R(y,\ -90°)R(z,\ 0°) \\
&= \begin{bmatrix} \cos135° & -\sin135° & 0 \\ \sin135° & \cos135° & 0 \\ 0 & 0 & 1 \end{bmatrix}
\begin{bmatrix} \cos\ (-90°) & 0 & \sin\ (-90°) \\ 0 & 1 & 0 \\ -\sin\ (-90°) & 0 & \cos\ (-90°) \end{bmatrix}
\begin{bmatrix} \cos0° & -\sin0° & 0 \\ \sin0° & \cos0° & 0 \\ 0 & 0 & 1 \end{bmatrix} \\
&= \begin{bmatrix} 0 & -\sqrt{2}/2 & \sqrt{2}/2 \\ 0 & -\sqrt{2}/2 & -\sqrt{2}/2 \\ 1 & 0 & 0 \end{bmatrix}
\end{aligned}
$$

例题 4-2：如图 4-4 所示，求机器人手部姿态从 A 到 B 变换时，绕坐标轴 $Z—X—Z$ 转动的变换角（ϕ，θ，ψ）？

解：根据例题 4-1 可知，绕坐标轴 $Z—X—Z$ 转动的变换角（ϕ，θ，ψ）=（45°，90°，90°）。

4.5　横滚角、俯仰角和偏航角的定义

横滚角、俯仰角和偏航角可分别定义如下：

1）横滚角：绕 Z_0 轴旋转 ϕ^0，$\boldsymbol{R}_{0'}=\mathrm{Rot}(Z,\ \phi)$。

2）俯仰角：绕 $Y_{0'}$轴旋转 $\theta^{0'}$，$\boldsymbol{R}_{0''}=\mathrm{Rot}(Y,\ \theta)$。

3）偏航角：绕 $X_{0''}$轴旋转 $\psi^{0''}$，$\boldsymbol{R}_{A}=\mathrm{Rot}(X,\ \psi)$。

此时，表示横滚角、俯仰角和偏航角的旋转矩阵 ${}^{0}\boldsymbol{R}_{A}$ 为

$$
{}^{0}\boldsymbol{R}_{A} = {}^{0}R_{0'}\,{}^{0'}R_{0''}\,{}^{0''}R_{A} = \begin{bmatrix} \cos\phi\cos\theta & \cos\phi\sin\theta\sin\psi-\sin\phi\cos\psi & \cos\phi\sin\theta\cos\psi+\sin\theta\sin\psi \\ \sin\phi\cos\theta & \sin\phi\sin\theta\sin\psi+\cos\phi\cos\psi & \sin\phi\sin\theta\cos\psi-\cos\phi\sin\psi \\ -\sin\theta & \cos\theta\sin\psi & \cos\theta\cos\psi \end{bmatrix} \tag{4-14}
$$

4.6　齐次变换矩阵

如图 4-5 所示，向量 $\boldsymbol{r}$ 在坐标系 Σ_B 和 Σ_A 之间的旋转和平移变换关系为

$$^{A}\boldsymbol{r}={}^{A}\boldsymbol{r}_{B0}+{}^{A}\boldsymbol{R}_{B}{}^{B}\boldsymbol{r} \tag{4-15}$$

式中，$^{A}\boldsymbol{r}_{B0}$ 是在坐标系 Σ_A 到 Σ_B 的原点向量。为便于表达，设：

$$^{A}\boldsymbol{P}=\begin{bmatrix} ^{A}r \\ 1 \end{bmatrix},\ ^{B}\boldsymbol{P}=\begin{bmatrix} ^{B}r \\ 1 \end{bmatrix},\ ^{A}\boldsymbol{T}_{B}=\begin{bmatrix} ^{A}\boldsymbol{R}_{B} & ^{A}\boldsymbol{r}_{B0} \\ \boldsymbol{0} & 1 \end{bmatrix} \tag{4-16}$$

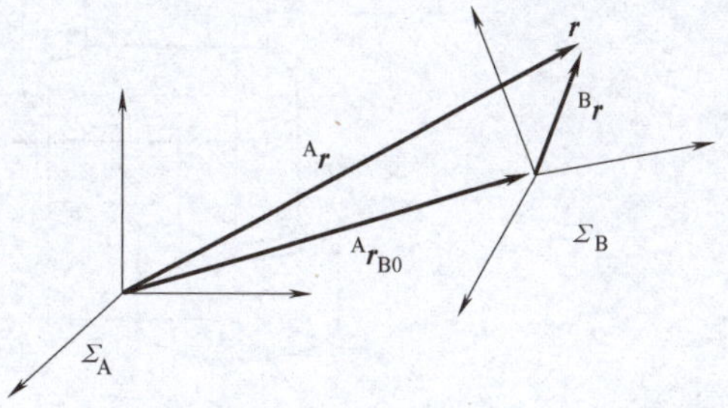

图 4-5　平移和旋转

其次，式（4-16）存在以下变换：

$$^{A}\boldsymbol{P}={}^{A}\boldsymbol{T}_{B}{}^{B}\boldsymbol{P} \tag{4-17}$$

式中，$^{A}\boldsymbol{T}_{B}$ 为坐标系 Σ_A 到坐标系 Σ_B 的齐次变换矩阵，且具有以下特征：

$$^{A}\boldsymbol{T}_{C}={}^{A}\boldsymbol{T}_{B}{}^{B}\boldsymbol{T}_{C} \tag{4-18}$$

$$({}^{A}\boldsymbol{T}_{B})^{-1}={}^{B}\boldsymbol{T}_{A}=\begin{bmatrix} ({}^{A}\boldsymbol{R}_{B})^{T} & -({}^{A}\boldsymbol{R}_{B})^{T}\,{}^{A}\boldsymbol{r}_{B0} \\ \boldsymbol{0} & 1 \end{bmatrix} \tag{4-19}$$

为便于下文表达，定义下列特殊的齐次变换矩阵：

$$\boldsymbol{T}_{rot(x,\theta)}=\begin{bmatrix} & & & 0 \\ & \mathbf{Rot}(x,\theta) & & 0 \\ & & & 0 \\ 0 & 0 & 0 & 1 \end{bmatrix} \tag{4-20}$$

$$\boldsymbol{T}_{tran(a,b,c)}=\begin{bmatrix} & & & a \\ & \boldsymbol{E}_{3} & & b \\ & & & c \\ 0 & 0 & 0 & 1 \end{bmatrix} \tag{4-21}$$

式中，$\boldsymbol{E}_3$ 是 3×3 的单位矩阵。注意：仅能按照 $^{A}\boldsymbol{T}_{B}=\boldsymbol{T}_{tran}\boldsymbol{T}_{rot}$ 的顺序进行分解。

例题 4-3： 图 4-6 所示为三关节工业机器人，Σ_0 是绝对坐标系，$\Sigma_1 \sim \Sigma_3$ 是局部坐标系。请写出含有坐标变化参数的齐次变换矩阵 $^{0}\boldsymbol{T}_{1}$、$^{1}\boldsymbol{T}_{2}$、$^{2}\boldsymbol{T}_{3}$，其中 $^{0}\boldsymbol{T}_{1}$ 表示从坐标系 Σ_0 变换到坐标系 Σ_1 的变换矩阵。

解： 1）建立坐标系，如图 4-7 所示。

2）根据坐标系的变换关系可知：

$$^{0}\boldsymbol{T}_{1}=\begin{bmatrix} & & & 0 \\ & ^{0}\boldsymbol{R}_{1}(Z,\theta_1) & & 0 \\ & & & l_1+l_2 \\ 0 & 0 & 0 & 1 \end{bmatrix}=\begin{bmatrix} \cos\theta_1 & -\sin\theta_1 & 0 & 0 \\ \sin\theta_1 & \cos\theta_1 & 0 & 0 \\ 0 & 0 & 1 & l_1+l_2 \\ 0 & 0 & 0 & 1 \end{bmatrix}$$

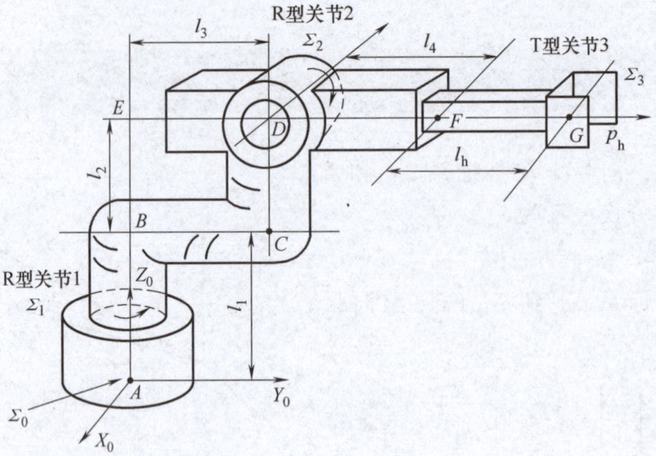

图 4-6　三关节工业机器人

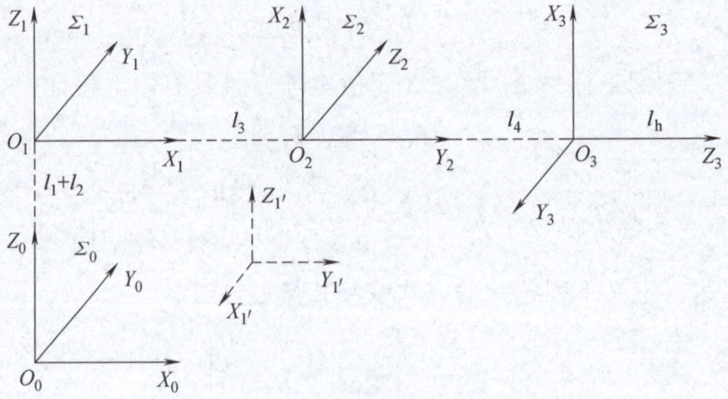

图 4-7　建立坐标系

$$
{}^{1}\boldsymbol{T}_2=\left[\begin{array}{ccc|c} & & & l_3\\ & \boldsymbol{R}(Z,-90^\circ)\boldsymbol{R}(Y,-90^\circ)\boldsymbol{R}(Z,\theta_2) & & 0\\ & & & 0\\ 0 & 0 & 0 & 1\end{array}\right]=\begin{bmatrix}\sin\theta_2 & \cos\theta_2 & 0 & l_3\\ 0 & 0 & 1 & 0\\ \cos\theta_2 & -\sin\theta_2 & 0 & 0\\ 0 & 0 & 0 & 1\end{bmatrix}
$$

$$
{}^{2}\boldsymbol{T}_3=\left[\begin{array}{ccc|c} & & & 0\\ & \boldsymbol{R}(X,-90^\circ) & & l_4+l_h\\ & & & 0\\ 0 & 0 & 0 & 1\end{array}\right]=\begin{bmatrix}1 & 0 & 0 & 0\\ 0 & 0 & 1 & l_4+l_h\\ 0 & -1 & 0 & 0\\ 0 & 0 & 0 & 1\end{bmatrix}
$$

4.7　改进的 D-H 表示法

为表示机器人机械臂任何部分的位置和方向，应正确设定机器人每个连杆关节坐标系。改进的 D-H 表示法是最普遍的建立坐标系的方式，下面将介绍如何通过这种方法用四个参数为每一个连杆建立坐标系。

1. 设置连杆坐标系的步骤

本小节中，X_i、Y_i 和 Z_i 表示坐标系 $\boldsymbol{\Sigma}_i$ 的坐标轴。向量 $\boldsymbol{x}_i$、$\boldsymbol{y}_i$ 和 $\boldsymbol{z}_i$ 分别位于 X_i、Y_i 和 Z_i 轴上。X_i、Y_i 和 Z_i 既包含了坐标系 $\boldsymbol{\Sigma}_i$ 的原点，还包含了每个坐标轴的方向。另外，$\boldsymbol{a} \equiv \boldsymbol{b}$ 表达式表示两个向量 $\boldsymbol{a}$ 和 $\boldsymbol{b}$ 的原点、方向和长度均相等。机器人关节如图 4-8 所示。

1）将基座定义为连杆 0，然后从基座开始给每个连杆分配编号（连杆 n 为末端执行器或机械手。

2）从基座开始对每个关节分配编号（从 $1 \sim n$）。

3）在关节 i 的轴上定义 Z_i 的方向（方向是任意的）。

4）通过 Z_i 和 Z_{i+1} 的公共垂线来定义 X_i 轴，将 X_i 和 Z_i 的交点设为坐标系 $\boldsymbol{\Sigma}_i$ 的原点。其中，X_i 轴的正方向由两向量叉乘来决定，即

$$\boldsymbol{X}_i \equiv \boldsymbol{Z}_i \times \boldsymbol{Z}_{i+1} \tag{4-22}$$

5）Y_i 轴基于右手法则定义。

6）设定轴 $\boldsymbol{Z}_0 \equiv \boldsymbol{Z}_1$，$\boldsymbol{X}_0$ 轴任意。在大多数情况下，推荐 $\boldsymbol{X}_0 \equiv \boldsymbol{X}_1$ 轴。

7）$\boldsymbol{X}_n$ 轴任意。在大多数情况下，推荐 $\boldsymbol{X}_n \equiv \boldsymbol{X}_{n-1}$ 轴。

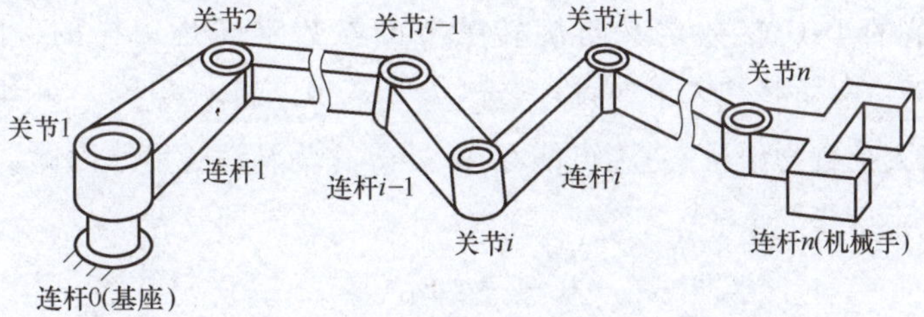

图 4-8　机器人关节

2. D-H 参数

如图 4-9 所示，利用 X_{i-1} 和 Z_i 的公共垂线交点 P_i 可确定如下 D-H 参数。

1）a_i：关节 i-1 的轴线 Z_{i-1} 和关节 i 的轴线 Z_i 之间的公垂线长度，即在 X_{i-1} 方向上从 $\boldsymbol{\Sigma}_{i-1}$ 坐标原点到 P_i 点的距离（正负根据 $\boldsymbol{x}_{i-1}$ 方向判断）。

2）α_i：绕 X_{i-1} 从 Z_{i-1} 轴旋转至 Z_i 转过的角度（旋转轴正方向与 $\boldsymbol{x}_{i-1}$ 方向一致）。

3）d_i：两根公垂线 a_i 和 a_{i-1} 的距离，即从 P_i 到 $\boldsymbol{\Sigma}_i$ 的距离（正方向与 $\boldsymbol{z}_i$ 方向一致）。

4）θ_i：绕 Z_i 从 X_{i-1} 轴转至 X_i 转过的角度（旋转轴正方向与 $\boldsymbol{z}_i$ 方向一致）。

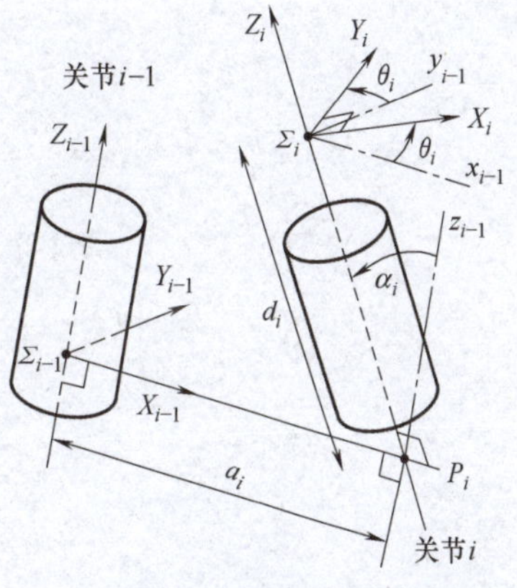

图 4-9　坐标系 $\boldsymbol{\Sigma}_{i-1}$ 和 $\boldsymbol{\Sigma}_i$ 之间的几何关系

从坐标系 $\boldsymbol{\Sigma}_{i-1}$ 到坐标系 $\boldsymbol{\Sigma}_i$ 的变换过程如下：

1）沿着 X_{i-1} 平移 a_i：$\boldsymbol{T}_{\text{tran}}(a_i,\ 0,\ 0)$。

2）绕 X_{i-1} 旋转 α_i：$\boldsymbol{T}_{\text{rot}}(x_{i-1},\ \alpha_i)$。

3）从 P_i 到 $\boldsymbol{\Sigma}_i$ 平移 d_i：$\boldsymbol{T}_{\text{tran}}(0,\ 0,\ d_i)$。

4）绕 Z_{i-1}（$=Z_i$）旋转 θ_i：$\boldsymbol{T}_{\text{rot}}(z_{i-1},\ \theta_i)$。

根据变换过程可知，从坐标系 Σ_{i-1} 到 Σ_i 的齐次变换矩阵可表示为

$$
\begin{aligned}
{}^{i-1}\boldsymbol{T}_i &= \boldsymbol{T}_{\text{tran}}(a_i,0,0)\boldsymbol{T}_{\text{rot}}(x_{i-1},\alpha_i)\boldsymbol{T}_{\text{tran}}(0,0,d_i)\boldsymbol{T}_{\text{rot}}(z_{i-1},\theta_i) \\
&= \begin{bmatrix} \cos\theta_i & -\sin\theta_i & 0 & a_i \\ \cos\alpha_i\sin\theta_i & \cos\alpha_i\cos\theta_i & -\sin\alpha_i & -d_i\sin\alpha_i \\ \sin\alpha_i\sin\theta_i & \sin\alpha_i\cos\theta_i & \cos\alpha_i & d_i\cos\alpha_i \\ 0 & 0 & 0 & 1 \end{bmatrix}
\end{aligned} \tag{4-23}
$$

式中，a_i、α_i、d_i 和 θ_i 被称为 D-H 参数。

3. 旋转关节的 D-H 参数

当关节 i 为转动关节时，D-H 参数 θ_i 由关节变量 q_i 组成。当关节变量 $q_i=0$ 时，机器人手臂初始状态可能存在 $\theta_i=\bar{\theta}$ 作为补偿角度，如图 4-10 所示。在一般情况下，旋转关节参数 θ_i 和关节变量 q_i 的关系可描述为

$$\theta_i=\bar{\theta}_i+q_i \tag{4-24}$$

4. 移动关节的 D-H 参数

由于移动关节的 D-H 参数定义与旋转关节的参数定义是一样的，因此齐次变换矩阵 ${}^{i-1}\boldsymbol{T}_i$ 也是相同的。对于移动关节而言：参数 d_i 由关节变量 q_i 组成。如图 4-11 所示，当变量 $q_i=0$ 时（机器人手臂初始状态），可能存在 $d_i=\bar{d}$ 作为补偿长度。因此，对于移动关节通常可描述为

$$d_i=\bar{d}_i+q_i \tag{4-25}$$

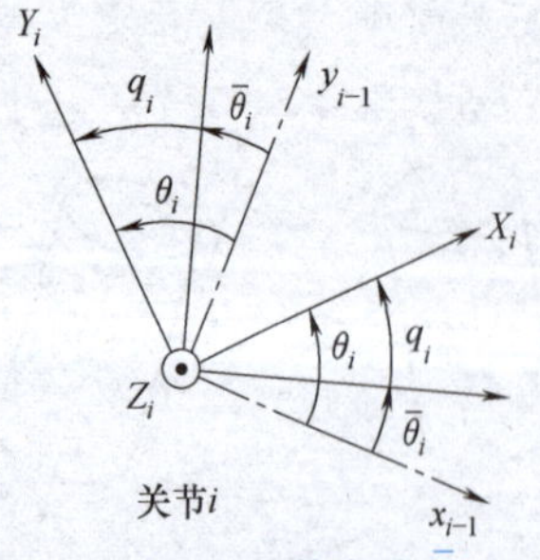

图 4-10　补偿角度 $\bar{\theta}_i$

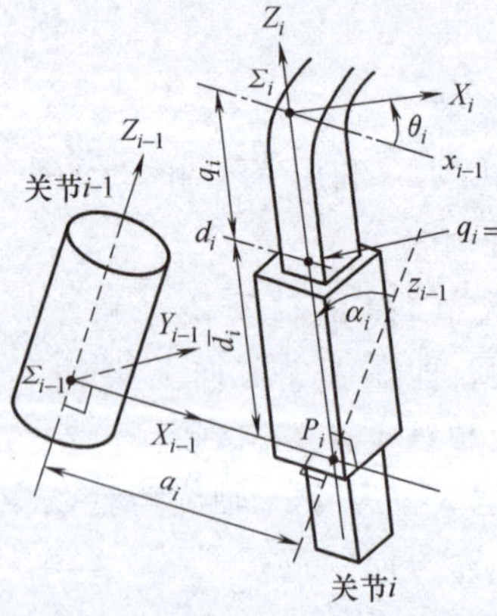

图 4-11　对于移动关节在 Σ_{i-1} 和 Σ_i 之间的几何关系

4.8　机器人手部的位置和方向

机器人手部的坐标系 $\Sigma_h(=\Sigma_n)$ 和基础坐标系 Σ_0 之间关系的齐次变换矩阵可描述为

$${}^{0}\boldsymbol{T}_n={}^{0}\boldsymbol{T}_1\,{}^{1}\boldsymbol{T}_2\cdots{}^{n-1}\boldsymbol{T}_h=\begin{bmatrix} {}^{0}\boldsymbol{R}_h & {}^{0}\boldsymbol{r}_{h0} \\ \boldsymbol{0} & 1 \end{bmatrix} \tag{4-26}$$

式中，旋转矩阵${}^0\boldsymbol{R}_{\mathrm{h}}$ 代表机器人手部的方向；${}^0\boldsymbol{r}_{\mathrm{h}0}$ 代表在基础坐标系 Σ_0 下的机器人手部坐标系原点。

4.9　连杆任意一点描述

如图 4-12 所示，在基础坐标系 Σ_0 中，连杆 i 上任意一点 $\boldsymbol{r}_{\mathrm{p}}$ 的齐次变换矩阵描述为

$$\begin{bmatrix} {}^0\boldsymbol{r}_{\mathrm{p}} \\ 1 \end{bmatrix} = {}^0\boldsymbol{P}_{\mathrm{p}} = {}^0\boldsymbol{T}_i {}^i\boldsymbol{P}_{\mathrm{p}} = \begin{bmatrix} {}^0\boldsymbol{R}_i & {}^0\boldsymbol{r}_{i0} \\ \boldsymbol{0} & 1 \end{bmatrix} \begin{bmatrix} {}^i\boldsymbol{r}_{\mathrm{p}} \\ 1 \end{bmatrix} \tag{4-27}$$

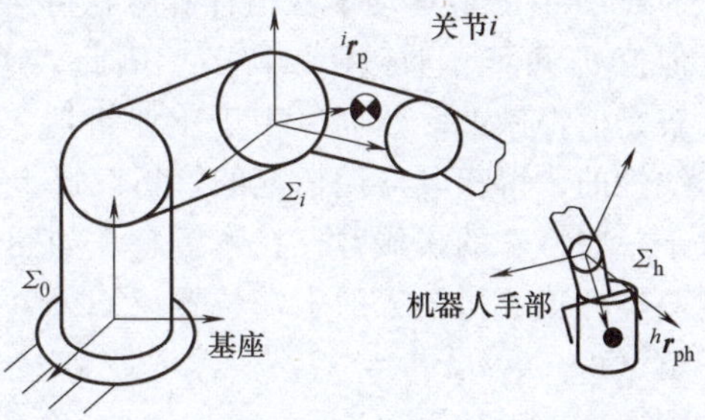

图 4-12　连杆 i 上任意一点

式（4-27）是运动学的一般形式之一。在基础坐标系的参考下，机器人手部上的任一点可描述为

$$\begin{bmatrix} {}^0\boldsymbol{r}_{\mathrm{ph}} \\ 1 \end{bmatrix} = {}^0\boldsymbol{P}_{\mathrm{ph}} = {}^0\boldsymbol{T}_{\mathrm{h}}(\theta)\, {}^i\boldsymbol{P}_{\mathrm{ph}} = {}^0\boldsymbol{T}_{\mathrm{h}}(\theta) \begin{bmatrix} {}^h\boldsymbol{r}_{\mathrm{ph}} \\ 1 \end{bmatrix} \tag{4-28}$$

式（4-28）表明：机器人手部上的任一点能够使用关节变量 θ 和常数向量${}^h\boldsymbol{r}_{\mathrm{ph}}$ 描述。

4.10　逆运动学的数值计算法

由式（4-28）可知，正运动学方程可表示为

$$\boldsymbol{r} = \boldsymbol{f}(\theta) \tag{4-29}$$

其中，$\boldsymbol{r} \in \mathbf{R}$ 是末端执行器的位置和方向，$\theta \in \mathbf{R}$ 是关节变量（包括 D-H 参数中的 d_i 或 θ_i）。方程式两边求微分，可得

$$\mathrm{d}\boldsymbol{r} = \frac{\partial \boldsymbol{f}(\theta)}{\partial \theta} \mathrm{d}\theta = \boldsymbol{J}(\theta)\,\mathrm{d}\theta \tag{4-30}$$

根据式（4-30）可知，逆运动学的不同方程式可表示为

$$\mathrm{d}\theta = \boldsymbol{J}^{-1}(\theta)\,\mathrm{d}\boldsymbol{r} \tag{4-31}$$

计算逆运动学解的算法［$\theta = f^{-1}(r)$］如下：

步骤 1：给定值 θ_0 赋予一个近似于实际 θ 的值，计算 $\boldsymbol{r}_0 = \boldsymbol{f}(\theta_0)$。

步骤 2：给定初始值 $i=1$。

步骤 3：计算 $\theta_i = \theta_{i-1} + k\boldsymbol{J}^{-1}(\theta_{i-1})(\boldsymbol{r} - \boldsymbol{r}_{i-1})$；$k$ 是很小的正数。其中，$\boldsymbol{J}(\theta)$ 可表示为

$$J(\theta) = \frac{\partial f}{\partial \theta} = \begin{bmatrix} \dfrac{\partial f_1}{\partial \theta_1} & \cdots & \dfrac{\partial f_1}{\partial \theta_n} \\ \vdots & & \vdots \\ \dfrac{\partial f_n}{\partial \theta_1} & \cdots & \dfrac{\partial f_n}{\partial \theta_n} \end{bmatrix} \tag{4-32}$$

步骤 4：计算 $\boldsymbol{r}_i=f(\theta_i)$。如果 $\boldsymbol{r}\approx\boldsymbol{r}_i$，则计算停止。

步骤 5：若需再次循环，给定 $i=i+1$，转到步骤 3。

4.11 工业机器人双臂的逆向运动学计算

4.10 节的逆运动学数值计算方法存在缺点：较差的初始近似值 θ_0 可能不收敛于实际值。因此，逆运动学解的解析形式解是值得做的。然而，由于工业机器人的正运动学方程是非线性的，得出其通用情况的解析解通常是不可能的。但是，对于一些特殊的机械臂存在解析解。如图 4-13 所示，可由平面双连杆工业机器人的末端位置（x，y）直接计算两个关节变量（θ_1，θ_2）。

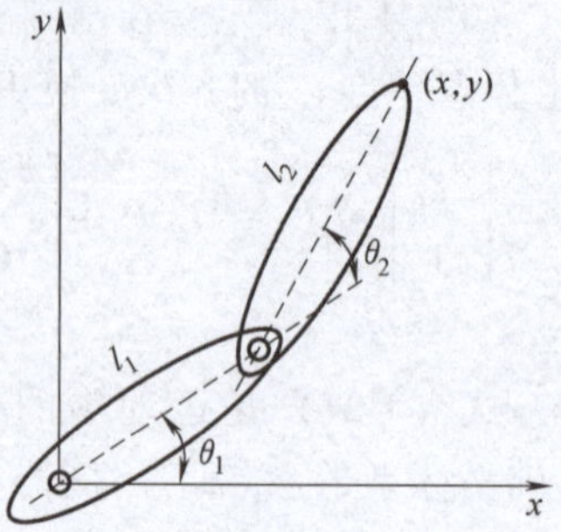

图 4-13　平面双连杆工业机器人

$$\begin{cases}\theta_1=\operatorname{atan2}(y,x)\mp\operatorname{atan2}(k,l_1^2+x^2+y^2-l_2^2)\\ \theta_2=\pm\operatorname{atan2}[k,-(l_1^2+l_2^2-x^2-y^2)]\end{cases} \tag{4-33}$$

式中，$k=\sqrt{(x^2+y^2+l_1^2+l_2^2)^2-2[(x^2+y^2)^2+l_1^4+l_2^4]}$。

4.12 方向的微分表示

方向角的速度有两种方式描述：①用欧拉角表示微分，即 $\dot{\boldsymbol{\eta}}$；②用角速度表示微分，即 $\boldsymbol{\omega}$。注：欧拉角［$\boldsymbol{\eta}=(\phi，\theta，\psi)$］不是向量。

4.13 角速度的定义

角速度 ${}^{A}\boldsymbol{\omega}_B$：坐标系 Σ_A 以 ${}^{A}\boldsymbol{\omega}_B$ 的速度旋转得到坐标系 Σ_B，如图 4-14 所示。

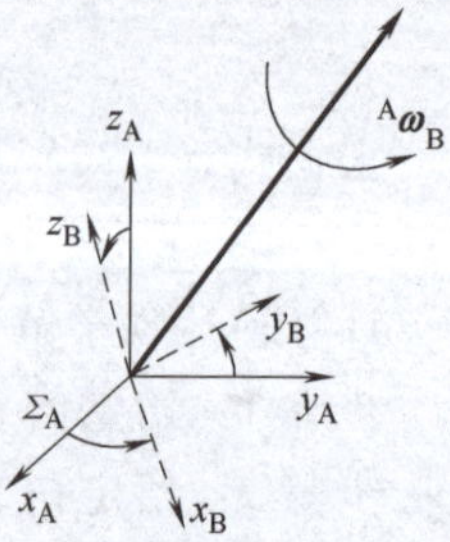

图 4-14　角速度

角速度 ${}^{A}\boldsymbol{\omega}_B$ 为向量，且可表示为

$${}^{A}\boldsymbol{\omega}_B=\begin{bmatrix}{}^{A}\omega_{Bx}\\ {}^{A}\omega_{By}\\ {}^{A}\omega_{Bz}\end{bmatrix} \tag{4-34}$$

注意：${}^{A}\boldsymbol{\omega}_B$ 的积分没有物理意义。

4.14 欧拉角和角速度之间的关系

如图 4-15 所示可知，将欧拉角参数转变为角速度 ${}^{A}\boldsymbol{\omega}_B$，可通过式（4-35）求得：

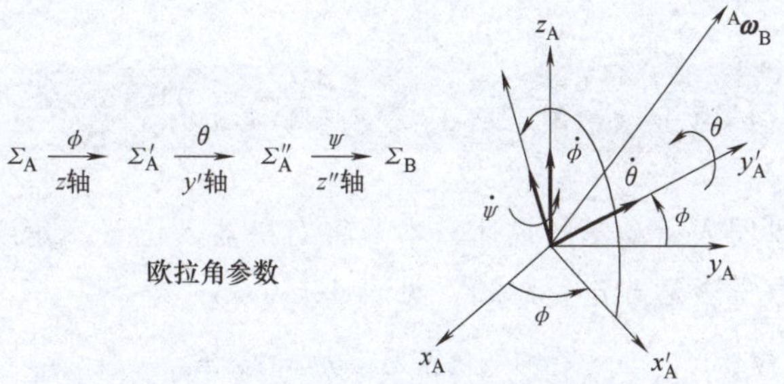

图 4-15　欧拉角和角速度的速度关系

$$
{}^{A}\boldsymbol{\omega}_{B}=\boldsymbol{\omega}_{H}=\begin{bmatrix}0 & -\sin\phi & \sin\theta\cos\phi\\ 0 & \cos\phi & \sin\theta\sin\phi\\ 1 & 0 & C_{\theta}\end{bmatrix}\begin{bmatrix}\dot{\phi}\\ \dot{\theta}\\ \dot{\psi}\end{bmatrix}=\boldsymbol{\Omega}(\phi,\theta)\dot{\boldsymbol{\eta}}_{H} \tag{4-35}
$$

若矩阵 $\boldsymbol{\Omega}$ 可逆，则有

$$
\dot{\boldsymbol{\eta}}_{H}=\boldsymbol{\Omega}^{-1}\boldsymbol{\omega}_{H}=\boldsymbol{\Omega}^{-1}\,{}^{A}\boldsymbol{\omega}_{B} \tag{4-36}
$$

4.15　位置与方向的微分关系

机器人手部的位置向量 $\boldsymbol{p}_H$ 和方向向量 $\boldsymbol{\eta}_H$ 可表达为

$$
\boldsymbol{r}=\begin{bmatrix}\boldsymbol{p}_{H}\\ \boldsymbol{\eta}_{H}\end{bmatrix} \tag{4-37}
$$

$$
\begin{cases}\boldsymbol{p}_{H}=f_{1}(\theta)\\ \boldsymbol{\eta}_{H}=f_{2}(\theta)\end{cases} \tag{4-38}
$$

通过对 $\boldsymbol{r}$ 求微分，可得

$$
\dot{\boldsymbol{r}}=\begin{bmatrix}\dot{\boldsymbol{p}}_{H}\\ \dot{\boldsymbol{\eta}}_{H}\end{bmatrix}=\begin{bmatrix}\dfrac{\partial f_{1}}{\partial\theta}\\ \dfrac{\partial f_{2}}{\partial\theta}\end{bmatrix}\dot{\theta}=\boldsymbol{J}(\theta)\dot{\theta} \tag{4-39}
$$

此处，下角标 H 表示机器人手部。根据欧拉角和角速度之间的关系可知

$$
\dot{\boldsymbol{r}}_{\omega}=\begin{bmatrix}\dot{\boldsymbol{p}}_{H}\\ \boldsymbol{\omega}_{H}\end{bmatrix} \tag{4-40}
$$

将式（4-35）代入式（4-40），可得

$$
\dot{\boldsymbol{r}}_{\omega}=\begin{bmatrix}\dot{\boldsymbol{p}}_{H}\\ \boldsymbol{\Omega}\dot{\boldsymbol{\eta}}_{H}\end{bmatrix}=\begin{bmatrix}\boldsymbol{I}_{3} & 0\\ 0 & \boldsymbol{\Omega}\end{bmatrix}\begin{bmatrix}\dot{\boldsymbol{p}}_{H}\\ \dot{\boldsymbol{\eta}}\end{bmatrix}=\begin{bmatrix}\boldsymbol{I}_{3} & 0\\ 0 & \boldsymbol{\Omega}\end{bmatrix}\boldsymbol{J}(\theta)\dot{\theta}=\boldsymbol{J}_{\omega}(\theta)\dot{\theta} \tag{4-41}
$$

式中，$\boldsymbol{J}(\theta)$ 和 $\boldsymbol{J}_{\omega}(\theta)$ 为两种类型的雅可比行列式。

4.16 运动学的总结

基于前述对工业机器人运动学的描述，本节将对机器人位置、角度、速度和加速度的正运动学和逆运动学的数学表达式进行总结，见表 4-1。

表 4-1 机器人运动学的总结

名称	正运动学	逆运动学
位置、角度	$\boldsymbol{r}=\boldsymbol{f}(\theta)$	$\boldsymbol{\theta}=\boldsymbol{f}^{-1}(r)$
速度	$\dot{\boldsymbol{r}}=\begin{bmatrix}\dot{\boldsymbol{p}}_{\mathrm{H}}\\ \dot{\boldsymbol{\eta}}_{\mathrm{H}}\end{bmatrix}=\boldsymbol{J}\dot{\theta}$ 或 $\dot{\boldsymbol{r}}_{\omega}=\begin{bmatrix}\dot{\boldsymbol{p}}_{\mathrm{H}}\\ \dot{\boldsymbol{\omega}}_{\mathrm{H}}\end{bmatrix}=\boldsymbol{J}_{\omega}\dot{\theta}$	$\dot{\boldsymbol{\theta}}=\boldsymbol{J}^{-1}\dot{\boldsymbol{r}}$ 或 $\dot{\boldsymbol{\theta}}=\boldsymbol{J}_{\omega}^{-1}\dot{\boldsymbol{r}}_{\omega}$
加速度	$\ddot{\boldsymbol{r}}=\boldsymbol{J}\ddot{\boldsymbol{\theta}}+\dot{\boldsymbol{J}}\dot{\boldsymbol{\theta}}$ 或 $\ddot{\boldsymbol{r}}_{\omega}=\boldsymbol{J}_{\omega}\ddot{\boldsymbol{\theta}}+\dot{\boldsymbol{J}}_{\omega}\dot{\boldsymbol{\theta}}$	$\ddot{\boldsymbol{\theta}}=\boldsymbol{J}^{-1}(\ddot{\boldsymbol{r}}-\dot{\boldsymbol{J}}\boldsymbol{J}^{-1}\dot{\boldsymbol{r}})$ 或 $\ddot{\boldsymbol{\theta}}_{\omega}=\boldsymbol{J}_{\omega}^{-1}(\ddot{\boldsymbol{r}}_{\omega}-\dot{\boldsymbol{J}}_{\omega}\boldsymbol{J}_{\omega}^{-1}\dot{\boldsymbol{r}}_{\omega})$

课后习题

4-1 存在一旋转矩阵，先绕自身动坐标系 x_0 轴转 30°，再绕 z_0 轴转 45°，绕 y_0 轴转 60°，试求该矩阵的齐次变换矩阵。

4-2 简述运动学方程的建模步骤。

4-3 点向量 $\boldsymbol{v}=[10\quad 20\quad 30]^{\mathrm{T}}$，相对参考坐标系进行如下齐次变换：

$$\boldsymbol{A}=\begin{bmatrix}0.866 & -0.5 & 0 & 11\\ 0.5 & 0.866 & 0 & -3\\ 0 & 0 & 1 & 9\\ 0 & 0 & 0 & 1\end{bmatrix}$$

1）写出变换后点向量 $\boldsymbol{v}$ 的表达式，并说明是什么性质的变换。

2）写出其经平移坐标变换和旋转变换后的齐次坐标变换矩阵。

4-4 三自由度工业机器人如图 4-16 所示，臂长为 l_1 和 l_2，手部中心离手腕中心的距离为 h，转角为 θ_1、θ_2、θ_3。试建立杆件坐标系，并推导出该工业机器人的运动学方程。

4-5 对于图 4-17 所示的二自由度平面工业机器人，已知手部中心坐标值为（x_1，y_1），求该工业机器人运动方程的逆解。

4-6 如何解释机器人运动学的逆解的多重性？

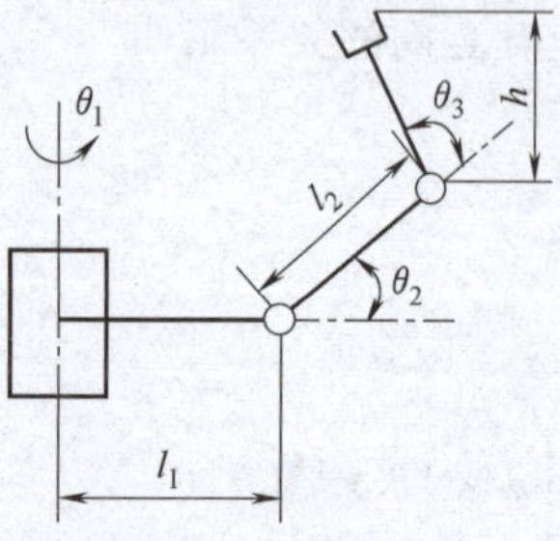

图 4-16 习题 4-4 图

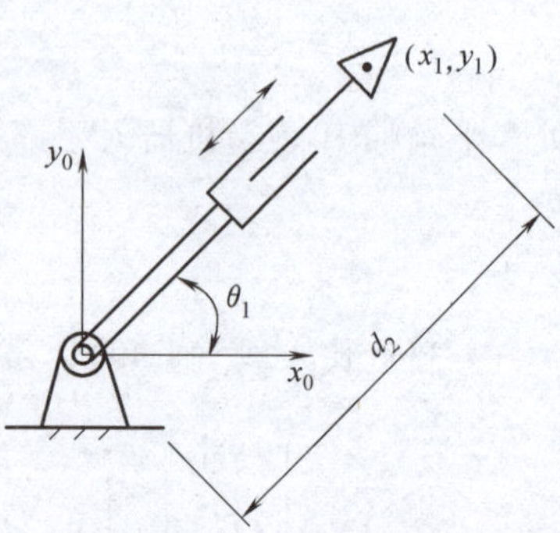

图 4-17 习题 4-5 图

第 5 章 工业机器人静力学

5.1 引言

本章根据虚功原理建立工业机器人的静力学模型、笛卡儿坐标和关节坐标之间具有的映射关系，以及机器人手部坐标系和基础坐标系之间的力和力矩映射关系。

5.2 虚功原理

为利用虚功原理，首先要建立工业机器人坐标系，包含机器人基础坐标系 $\boldsymbol{\Sigma}_0$ 和手部坐标系 $\boldsymbol{\Sigma}_\mathrm{H}$，如图 5-1 所示。

如图 5-1 所示可知，机器人手部坐标系的外力 $\boldsymbol{m}$ 和关节力矩 $\boldsymbol{\tau}$ 可表示为

$$\boldsymbol{m}=\begin{bmatrix} f_x \\ f_y \\ f_z \\ n_x \\ n_y \\ n_z \end{bmatrix}=\begin{bmatrix} {}^0\boldsymbol{f}_\mathrm{H} \\ {}^0\boldsymbol{n}_\mathrm{H} \end{bmatrix},\ \boldsymbol{\tau}=\begin{bmatrix} \tau_1 \\ \vdots \\ \tau_i \end{bmatrix} \tag{5-1}$$

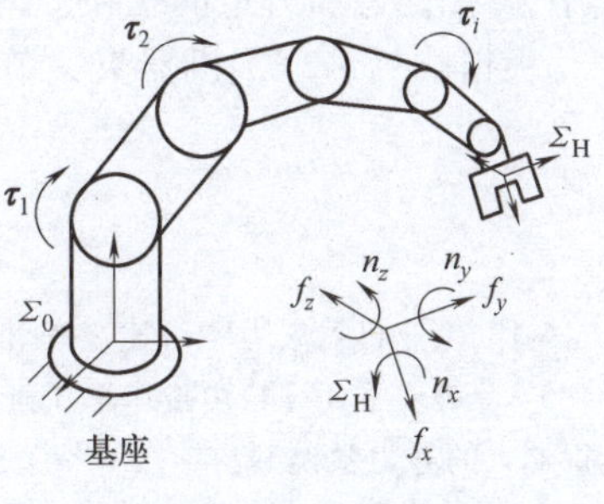

图 5-1　机器人坐标系的力和力矩

式中，${}^0\boldsymbol{f}_\mathrm{H}$、${}^0\boldsymbol{n}_\mathrm{H}$ 为机器人手部的外力和力矩。

根据虚功原理可知，虚位移的总功为零，即在整个机器人手部系统中，外力做功与各关节力矩所做的功相等。

$$(\mathrm{d}\boldsymbol{\theta})^\mathrm{T}\boldsymbol{\tau}-(\mathrm{d}\boldsymbol{r}_\omega)^\mathrm{T}\boldsymbol{m}=0 \tag{5-2}$$

使用 $\dot{\boldsymbol{r}}_\omega=\boldsymbol{J}_\omega\dot{\boldsymbol{\theta}}\rightarrow\mathrm{d}\boldsymbol{r}_\omega=\boldsymbol{J}_\omega\mathrm{d}\boldsymbol{\theta}$。注意：在静力学方程中使用 $\boldsymbol{J}_\omega$。

一般来说，笛卡儿坐标和关节坐标之间有以下关系：

$$r \underset{f^{-1}}{\overset{f}{\rightleftarrows}} \theta,\ \dot{r} \underset{J^{-1}}{\overset{J}{\rightleftarrows}} \dot{\theta},\ m \underset{J_\omega^T}{\overset{(J_\omega^T)^{-1}}{\rightleftarrows}} \tau \tag{5-3}$$

5.3 力和力矩的变换

在机器人末端坐标系 Σ_H 中，力和力矩可用 ${}^H\boldsymbol{m}_H$ 表示为

$${}^H\boldsymbol{m}_H = \begin{bmatrix} {}^H\boldsymbol{f}_H \\ {}^H\boldsymbol{n}_H \end{bmatrix} \tag{5-4}$$

在基坐标系中，力和力矩可通过旋转矩阵 ${}^0\boldsymbol{R}_H$ 和机器人手部坐标原点的位置向量 ${}^0\boldsymbol{p}_H$ 表示为

$${}^0\boldsymbol{f}_H = {}^0\boldsymbol{R}_H\,{}^H\boldsymbol{f}_H \tag{5-5}$$

$${}^0\boldsymbol{n}_H = {}^0\boldsymbol{R}_H\,{}^H\boldsymbol{n}_H + {}^0\boldsymbol{p}_H \times {}^0\boldsymbol{f}_H \tag{5-6}$$

式（5-6）可通过矩阵向量的形式写为

$${}^0\boldsymbol{n}_H = {}^0\boldsymbol{R}_H\,{}^H\boldsymbol{n}_H + [{}^0\boldsymbol{p}_H \times]\,{}^0\boldsymbol{R}_H\,{}^H\boldsymbol{f}_H \tag{5-7}$$

式中，$[{}^0\boldsymbol{p}_H \times]$ 算子可用向量 $\boldsymbol{a}$ 和 $\boldsymbol{b}$ 表述为

$$\boldsymbol{a}\times\boldsymbol{b} = [\boldsymbol{a}\times]\boldsymbol{b} = \begin{bmatrix} 0 & -a_z & a_y \\ a_z & 0 & -a_x \\ -a_y & a_x & 0 \end{bmatrix} \begin{bmatrix} b_x \\ b_y \\ b_z \end{bmatrix} \tag{5-8}$$

然后，在机器人手部坐标系和基础坐标系之间，存在式（5-9）所示的力和力矩的变换公式为

$${}^0\boldsymbol{m}_H = \begin{bmatrix} {}^0\boldsymbol{f}_H \\ {}^0\boldsymbol{n}_H \end{bmatrix} = \begin{bmatrix} {}^0\boldsymbol{R}_H & 0 \\ [{}^0\boldsymbol{p}_H]\times{}^0\boldsymbol{R}_H & {}^0\boldsymbol{R}_H \end{bmatrix} \begin{bmatrix} {}^H\boldsymbol{f}_H \\ {}^H\boldsymbol{n}_H \end{bmatrix} = {}^0\boldsymbol{\Gamma}_H\,{}^H\boldsymbol{m}_H \tag{5-9}$$

式中，${}^0\boldsymbol{\Gamma}_H$ 是力和力矩的变换矩阵。

根据式（5-2），机器人关节力矩为

$$\boldsymbol{\tau} = \boldsymbol{J}_\omega^T\,{}^0\boldsymbol{\Gamma}_H\,{}^H\boldsymbol{m}_H \tag{5-10}$$

课后习题

5-1 工业机器人力雅可比矩阵和速度雅可比矩阵有什么关系？

5-2 对于平面 n 自由度串联工业机器人，如何利用虚功原理建立该工业机器人的静力学模型？

5-3 当力雅可比矩阵不满秩，会对工业机器人产生什么影响？

5-4 一般而言，笛卡儿坐标和关节坐标之间有何关系？

5-5 如图 5-2 所示，两自由度平面工业机器人末端对外施加的作用力为 $\boldsymbol{F}_3$，求各关节的驱动力矩。

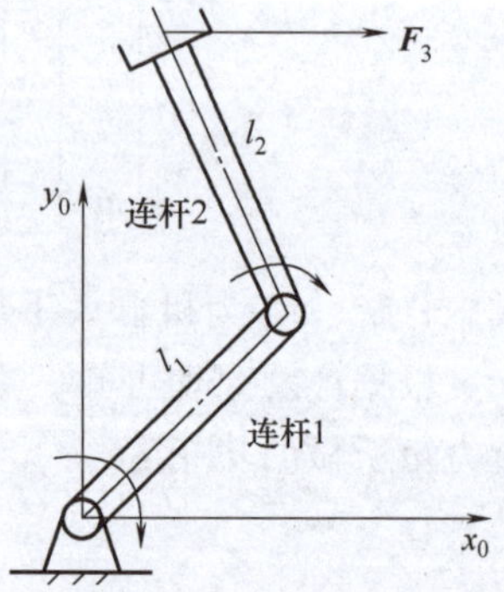

图 5-2 习题 5-5 图

5-6 已知平面二自由度工业机器人的速度雅可比矩阵为

$$\boldsymbol{J} = \begin{bmatrix} -l_1\sin\theta_1 - l_2\sin(\theta_1+\theta_2) & -l_2\sin(\theta_1+\theta_2) \\ l_1\cos\theta_1 + l_2\cos(\theta_1+\theta_2) & l_2\cos(\theta_1+\theta_2) \end{bmatrix}$$

忽略重力，当工业机器人末端的力 $\boldsymbol{F} = [1\quad 0]^T$ 时，求与此力对应的关节力矩。

第 6 章 工业机器人动力学

6.1 引言

本章通过拉格朗日方程法和牛顿-欧拉法建立工业机器人的动力学模型，并给出逆向和正向动力学模型的求解方法。

6.2 拉格朗日方程法

根据本书 3.6 节给出的拉格朗日函数的定义可知，广义力可表示为

$$\tau_i = \frac{\mathrm{d}}{\mathrm{d}t}\left[\frac{\partial L}{\partial \dot{\theta}_i}\right] - \frac{\partial L}{\partial \theta_i} \tag{6-1}$$

式中，L 为拉格朗日函数；θ_i 表示广义坐标。这称为拉格朗日方程或欧拉-拉格朗日运动方程。用符号 K 表示运动学能量，符号 P 表示势能，拉格朗日方程可改写为

$$\tau_i = \frac{\mathrm{d}}{\mathrm{d}t}\left[\frac{\partial K}{\partial \dot{\theta}_i}\right] - \frac{\partial K}{\partial \theta_i} + \frac{\partial P}{\partial \theta_i} \tag{6-2}$$

1. 动能

如图 6-1 所示，用 K_i 表示连杆 i 的动能，工业机器人的总动能 K 可描述为

$$K = \sum_{i=1}^{n} K_i \tag{6-3}$$

对应于小质量 $\mathrm{d}m_i$ 的微单元 $\mathrm{d}K_i$ 的动能为

$$\begin{aligned} \mathrm{d}K_i &= \frac{1}{2} {}^0\dot{\boldsymbol{P}}^{\mathrm{T}}\, {}^0\dot{\boldsymbol{P}}\,\mathrm{d}m \\ &= \frac{1}{2}\mathrm{tr}\left[{}^0\dot{\boldsymbol{P}}\left({}^0\dot{\boldsymbol{P}}\right)^{\mathrm{T}}\right]\mathrm{d}m \end{aligned} \tag{6-4}$$

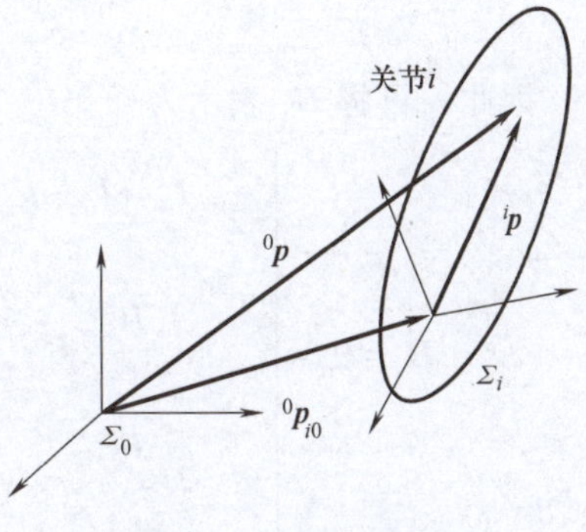

图 6-1　连杆 i 的动能

式中，tr（ ）表示矩阵的迹；${}^{0}\dot{\boldsymbol{P}}=\dfrac{\mathrm{d}}{\mathrm{d}t}({}^{0}\boldsymbol{T}_{i}\,{}^{i}\boldsymbol{P})={}^{0}\dot{\boldsymbol{T}}_{i}\,{}^{i}\boldsymbol{P}+{}^{0}\boldsymbol{T}_{i}\,{}^{i}\dot{\boldsymbol{P}}={}^{0}\dot{\boldsymbol{T}}_{i}\,{}^{i}\boldsymbol{P}$，其中

$$
{}^{i}\boldsymbol{P}=[\,{}^{i}p_{x}\quad {}^{i}p_{y}\quad {}^{i}p_{z}\quad 1\,]^{\mathrm{T}},\ {}^{i}\dot{\boldsymbol{P}}=[\,{}^{i}\dot{p}_{x}\quad {}^{i}\dot{p}_{y}\quad {}^{i}\dot{p}_{z}\quad 0\,]^{\mathrm{T}} \tag{6-5}
$$

对于微单元 dm 的动能可表示为

$$
\mathrm{d}K_{i}=\frac{1}{2}\mathrm{tr}[\,{}^{0}\dot{\boldsymbol{T}}_{i}\,{}^{i}\boldsymbol{P}({}^{i}\boldsymbol{P})^{\mathrm{T}}\,{}^{0}\dot{\boldsymbol{T}}_{i}\,]\mathrm{d}m \tag{6-6}
$$

因此，连杆 i 的动能可表示为

$$
K_{i}=\int_{\mathrm{Link}-i}\mathrm{d}K_{i}=\frac{1}{2}\mathrm{tr}\left[{}^{0}\dot{\boldsymbol{T}}_{i}\int_{\mathrm{Link}-i}{}^{i}\boldsymbol{P}({}^{i}\boldsymbol{P})^{\mathrm{T}}\ \mathrm{d}m({}^{0}\dot{\boldsymbol{T}}_{i})^{\mathrm{T}}\right] \tag{6-7}
$$

式中，

$$
\int_{\mathrm{Link}-i}{}^{i}\boldsymbol{P}({}^{i}\boldsymbol{P})^{\mathrm{T}}\mathrm{d}m={}^{i}\boldsymbol{H}_{i} \tag{6-8}
$$

其中，$${}^{i}\boldsymbol{H}_{i}=\begin{bmatrix}\int_{\mathrm{Link}-i}{}^{i}p_{x}^{2}\mathrm{d}m & \int_{\mathrm{Link}-i}{}^{i}p_{x}\,{}^{i}p_{y}\mathrm{d}m & \int_{\mathrm{Link}-i}{}^{i}p_{x}\,{}^{i}p_{z}\mathrm{d}m & \int_{\mathrm{Link}-i}{}^{i}p_{x}\mathrm{d}m\\ \int_{\mathrm{Link}-i}{}^{i}p_{y}\,{}^{i}p_{x}\mathrm{d}m & \int_{\mathrm{Link}-i}{}^{i}p_{y}^{2}\mathrm{d}m & \int_{\mathrm{Link}-i}{}^{i}p_{y}\,{}^{i}p_{z}\mathrm{d}m & \int_{\mathrm{Link}-i}{}^{i}p_{y}\mathrm{d}m\\ \int_{\mathrm{Link}-i}{}^{i}p_{z}\,{}^{i}p_{x}\mathrm{d}m & \int_{\mathrm{Link}-i}{}^{i}p_{z}\,{}^{i}p_{y}\mathrm{d}m & \int_{\mathrm{Link}-i}{}^{i}p_{z}^{2}\mathrm{d}m & \int_{\mathrm{Link}-i}{}^{i}p_{z}\mathrm{d}m\\ \int_{\mathrm{Link}-i}{}^{i}p_{x}\mathrm{d}m & \int_{\mathrm{Link}-i}{}^{i}p_{y}\mathrm{d}m & \int_{\mathrm{Link}-i}{}^{i}p_{z}\mathrm{d}m & \int_{\mathrm{Link}-i}\mathrm{d}m\end{bmatrix}$$。

2. 伪惯性矩阵

利用绕 x 轴的惯性矩

$$
I_{ixx}=\int_{\mathrm{Link}-i}({}^{i}p_{y}^{2}+{}^{i}p_{z}^{2})\mathrm{d}m \tag{6-9}
$$

${}^{i}\boldsymbol{H}_{i}$ 的元素可用惯性矩的类似符号表示为

$$
\int_{\mathrm{Link}-i}{}^{i}p_{x}^{2}\mathrm{d}m=\frac{1}{2}(I_{iyy}+I_{izz}-I_{ixx}) \tag{6-10}
$$

$$
H_{ixy}=H_{iyx}=\int_{\mathrm{Link}-i}{}^{i}p_{x}\,{}^{i}p_{y}\mathrm{d}m \tag{6-11}
$$

$$
m_{i}=\int_{\mathrm{Link}-i}\mathrm{d}m \tag{6-12}
$$

$$
{}^{i}s_{ix}=\frac{1}{m_{i}}\int_{\mathrm{Link}-i}{}^{i}p_{x}\mathrm{d}m \tag{6-13}
$$

因此，可将${}^{i}\boldsymbol{H}_{i}$ 表示为

$$
{}^{i}\boldsymbol{H}_{i}=\boldsymbol{H}_{i}=\begin{bmatrix}\frac{1}{2}(I_{iyy}+I_{izz}-I_{ixx}) & H_{ixy} & H_{ixz} & m_{i}\,{}^{i}s_{ix}\\ H_{ixy} & \frac{1}{2}(I_{ixx}+I_{izz}-I_{iyy}) & H_{iyz} & m_{i}\,{}^{i}s_{iy}\\ H_{ixz} & H_{iyz} & \frac{1}{2}(I_{ixx}+I_{iyy}-I_{izz}) & m_{i}\,{}^{i}s_{iz}\\ m_{i}\,{}^{i}s_{ix} & m_{i}\,{}^{i}s_{iy} & m_{i}\,{}^{i}s_{iz} & m_{i}\end{bmatrix} \tag{6-14}
$$

因此，工业机器人的动能为

$$K=\sum_{i=1}^{n}K_i=\frac{1}{2}\sum_{i=1}^{n}\mathrm{tr}\left[{}^0\dot{\boldsymbol{T}}_i\boldsymbol{H}_i({}^0\dot{\boldsymbol{T}}_i)^{\mathrm{T}}\right] \tag{6-15}$$

惯性张量由 $\boldsymbol{M}=\boldsymbol{I\omega}$ 定义为

$$\boldsymbol{I}=\begin{bmatrix} I_{xx} & -H_{xy} & -H_{xz} \\ -H_{xy} & I_{yy} & -H_{yz} \\ -H_{xz} & -H_{yz} & I_{zz} \end{bmatrix} \tag{6-16}$$

式中，$\boldsymbol{M}$ 是角动量；$\boldsymbol{\omega}$ 是角速度。

3. 计算 $\frac{\mathrm{d}}{\mathrm{d}t}\left[\frac{\partial K}{\partial\dot{\theta}_i}\right]$

由式（6-15）可知

$$\frac{\partial K}{\partial\dot{\theta}_i}=\frac{1}{2}\sum_{k=1}^{n}\mathrm{tr}\frac{\partial}{\partial\dot{\theta}_i}\left[{}^0\dot{\boldsymbol{T}}_k\boldsymbol{H}_k({}^0\dot{\boldsymbol{T}}_k)^{\mathrm{T}}\right] \tag{6-17}$$

注意将下标 i 改为 k，然后

$$\frac{\mathrm{d}}{\mathrm{d}t}\left(\frac{\partial K}{\partial\dot{\theta}_i}\right)=\sum_{k=1}^{n}\mathrm{tr}\left[\frac{\mathrm{d}}{\mathrm{d}t}\left(\frac{\partial{}^0\dot{\boldsymbol{T}}_k}{\partial\dot{\theta}_i}\right)\boldsymbol{H}_k({}^0\dot{\boldsymbol{T}}_k)^{\mathrm{T}}+\frac{\partial{}^0\dot{\boldsymbol{T}}_k}{\partial\dot{\theta}_i}\boldsymbol{H}_k({}^0\ddot{\boldsymbol{T}}_k)^{\mathrm{T}}\right] \tag{6-18}$$

在上面的推导中，利用了以下运算规则：

$$\begin{cases}(\boldsymbol{ABC})^{\mathrm{T}}=\boldsymbol{C}^{\mathrm{T}}\boldsymbol{B}^{\mathrm{T}}\boldsymbol{A}^{\mathrm{T}} \\ \mathrm{tr}(\boldsymbol{A})=\mathrm{tr}(\boldsymbol{A}^{\mathrm{T}}) \\ \boldsymbol{H}_{\mathrm{k}}\text{ 关于时间 } t \text{ 对称且恒定}\end{cases} \tag{6-19}$$

4. 推导的一些准备工作

$${}^0\dot{\boldsymbol{T}}_i=\frac{\mathrm{d}}{\mathrm{d}t}{}^0\boldsymbol{T}_i=\sum_{l=1}^{i}\frac{\partial{}^0\boldsymbol{T}_i}{\partial\theta_l}\dot{\theta}_l \tag{6-20}$$

$$\frac{\partial{}^0\dot{\boldsymbol{T}}_i}{\partial\dot{\theta}_k}=\frac{\partial{}^0\boldsymbol{T}_i}{\partial\theta_k} \tag{6-21}$$

$$\frac{\mathrm{d}}{\mathrm{d}t}\left(\frac{\partial{}^0\dot{\boldsymbol{T}}_i}{\partial\dot{\theta}_k}\right)=\frac{\mathrm{d}}{\mathrm{d}t}\left(\frac{\partial{}^0\boldsymbol{T}_i}{\partial\theta_k}\right)=\frac{\partial}{\partial\theta_k}\left(\sum_{l=1}^{i}\frac{\partial{}^0\boldsymbol{T}_i}{\partial\theta_l}\dot{\theta}_l\right)=\frac{\partial{}^0\dot{\boldsymbol{T}}_i}{\partial\theta_k} \tag{6-22}$$

由式（6-18）~式（6-22）可知：

$$\frac{\mathrm{d}}{\mathrm{d}t}\left(\frac{\partial K}{\partial\dot{\theta}_i}\right)=\sum_{k=i}^{n}\mathrm{tr}\left[\frac{\partial{}^0\dot{\boldsymbol{T}}_k}{\partial\theta_i}\boldsymbol{H}_k({}^0\dot{\boldsymbol{T}}_k)^{\mathrm{T}}+\frac{\partial{}^0\boldsymbol{T}_k}{\partial\theta_i}\boldsymbol{H}_k({}^0\ddot{\boldsymbol{T}}_k)^{\mathrm{T}}\right] \tag{6-23}$$

式中，${}^0\ddot{\boldsymbol{T}}_i=\frac{\mathrm{d}{}^0\dot{\boldsymbol{T}}_i}{\mathrm{d}t}=\frac{\mathrm{d}}{\mathrm{d}t}\sum_{l=1}^{i}\frac{\partial{}^0\boldsymbol{T}_i}{\partial\theta_l}\dot{\theta}_l=\sum_{l=1}^{i}\sum_{m=1}^{i}\frac{\partial^2\,{}^0\boldsymbol{T}_i}{\partial\theta_m\partial\theta_l}\dot{\theta}_l\dot{\theta}_m+\sum_{l=1}^{i}\frac{\partial{}^0\boldsymbol{T}_i}{\partial q_l}\ddot{\theta}_l$。

5. 计算$\frac{\partial K}{\partial \theta_i}$

$$\frac{\partial K}{\partial\theta_i}=\frac{1}{2}\sum_{k=1}^{n}\mathrm{tr}\frac{\partial}{\partial\theta_i}[{}^0\dot{T}_k H_k({}^0\dot{T}_k)^{\mathrm{T}}]$$
$$=\sum_{k=i}^{n}\mathrm{tr}\left[\frac{\partial {}^0\dot{T}_k}{\partial\theta_i}H_k({}^0\dot{T}_k)^{\mathrm{T}}\right] \tag{6-24}$$

6. 计算$\frac{\partial P}{\partial \theta_i}$

连杆势能的定义为

$$P=-\sum_{k=1}^{n}m_k({}^0g)^{\mathrm{T}}({}^0T_k{}^k s_k) \tag{6-25}$$

$$\frac{\partial P}{\partial\theta_i}=-\sum_{k=i}^{n}m_k({}^0g)^{\mathrm{T}}\left(\frac{\partial {}^0T_k}{\partial\theta_i}{}^k s_k\right) \tag{6-26}$$

7. 计算 τ_i 和 τ

使用式（6-2）、式（6-23）~式（6-26）计算 τ_i 和 τ。

$$\tau_i=\sum_{k=i}^{n}\sum_{l=1}^{k}\mathrm{tr}\left[\frac{\partial {}^0T_k}{\partial\theta_i}H_k\left(\frac{\partial {}^0T_k}{\partial\theta_l}\right)^{\mathrm{T}}\right]\ddot{\theta}_l+\sum_{k=i}^{n}\sum_{l=1}^{k}\sum_{m=1}^{k}\mathrm{tr}\left[\frac{\partial {}^0T_k}{\partial\theta_i}H_k\left(\frac{\partial^{20}T_k}{\partial\theta_l\partial\theta_m}\right)^{\mathrm{T}}\right]\dot{\theta}_l\dot{\theta}_m-\sum_{k=i}^{n}m_k({}^0g)^{\mathrm{T}}\frac{\partial {}^0T_k}{\partial\theta_i}{}^k s_k \tag{6-27}$$

设：

$$\begin{cases}M_{ij}=\sum\limits_{k=\max(i,j)}^{n}\mathrm{tr}\left[\frac{\partial {}^0T_k}{\partial\theta_i}H_k\left(\frac{\partial {}^0T_k}{\partial\theta_j}\right)^{\mathrm{T}}\right]\\ h_i=\sum\limits_{k=i}^{n}\sum\limits_{l=1}^{k}\sum\limits_{m=1}^{k}\mathrm{tr}\left[\frac{\partial {}^0T_k}{\partial\theta_i}H_k\left(\frac{\partial^{20}T_k}{\partial\theta_l\partial\theta_m}\right)^{\mathrm{T}}\dot{\theta}_l\dot{\theta}_m\right]\\ g_i=-\sum\limits_{k=i}^{n}m_k({}^0g)^{\mathrm{T}}\frac{\partial {}^0T_k}{\partial\theta_i}{}^k s_k\end{cases} \tag{6-28}$$

因此，动力学方程可表达为

$$\tau=M(\theta)\ddot{\theta}+h(\theta,\dot{\theta})+g(\theta) \tag{6-29}$$

8. 更有效的动力学计算

动能 K 是 $\dot{\theta}$ 的二阶函数，$M(\theta)$ $\ddot{\theta}$ 仅由$\frac{\mathrm{d}}{\mathrm{d}t}\left(\frac{\partial K}{\partial\dot{\theta}_i}\right)$导出，则 K 可表达为

$$K=\frac{1}{2}\dot{\theta}^{\mathrm{T}}M(\theta)\dot{\theta} \tag{6-30}$$

这里也可表示为

$$\tau_i=\frac{\mathrm{d}}{\mathrm{d}t}\left(\frac{\partial K}{\partial\dot{\theta}_i}\right)-\frac{\partial K}{\partial\theta_i}+\frac{\partial P}{\partial\theta_i} \tag{6-31}$$

其中，

$$\frac{\partial K}{\partial \dot{\theta}}=\boldsymbol{M}(\theta)\dot{\theta} \tag{6-32}$$

$$\frac{\mathrm{d}}{\mathrm{d}t}\left(\frac{\partial K}{\partial \dot{\theta}}\right)=\boldsymbol{M}(\theta)\ddot{\theta}+\dot{\boldsymbol{M}}(\theta)\dot{\theta} \tag{6-33}$$

因此，离心力和科氏力部分为

$$\boldsymbol{h}(\theta,\dot{\theta})=\dot{\boldsymbol{M}}(\theta)\dot{\theta}-\frac{\partial K}{\partial \theta} \tag{6-34}$$

此外，利用

$$\frac{\partial K}{\partial \theta_i}=\frac{1}{2}\dot{\theta}^{\mathrm{T}}\frac{\partial \boldsymbol{M}}{\partial q_i}\dot{\theta} \tag{6-35}$$

可得

$$\boldsymbol{h}(\theta,\dot{\theta})=\dot{\boldsymbol{M}}(\theta)\dot{\theta}-\mathbf{col}_i\left(\frac{1}{2}\dot{\theta}^{\mathrm{T}}\frac{\partial \boldsymbol{M}}{\partial \theta_i}\dot{\theta}\right) \tag{6-36}$$

式中，$\mathbf{col}_i$（　）表示矩阵的列向量。

或者通过

$$\boldsymbol{h}(\theta,\dot{\theta})=\mathbf{col}_i\left[\sum_{j=1}^{n}\sum_{k=1}^{n}\left(\frac{\partial M_{ij}}{\partial \theta_k}-\frac{1}{2}\frac{\partial M_{jk}}{\partial \theta_i}\right)\dot{\theta}_j\dot{\theta}_k\right] \tag{6-37}$$

最终，仅需计算 $\boldsymbol{M}$ 和 $\boldsymbol{g}$ 来获得 $\boldsymbol{\tau}$。对于 M_{ij} 的计算，通过公式计算 $\frac{\partial\,^0\boldsymbol{T}_i}{\partial \theta_j}$ 可得

$$\frac{\partial\,^0\boldsymbol{T}_i}{\partial \theta_j}={}^0\boldsymbol{T}_1\,{}^1\boldsymbol{T}_2\cdots{}^{j-1}\boldsymbol{T}_j\boldsymbol{Q}_j\,{}^j\boldsymbol{T}_{j+1}\cdots{}^{i-1}\boldsymbol{T}_i(j<i) \tag{6-38}$$

式中，

$\boldsymbol{Q}_j=\begin{bmatrix}0&-1&0&0\\1&0&0&0\\0&0&0&0\\0&0&0&0\end{bmatrix}$，用于旋转关节；$\boldsymbol{Q}_j=\begin{bmatrix}0&0&0&0\\0&0&0&0\\0&0&0&1\\0&0&0&0\end{bmatrix}$，用于移动关节。

例题 6-1： 图 6-2 所示为二自由度工业机器人，考虑该工业机器人为刚性臂，请分别写

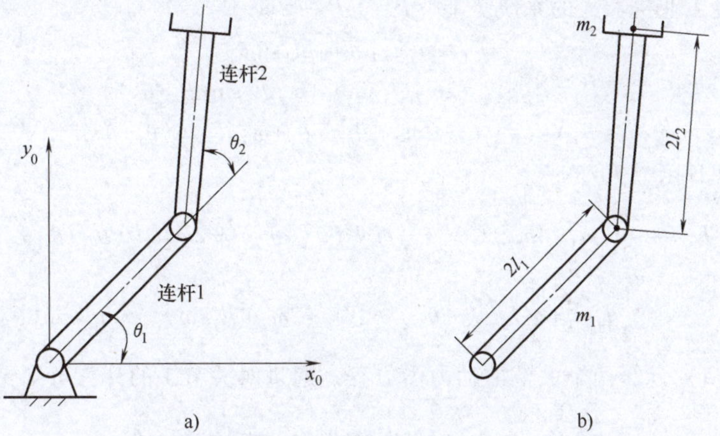

图 6-2　二自由度工业机器人

出该工业机器人的两个刚性臂的动力学方程。

解：由图 6-2a 可知，连杆 1 和连杆 2 的关节变量转角分别是 θ_1 和 θ_2。由图 6-2b 可知质量分别为 m_1 和 m_2，杆长分别为 $2l_1$ 和 $2l_2$。假设两连杆的重量分别在杆的质心位置，两关节相应的力矩为 τ_1 和 τ_2。

结合图 6-2 可知，连杆 1 和连杆 2 的质心位置坐标分别为

$$\begin{cases}x_1=l_1\cos\theta_1\\y_1=l_1\sin\theta_1\end{cases},\begin{cases}x_2=2l_1\cos\theta_1+l_2\cos(\theta_1+\theta_2)\\y_2=2l_1\sin\theta_1+l_2\sin(\theta_1+\theta_2)\end{cases}$$

式中，θ_1 为连杆 1 的转动角度；θ_2 为连杆 2 的转动角度。

因此，连杆 1 质心位置处速度的二次方为

$$v_1^2=\dot{x}_1^2+\dot{y}_1^2=(-l_1\dot{\theta}_1\sin\theta_1)^2+(l_1\dot{\theta}_1\cos\theta_1)^2=l_1^2\dot{\theta}_1^2$$

连杆 2 质心位置处速度的二次方为

$$v_2^2=\dot{x}_2^2+\dot{y}_2^2=(4l_1^2+4l_1l_2\cos\theta_2+l_2^2)\dot{\theta}_1^2+2(l_2^2+2l_1l_2\cos\theta_2)\dot{\theta}_1\dot{\theta}_2+l_2^2\dot{\theta}_2^2$$

求二自由度工业机器人的系统动能 $K=\sum K_i(i=1，2)$。

$$K_1=\frac{1}{2}m_1v_1^2+\frac{1}{2}I_1\dot{\theta}_1^2=\frac{1}{2}m_1l_1^2\dot{\theta}_1^2+\frac{1}{2}I_1\dot{\theta}_1^2$$

$$\begin{aligned}K_2&=\frac{1}{2}m_2v_2^2+\frac{1}{2}I_2(\dot{\theta}_1+\dot{\theta}_2)^2\\&=\frac{1}{2}m_2[(4l_1^2+4l_1l_2\cos\theta_2+l_2^2)\dot{\theta}_1^2+2(l_2^2+2l_1l_2\cos\theta_2)\dot{\theta}_1\dot{\theta}_2+l_2^2\dot{\theta}_2^2]+\frac{1}{2}I_2(\dot{\theta}_1+\dot{\theta}_2)^2\\&=2m_2l_1^2\dot{\theta}_1^2+\frac{1}{2}m_2l_2^2(\dot{\theta}_1+\dot{\theta}_2)^2+2m_2l_1l_2(\dot{\theta}_1^2+\dot{\theta}_1\dot{\theta}_2)\cos\theta_2+\frac{1}{2}I_2(\dot{\theta}_1+\dot{\theta}_2)^2\end{aligned}$$

式中，I_1、I_2 表示连杆 1 和连杆 2 的惯性矩。

因此，动能可表示为

$$\begin{aligned}K=K_1+K_2=&\frac{1}{2}(m_1+4m_2)l_1^2\dot{\theta}_1^2+\frac{1}{2}m_2l_2^2(\dot{\theta}_1+\dot{\theta}_2)^2+2m_2l_1l_2(\dot{\theta}_1^2+\dot{\theta}_1\dot{\theta}_2)\cos\theta_2+\\&\frac{1}{2}I_1\dot{\theta}_1^2+\frac{1}{2}I_2(\dot{\theta}_1+\dot{\theta}_2)^2\end{aligned}$$

求二自由度工业机器人的系统势能，$P=\sum P_i(i=1，2)$。

$$P_1=m_1gy_1=m_1gl_1\sin\theta_1$$

$$P_2=m_2gy_2=2m_2gl_1\sin\theta_1+m_2gl_2\sin(\theta_1+\theta_2)$$

$$P=P_1+P_2=(m_1+2m_2)gl_1\sin\theta_1+m_2gl_2\sin(\theta_1+\theta_2)$$

建立拉格朗日函数 $L=K-P$。

$$\begin{aligned}L=K-P=&\frac{1}{2}(m_1+4m_2)l_1^2\dot{\theta}_1^2+\frac{1}{2}m_2l_2^2(\dot{\theta}_1+\dot{\theta}_2)^2+2m_2l_1l_2(\dot{\theta}_1^2+\dot{\theta}_1\dot{\theta}_2)\cos\theta_2+\\&\frac{1}{2}I_1\dot{\theta}_1^2+\frac{1}{2}I_2(\dot{\theta}_1+\dot{\theta}_2)^2-(m_1+2m_2)gl_1\sin\theta_1-m_2gl_2\sin(\theta_1+\theta_2)\end{aligned}$$

根据式（6-1）计算两个关节的动力学方程。通过对关节 1 的计算可知：

$$\frac{\partial L}{\partial\theta_1}=-(m_1+2m_2)gl_1\cos\theta_1-m_2gl_2\cos(\theta_1+\theta_2)$$

$$\frac{\partial L}{\partial \dot{\theta}_1}=(m_1+4m_2)l_1^2\dot{\theta}_1+m_2l_2^2(\dot{\theta}_1+\dot{\theta}_2)+4m_2l_1l_2\dot{\theta}_1\cos\theta_2+2m_2l_1l_2\dot{\theta}_2\cos\theta_2+I_1\dot{\theta}_1+I_2(\dot{\theta}_1+\dot{\theta}_2)$$

$$\frac{\mathrm{d}}{\mathrm{d}t}\left(\frac{\partial L}{\partial \dot{\theta}_1}\right)=(m_1+4m_2)l_1^2\ddot{\theta}_1+m_2l_2^2(\ddot{\theta}_1+\ddot{\theta}_2)+4m_2l_1l_2\ddot{\theta}_1\cos\theta_2+2I_1\ddot{\theta}_1+I_2\ddot{\theta}_2-$$

$$4m_2l_1l_2\dot{\theta}_1\dot{\theta}_2\sin\theta_2+2m_2l_1l_2\ddot{\theta}_2\cos\theta_2-2m_2l_1l_2\dot{\theta}_2^2\sin\theta_2$$

因此，关节 1 的动力学方程可写为

$$\tau_1=[m_1l_1^2+I_1+m_2(4l_1^2+l_2^2+4l_1l_2\cos\theta_2)+I_2]\ddot{\theta}_1+[m_2(l_2^2+2l_1l_2\cos\theta_2)+I_2]\ddot{\theta}_2-$$

$$2m_2l_1l_2(2\dot{\theta}_1\dot{\theta}_2+\dot{\theta}_2^2)\sin\theta_2+m_1gl_1\cos\theta_1+m_2g[2l_1\cos\theta_1+l_2\cos(\theta_1+\theta_2)]$$

同样地，对关节 2 进行计算：

$$\frac{\partial L}{\partial \theta_2}=-2m_2l_1l_2(\dot{\theta}_1^2+\dot{\theta}_1\dot{\theta}_2)\sin\theta_2-m_2gl_2\cos(\theta_1+\theta_2)$$

$$\frac{\partial L}{\partial \dot{\theta}_2}=m_2l_2^2(\dot{\theta}_1+\dot{\theta}_2)+2m_2l_1l_2\dot{\theta}_1\cos\theta_2+I_2(\dot{\theta}_1+\dot{\theta}_2)$$

$$\frac{\mathrm{d}}{\mathrm{d}t}\left(\frac{\partial L}{\partial \dot{\theta}_2}\right)=m_2l_2^2(\ddot{\theta}_1+\ddot{\theta}_2)+2m_2l_1l_2\ddot{\theta}_1\cos\theta_2-2m_2l_1l_2\dot{\theta}_1\dot{\theta}_2\sin\theta_2+I_2(\ddot{\theta}_1+\ddot{\theta}_2)$$

综上，关节 2 的动力学方程可写为

$$\tau_2=[m_2(l_2^2+2l_1l_2\cos\theta_2)+I_2]\ddot{\theta}_1+[m_2l_2^2+I_2]\ddot{\theta}_2+2m_2l_1l_2\dot{\theta}_1^2\sin\theta_2+m_2gl_2\cos(\theta_1+\theta_2)$$

将关节 1 和关节 2 的动力学方程写成式（6-29）的形式，即

$$\tau_1=M_{11}\ddot{\theta}_1+M_{12}\ddot{\theta}_2+h_{122}\dot{\theta}_2^2+h_{112}\dot{\theta}_1\dot{\theta}_2+g_1$$

$$\tau_2=M_{21}\ddot{\theta}_1+M_{22}\ddot{\theta}_2+h_{211}\dot{\theta}_1^2+g_2$$

式中，

$$M_{11}=m_1l_1^2+I_1+m_2(4l_1^2+l_2^2+4l_1l_2\cos\theta_2)+I_2$$

$$M_{12}=M_{21}=m_2(l_2^2+2l_1l_2\cos\theta_2)+I_2$$

$$M_{22}=m_2l_2^2+I_2$$

$$h_{122}=h_{112}=-h_{211}=-2m_2l_1l_2\sin\theta_2$$

$$g_1=m_1gl_1\cos\theta_1+m_2g[2l_1\cos\theta_1+l_2\cos(\theta_1+\theta_2)]$$

$$g_2=m_2gl_2\cos(\theta_1+\theta_2)$$

式中，M_{ii} 和 M_{ij} 为等效和相关惯性系数；h_{ijk} 和 h_{ijk}（$j\neq k$）分别为离心和科氏加速度系数；g_i 为重力载荷。

6.3　牛顿-欧拉法

如图 6-3 所示，通过牛顿-欧拉法可知，工业机器人的动力学模型可使用 θ、$\dot{\theta}$、$\ddot{\theta}$ 递推公式计算 $\boldsymbol{\tau}$。

基本思想 1：对于每个连杆，计算$\begin{cases} \boldsymbol{F}_i = m_i \ddot{\boldsymbol{x}}_i \\ \boldsymbol{N}_i = \boldsymbol{I}_i \dot{\boldsymbol{\omega}}_i + \boldsymbol{\omega}_i \times \boldsymbol{I}_i \boldsymbol{\omega}_i \end{cases}$。但来自其他连杆的干扰力和力矩使得很难找到关节驱动力矩。

基本思想 2：1）通过 θ、$\dot{\theta}$、$\ddot{\theta}$ 计算 $\boldsymbol{v}_i$、$\boldsymbol{\omega}_i$（$i=1\to n$）。

2）计算 $\boldsymbol{f}_i$、$\boldsymbol{n}_i$（$i=n$），$\boldsymbol{f}_n$、$\boldsymbol{n}_n$ 为工业机器人手部外力和力矩。

3）计算 $\boldsymbol{f}_i$、$\boldsymbol{n}_i$（$i=n-1\to 1$）作为反作用力和力矩。

1. 初始牛顿-欧拉法（旋转矩阵的时间导数）

根据式（4-15）可知，式（6-39）和式（6-40）成立。

$$ {}^{A}\boldsymbol{p} = {}^{A}\boldsymbol{p}_{B0} + {}^{A}\boldsymbol{R}_{B}\,{}^{B}\boldsymbol{p} \tag{6-39} $$

$$ {}^{A}\dot{\boldsymbol{p}} = \frac{\mathrm{d}}{\mathrm{d}t}({}^{A}\boldsymbol{p}) = {}^{A}\dot{\boldsymbol{p}}_{B0} + \frac{\mathrm{d}}{\mathrm{d}t}({}^{A}\boldsymbol{R}_{B})\,{}^{B}\boldsymbol{p} + {}^{A}\boldsymbol{R}_{B}\,{}^{B}\dot{\boldsymbol{p}} \tag{6-40} $$

根据式（6-40）可知，研究等号右边的第二部分中的旋转矩阵，可得

$$ \frac{\mathrm{d}}{\mathrm{d}t}({}^{A}\boldsymbol{R}_{B}) = \frac{\mathrm{d}}{\mathrm{d}t}[\,{}^{A}\boldsymbol{x}_{B} \quad {}^{A}\boldsymbol{y}_{B} \quad {}^{A}\boldsymbol{z}_{B}\,] = \left[\frac{\mathrm{d}}{\mathrm{d}t}({}^{A}\boldsymbol{x}_{B}) \quad \frac{\mathrm{d}}{\mathrm{d}t}({}^{A}\boldsymbol{y}_{B}) \quad \frac{\mathrm{d}}{\mathrm{d}t}({}^{A}\boldsymbol{z}_{B})\right] \tag{6-41} $$

当坐标系旋转时位置向量的时间导数如图 6-4 所示。

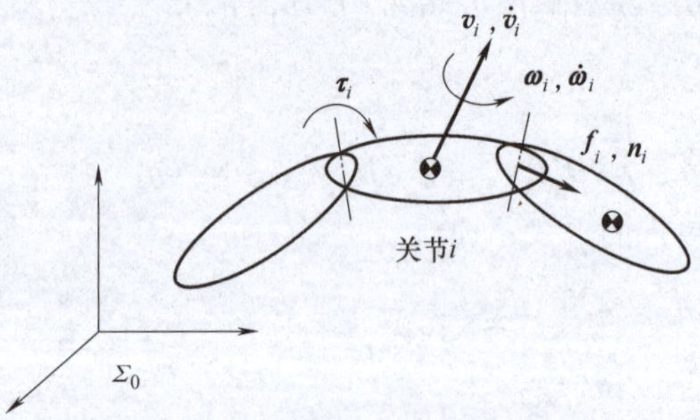

图 6-3　由牛顿-欧拉法计算

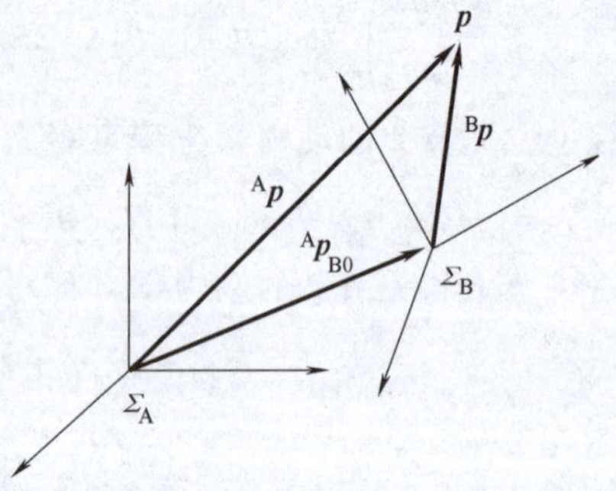

图 6-4　当坐标系旋转时位置向量的时间导数

当坐标系 $\boldsymbol{\Sigma}_B$ 围绕向量 ${}^{A}\boldsymbol{\omega}_B$ 旋转时，单位向量 ${}^{A}\boldsymbol{x}_B$ 也围绕 ${}^{A}\boldsymbol{\omega}_B$ 旋转，如图 6-5 所示。

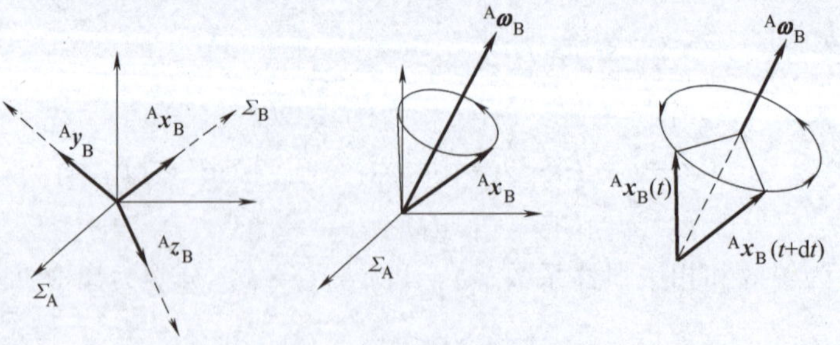

图 6-5　旋转向量的时间导数

则向量 ${}^{A}\boldsymbol{x}_B$ 的速度公式为

$$ \frac{\mathrm{d}\,{}^{A}\boldsymbol{x}_B}{\mathrm{d}t} = \lim_{\Delta t\to 0} \frac{{}^{A}\boldsymbol{x}_B(t+\Delta t) - {}^{A}\boldsymbol{x}_B(t)}{\Delta t} = \lim_{\Delta t\to 0} \frac{\Delta\,{}^{A}\boldsymbol{x}_B}{\Delta t} \tag{6-42} $$

如图 6-5 所示，向量 $\Delta\,{}^{A}\boldsymbol{x}_B$ 的方向垂直于由向量 ${}^{A}\boldsymbol{\omega}_B$ 和向量 ${}^{A}\boldsymbol{x}_B$ 组成的平面。这个标记由向量 ${}^{A}\boldsymbol{\omega}_B \times {}^{A}\boldsymbol{x}_B$ 的右手定则定义。向量 $\Delta\,{}^{A}\boldsymbol{x}_B$ 的计算公式为

$$\left|\frac{d^{A}\boldsymbol{x}_{B}}{dt}\right|\Delta t=|{}^{A}\boldsymbol{\omega}_{B}|\Delta t|\sin\theta|\Rightarrow\left|\frac{d^{A}\boldsymbol{x}_{B}}{dt}\right|=|{}^{A}\boldsymbol{\omega}_{B}||\sin\theta| \tag{6-43}$$

因此，${}^{A}\boldsymbol{x}_{B}$ 的旋转向量可用式（6-44）所示的向量积来描述，向量$\frac{d\,{}^{A}\boldsymbol{x}_{B}}{dt}$的方向和大小如图 6-6 所示。

$$\frac{d^{A}\boldsymbol{x}_{B}}{dt}={}^{A}\boldsymbol{\omega}_{B}\times{}^{A}\boldsymbol{x}_{B} \tag{6-44}$$

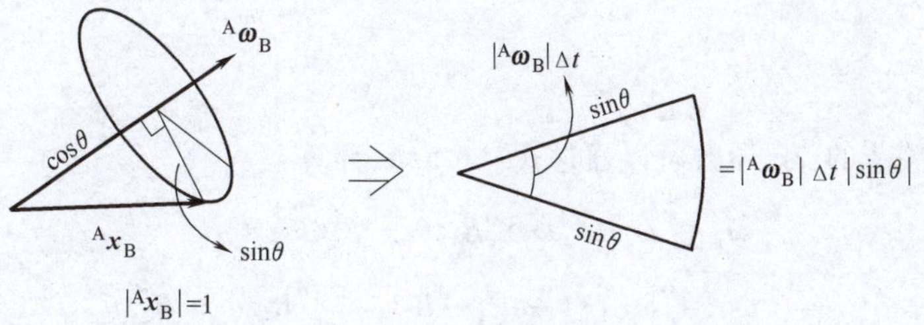

图 6-6　向量$\frac{d^{A}\boldsymbol{x}_{B}}{dt}$的方向和大小

结合向量${}^{A}\boldsymbol{R}_{B}$ 的其他元素可得

$$\frac{d}{dt}({}^{A}\boldsymbol{R}_{B})=[\,{}^{A}\boldsymbol{\omega}_{B}\times{}^{A}\boldsymbol{x}_{B}\quad {}^{A}\boldsymbol{\omega}_{B}\times{}^{A}\boldsymbol{y}_{B}\quad {}^{A}\boldsymbol{\omega}_{B}\times{}^{A}\boldsymbol{z}_{B}\,] \tag{6-45}$$

利用公式$\frac{d}{dt}$（${}^{A}\boldsymbol{R}_{B}$）${}^{B}\boldsymbol{p}={}^{A}\boldsymbol{\omega}_{B}\times{}^{A}\boldsymbol{R}_{B}{}^{B}\boldsymbol{p}$，向量${}^{A}\boldsymbol{p}$ 绕向量${}^{A}\boldsymbol{\omega}_{B}$ 旋转的时间导数的计算公式为：

$${}^{A}\dot{\boldsymbol{p}}={}^{A}\dot{\boldsymbol{p}}_{B0}+{}^{A}\boldsymbol{\omega}_{B}\times{}^{A}\boldsymbol{R}_{B}{}^{B}\boldsymbol{p}+{}^{A}\boldsymbol{R}_{B}{}^{B}\dot{\boldsymbol{p}} \tag{6-46}$$

加速度${}^{A}\ddot{\boldsymbol{p}}$ 利用同样的方法计算，即

$${}^{A}\ddot{\boldsymbol{p}}={}^{A}\ddot{\boldsymbol{p}}_{B0}+{}^{A}\dot{\boldsymbol{\omega}}_{B}\times{}^{A}\boldsymbol{R}_{B}{}^{B}\boldsymbol{p}+{}^{A}\boldsymbol{\omega}_{B}\times({}^{A}\boldsymbol{\omega}_{B}\times{}^{A}\boldsymbol{R}_{B}{}^{B}\boldsymbol{p})+2{}^{A}\boldsymbol{\omega}_{B}\times{}^{A}\boldsymbol{R}_{B}{}^{B}\dot{\boldsymbol{p}}+{}^{A}\boldsymbol{R}_{B}{}^{B}\ddot{\boldsymbol{p}} \tag{6-47}$$

2. 角速度的时间导数

如图 6-7 所示，向量角速度${}^{A}\boldsymbol{\omega}_{B}$ 在坐标系 Σ_{A} 和坐标系 Σ_{B} 之间的映射关系为

$${}^{A}\boldsymbol{\omega}_{C}={}^{A}\boldsymbol{\omega}_{B}+{}^{A}\boldsymbol{R}_{B}{}^{B}\boldsymbol{\omega}_{C} \tag{6-48}$$

将式（6-48）两边分别对时间求导，得到

$${}^{A}\dot{\boldsymbol{\omega}}_{C}={}^{A}\dot{\boldsymbol{\omega}}_{B}+{}^{A}\boldsymbol{\omega}_{B}\times{}^{A}\boldsymbol{R}_{B}{}^{B}\boldsymbol{\omega}_{C}+{}^{A}\boldsymbol{R}_{B}{}^{B}\dot{\boldsymbol{\omega}}_{C} \tag{6-49}$$

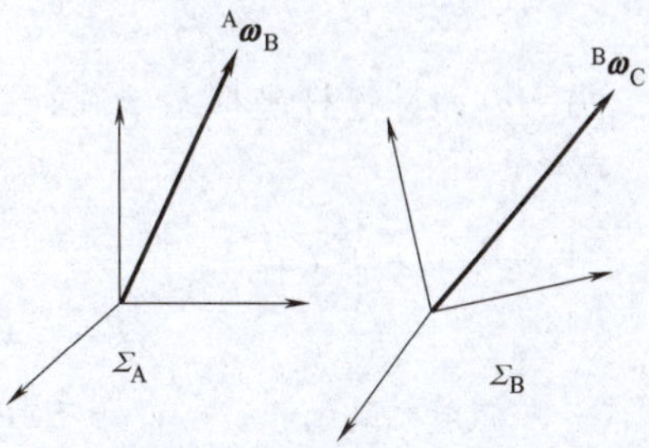

图 6-7　两个角速度之间的映射关系

3. 牛顿-欧拉法的基本递推方程

在递推牛顿-欧拉法的过程中，本节使用以下缩写：R 型关节表示旋转关节，T 型关节表示平动关节。根据关节坐标变换关系可知，角速度${}^{i}\boldsymbol{\omega}_{i}$ 的计算公式为

$${}^{0}\boldsymbol{\omega}_{i}={}^{0}\boldsymbol{\omega}_{i-1}+{}^{0}\boldsymbol{R}_{i-1}{}^{i-1}\boldsymbol{\omega}_{i}={}^{0}\boldsymbol{\omega}_{i-1}+{}^{0}\boldsymbol{R}_{i}^{i}\boldsymbol{\omega}_{i} \tag{6-50}$$

然而，不同的关节类型，角速度${}^{i}\boldsymbol{\omega}_{i}$ 的表达有所不同，具体如下：

对于 R 型关节：${}^{i}\boldsymbol{\omega}_i=\begin{bmatrix}0\\0\\\dot{\theta}_i\end{bmatrix}$。根据式（6-50）可知，角速度${}^{i}\boldsymbol{\omega}_i$ 可写为

$$
{}^{0}\boldsymbol{\omega}_i={}^{0}\boldsymbol{\omega}_{i-1}+{}^{0}\boldsymbol{R}_i\begin{bmatrix}0\\0\\\dot{\theta}_i\end{bmatrix}={}^{0}\boldsymbol{\omega}_{i-1}+{}^{0}\boldsymbol{R}_i z\dot{\theta}_i \tag{6-51}
$$

式中，$\boldsymbol{z}=\begin{bmatrix}0\\0\\1\end{bmatrix}$。

因此，R 型关节的${}^{0}\boldsymbol{\omega}_i$ 导数可以通过式（6-52）计算：

$$
\begin{aligned}
{}^{0}\dot{\boldsymbol{\omega}}_i&={}^{0}\dot{\boldsymbol{\omega}}_{i-1}+{}^{0}\boldsymbol{\omega}_i\times{}^{0}\boldsymbol{R}_i z\dot{\theta}_i+{}^{0}\boldsymbol{R}_i z\ddot{\theta}_i\\
&={}^{0}\dot{\boldsymbol{\omega}}_{i-1}+({}^{0}\boldsymbol{\omega}_{i-1}+{}^{0}\boldsymbol{R}_i z\dot{\theta}_i)\times{}^{0}\boldsymbol{R}_i z\dot{\theta}_i+{}^{0}\boldsymbol{R}_i z\ddot{\theta}_i\\
&={}^{0}\dot{\boldsymbol{\omega}}_{i-1}+{}^{0}\boldsymbol{\omega}_{i-1}\times{}^{0}\boldsymbol{R}_i z\dot{\theta}_i+{}^{0}\boldsymbol{R}_i z\ddot{\theta}_i
\end{aligned} \tag{6-52}
$$

对于 T 型关节：${}^{i}\boldsymbol{\omega}_i=\begin{bmatrix}0\\0\\0\end{bmatrix}$。根据式（6-50）可知，角速度${}^{i}\boldsymbol{\omega}_i$ 可写为

$$
{}^{0}\boldsymbol{\omega}_i={}^{0}\boldsymbol{\omega}_{i-1}+{}^{0}\boldsymbol{R}_i\begin{bmatrix}0\\0\\0\end{bmatrix}={}^{0}\boldsymbol{\omega}_{i-1} \tag{6-53}
$$

因此，T 型关节的${}^{0}\boldsymbol{\omega}_i$ 的导数可通过式（6-54）计算：

$$
\begin{aligned}
{}^{0}\dot{\boldsymbol{\omega}}_i&={}^{0}\dot{\boldsymbol{\omega}}_{i-1}+{}^{0}\boldsymbol{\omega}_i\times{}^{0}\boldsymbol{R}_i z\dot{\theta}_i+{}^{0}\boldsymbol{R}_i z\ddot{\theta}_i\\
&={}^{0}\dot{\boldsymbol{\omega}}_{i-1}+({}^{0}\boldsymbol{\omega}_{i-1}+{}^{0}\boldsymbol{R}_i z\dot{\theta}_i)\times{}^{0}\boldsymbol{R}_i z\dot{\theta}_i+{}^{0}\boldsymbol{R}_i z\ddot{\theta}_i\\
&={}^{0}\dot{\boldsymbol{\omega}}_{i-1}+{}^{0}\boldsymbol{\omega}_{i-1}\times{}^{0}\boldsymbol{R}_i z\dot{\theta}_i+{}^{0}\boldsymbol{R}_i z\ddot{\theta}_i\\
&={}^{0}\dot{\boldsymbol{\omega}}_{i-1}
\end{aligned} \tag{6-54}
$$

另一方面，连杆坐标系${}^{0}\boldsymbol{p}_i$ 的原点可以区分如下：

$$
{}^{0}\boldsymbol{p}_i={}^{0}\boldsymbol{p}_{i-1}+{}^{0}\boldsymbol{R}_{i-1}{}^{i-1}\boldsymbol{p}_{i0} \tag{6-55}
$$

对于 R 型关节：

$$
\begin{aligned}
{}^{0}\dot{\boldsymbol{p}}_i&={}^{0}\dot{\boldsymbol{p}}_{i-1}+{}^{0}\boldsymbol{\omega}_{i-1}\times{}^{0}\boldsymbol{R}_{i-1}{}^{i-1}\boldsymbol{p}_{i0}+{}^{0}\boldsymbol{R}_{i-1}{}^{i-1}\dot{\boldsymbol{p}}_{i0}\\
&={}^{0}\dot{\boldsymbol{p}}_{i-1}+{}^{0}\boldsymbol{\omega}_{i-1}\times{}^{0}\boldsymbol{R}_{i-1}{}^{i-1}\boldsymbol{p}_{i0}+{}^{0}\boldsymbol{R}_i{}^{i}\dot{\boldsymbol{p}}_{i0}\\
&={}^{0}\boldsymbol{v}_i={}^{0}\boldsymbol{v}_{i-1}+{}^{0}\boldsymbol{\omega}_{i-1}\times{}^{0}\boldsymbol{R}_{i-1}{}^{i-1}\boldsymbol{p}_{i0}
\end{aligned} \tag{6-56}
$$

$$
{}^{0}\dot{\boldsymbol{v}}_i={}^{0}\dot{\boldsymbol{v}}_{i-1}+{}^{0}\dot{\boldsymbol{\omega}}_{i-1}\times{}^{0}\boldsymbol{R}_{i-1}{}^{i-1}\boldsymbol{p}_{i0}+{}^{0}\boldsymbol{\omega}_{i-1}\times{}^{0}\boldsymbol{\omega}_{i-1}\times{}^{0}\boldsymbol{R}_{i-1}{}^{i-1}\boldsymbol{p}_{i0} \tag{6-57}
$$

对于 T 型关节：

$$
{}^{0}\dot{\boldsymbol{p}}_i={}^{0}\boldsymbol{v}_{i-1}+{}^{0}\boldsymbol{\omega}_{i-1}\times{}^{0}\boldsymbol{R}_{i-1}{}^{i-1}\boldsymbol{p}_{i0}+{}^{0}\boldsymbol{R}_{i-1}z\dot{\theta}_i \tag{6-58}
$$

$$
{}^{0}\dot{\boldsymbol{v}}_i={}^{0}\dot{\boldsymbol{v}}_{i-1}+{}^{0}\dot{\boldsymbol{\omega}}_{i-1}\times{}^{0}\boldsymbol{R}_{i-1}{}^{i-1}\boldsymbol{p}_{i0}+{}^{0}\boldsymbol{\omega}_{i-1}\times{}^{0}\boldsymbol{\omega}_{i-1}\times{}^{0}\boldsymbol{R}_{i-1}{}^{i-1}\boldsymbol{p}_{i0}+2{}^{0}\boldsymbol{\omega}_{i-1}\times{}^{0}\boldsymbol{R}_i z\dot{\theta}_i+{}^{0}\boldsymbol{R}_i z\ddot{\theta}_i \tag{6-59}
$$

4. 附加在连杆上的力和力矩

如图 6-8 所示，在坐标系 Σ_0 中，施加在连杆 i 上的合力 ${}^0\boldsymbol{F}_i$ 与总力矩 ${}^0\boldsymbol{N}_i$ 的计算公式如下：

$$ {}^0\boldsymbol{F}_i = {}^0\boldsymbol{f}_i - {}^0\boldsymbol{f}_{i+1} \tag{6-60}$$

$$\begin{aligned} {}^0\boldsymbol{N}_i &= {}^0\boldsymbol{n}_i - {}^0\boldsymbol{n}_{i+1} + {}^0\hat{\boldsymbol{s}}_i \times {}^0\boldsymbol{f}_i - ({}^0\boldsymbol{p}_{i+1} - {}^0\hat{\boldsymbol{s}}_i) \times {}^0\boldsymbol{f}_{i+1} \\ &= {}^0\boldsymbol{n}_i - {}^0\boldsymbol{n}_{i+1} - ({}^0\boldsymbol{R}_i {}^i\boldsymbol{s}_i) \times {}^0\boldsymbol{f}_i - {}^0\boldsymbol{R}_i ({}^i\boldsymbol{p}_{i+1} - {}^i\boldsymbol{s}_i) \times {}^0\boldsymbol{f}_{i+1} \end{aligned} \tag{6-61}$$

式中，${}^0\hat{\boldsymbol{s}}_i = {}^0\boldsymbol{R}_i {}^i\boldsymbol{s}_i$；${}^0\hat{\boldsymbol{p}}_{i+1} = {}^0\boldsymbol{R}_i {}^i\boldsymbol{p}_{i+1}$。

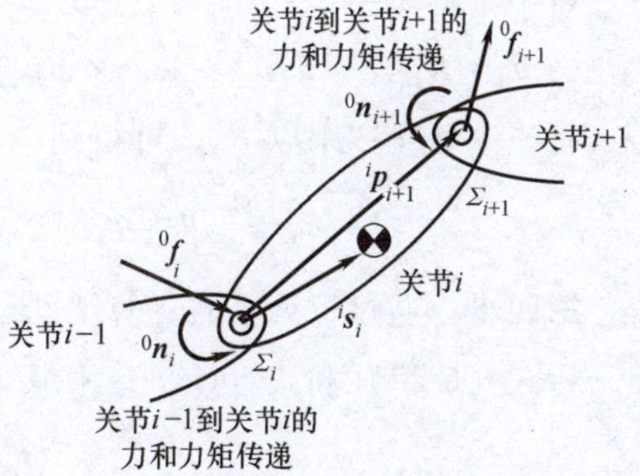

图 6-8　来自另外一侧连杆附加的力和力矩

将式（6-61）改写成递进形式为

$$ {}^0\boldsymbol{f}_i = {}^0\boldsymbol{F}_i + {}^0\boldsymbol{f}_{i+1} \tag{6-62}$$

$$ {}^0\boldsymbol{n}_i = {}^0\boldsymbol{N}_i + {}^0\boldsymbol{n}_{i+1} + {}^0\boldsymbol{R}_i {}^i\boldsymbol{s}_i \times {}^0\boldsymbol{F}_i + {}^0\boldsymbol{R}_i {}^i\boldsymbol{p}_{i+1} \times {}^0\boldsymbol{f}_{i+1} \tag{6-63}$$

考虑到连杆移动以及在外部力和力矩作用下力和力矩的平衡：

$$ {}^0\boldsymbol{F}_i = m_i {}^0\ddot{\boldsymbol{s}}_i \tag{6-64}$$

$$ {}^0\boldsymbol{N}_i = {}^0\boldsymbol{I}_i {}^0\dot{\boldsymbol{\omega}}_i + {}^0\boldsymbol{\omega}_i \times {}^0\boldsymbol{I}_i {}^0\boldsymbol{\omega}_i \tag{6-65}$$

式中，${}^0\ddot{\boldsymbol{s}}_i$ 的推导过程为

$$ {}^0\boldsymbol{s}_i = {}^0\ddot{\boldsymbol{p}}_i + {}^0\boldsymbol{R}_i {}^i\boldsymbol{s}_i \tag{6-66}$$

$$ {}^0\dot{\boldsymbol{s}}_i = {}^0\ddot{\boldsymbol{p}}_i + {}^0\dot{\boldsymbol{\omega}}_i \times {}^0\boldsymbol{R}_i {}^i\boldsymbol{s}_i \tag{6-67}$$

$$ {}^0\ddot{\boldsymbol{s}}_i = {}^0\ddot{\boldsymbol{p}}_i + {}^0\dot{\boldsymbol{\omega}}_i \times {}^0\boldsymbol{R}_i {}^i\boldsymbol{s}_i + {}^0\boldsymbol{\omega}_i \times {}^0\boldsymbol{\omega}_i \times {}^0\boldsymbol{R}_i {}^i\boldsymbol{s}_i \tag{6-68}$$

注意：在以上方程中都没有由重力作用产生的力和力矩，这些力和力矩暂时不作考虑。

5. 牛顿-欧拉公式

第一步：设 ${}^0\boldsymbol{\omega}_0 = {}^0\dot{\boldsymbol{\omega}}_0 = 0$，${}^0\dot{\boldsymbol{v}}_0 = -g$（$g$ 为重力加速度，所有连杆都是该重力条件）。

第二步：准备 m_i、${}^i\boldsymbol{s}_i$、${}^i\boldsymbol{I}_i$、${}^{i-1}\boldsymbol{T}_i = \begin{bmatrix} {}^{i-1}\boldsymbol{R}_i & {}^{i-1}\boldsymbol{p}_{i0} \\ 0 & 1 \end{bmatrix}$。其中，$i=1，2，\cdots，n$。给定施加到末端执行器的力和力矩 ${}^{n+1}\boldsymbol{f}_{n+1}$、${}^{n+1}\boldsymbol{n}_{n+1}$。

第三步：通过下列公式计算 ${}^i\boldsymbol{\omega}_i$、${}^i\dot{\boldsymbol{\omega}}_i$、${}^i\boldsymbol{v}_i$、${}^i\ddot{\boldsymbol{s}}_i$，其中 $i=1\to n$。将式（6-50）和式（6-51）乘以 ${}^i\boldsymbol{R}_0$，可以得到

对于 R 型关节：

$$ {}^i\boldsymbol{R}_0 {}^0\boldsymbol{\omega}_i = {}^i\boldsymbol{\omega}_i = {}^i\boldsymbol{R}_{i-1} {}^{i-1}\boldsymbol{\omega}_{i-1} + z\dot{q}_i \tag{6-69}$$

对于 T 型关节：

$$ {}^i\boldsymbol{R}_0 {}^0\boldsymbol{\omega}_i = {}^i\boldsymbol{R}_{i-1} {}^{i-1}\boldsymbol{\omega}_{i-1} \tag{6-70}$$

将式（6-52）和式（6-54）乘以 ${}^i\boldsymbol{R}_0$，可得到

对于 R 型关节：

$$ {}^i\dot{\boldsymbol{\omega}}_i = {}^i\boldsymbol{R}_{i-1} {}^{i-1}\dot{\boldsymbol{\omega}}_{i-1} + {}^i\boldsymbol{R}_{i-1} {}^{i-1}\boldsymbol{\omega}_{i-1} \times z\dot{q}_i + z\ddot{q} \tag{6-71}$$

对于 T 型关节：

$$ {}^i\dot{\boldsymbol{\omega}}_i = {}^i\boldsymbol{R}_{i-1} {}^{i-1}\dot{\boldsymbol{\omega}}_{i-1} \tag{6-72}$$

将式（6-57）和式（6-59）乘以 ${}^i\boldsymbol{R}_0$，可得到

对于 R 型关节：

$$^{i}\dot{v}_{i}={}^{i}\boldsymbol{R}_{i-1}({}^{i-1}\dot{v}_{i-1}+{}^{i-1}\dot{\boldsymbol{\omega}}_{i-1}\times{}^{i-1}\boldsymbol{p}_{i0}+{}^{i-1}\boldsymbol{\omega}_{i-1}\times{}^{i-1}\boldsymbol{\omega}_{i-1}\times{}^{i-1}\boldsymbol{p}_{i0}) \tag{6-73}$$

对于 T 型关节：

$$^{i}\dot{v}_{i}={}^{i}\boldsymbol{R}_{i-1}({}^{i-1}\dot{v}_{i-1}+{}^{i-1}\dot{\boldsymbol{\omega}}_{i-1}\times{}^{i-1}\boldsymbol{p}_{i0}+{}^{i-1}\boldsymbol{\omega}_{i-1}\times{}^{i-1}\boldsymbol{\omega}_{i-1}\times{}^{i-1}\boldsymbol{p}_{i0})+2{}^{i}\boldsymbol{R}_{i-1}{}^{i-1}\boldsymbol{\omega}_{i-1}\times z\dot{q}_{i}+z\ddot{q}_{i} \tag{6-74}$$

将式（6-68）乘以$^{i}R_{0}$，可得到

$$^{i}\ddot{s}_{i}={}^{i}\dot{\hat{v}}_{i}={}^{i}\boldsymbol{v}_{i}+{}^{i}\dot{\boldsymbol{\omega}}\times{}^{i}\boldsymbol{s}_{i}+{}^{i}\boldsymbol{\omega}_{i}\times{}^{i}\boldsymbol{\omega}_{i}\times{}^{i}\boldsymbol{s}(\text{对于 R 型关节和 T 型关节}) \tag{6-75}$$

第四步：通过下列公式计算$^{i}\boldsymbol{f}_{i}$、$^{i}\boldsymbol{n}_{i}$、$^{i}\boldsymbol{\tau}_{i}$。其中 $i=n\rightarrow1$（与之前相反）。

将式（6-22）和式（6-23）乘以$^{i}\boldsymbol{R}_{0}$，可得到

$$^{i}\boldsymbol{f}_{i}=m_{i}{}^{i}\ddot{s}_{i}+{}^{i}\boldsymbol{R}_{i+1}{}^{i+1}\boldsymbol{f}_{i+1} \tag{6-76}$$

$$^{i}\boldsymbol{n}_{i}={}^{i}\boldsymbol{I}_{i}{}^{i}\dot{\boldsymbol{\omega}}_{i}+{}^{i}\boldsymbol{\omega}_{i}\times{}^{i}\boldsymbol{I}_{i}{}^{i}\boldsymbol{\omega}_{i}+{}^{i}\boldsymbol{R}_{i+1}{}^{i+1}\boldsymbol{n}_{i+1}+m_{i}{}^{i}\boldsymbol{s}_{i}\times{}^{i}\ddot{s}_{i}+{}^{i}\boldsymbol{p}_{i+1}\times{}^{i}\boldsymbol{R}_{i+1}{}^{i+1}\boldsymbol{f}_{i+1} \tag{6-77}$$

利用上述方程，结合力学原理可知关节转矩 $\boldsymbol{\tau}$ 的计算方法为

$$\boldsymbol{\tau}_{i}=\begin{cases}{}^{i}\boldsymbol{n}_{i}\ \text{的元素}\ z=[0\quad0\quad1]\cdot{}^{i}\boldsymbol{n}_{i}=z_{0}^{\mathrm{T}\,i}\boldsymbol{n}_{i} & (\text{R 型关节})\\ {}^{i}\boldsymbol{f}_{i}\ \text{的元素}\ z=[0\quad0\quad1]\cdot{}^{i}\boldsymbol{f}_{i}=z_{0}^{\mathrm{T}\,i}\boldsymbol{f}_{i} & (\text{T 型关节})\end{cases} \tag{6-78}$$

上述推导过程使用了式（6-79）的变换关系（详见章节 3.3）。

$$\begin{cases}{}^{i}\boldsymbol{I}_{i}=({}^{0}\boldsymbol{R}_{i})^{\mathrm{T}}\,{}^{0}\boldsymbol{I}_{i}({}^{0}\boldsymbol{R}_{i})\\ {}^{0}\boldsymbol{I}_{i}={}^{i}\boldsymbol{R}_{i}{}^{i}\boldsymbol{I}_{i}({}^{0}\boldsymbol{R}_{i})^{\mathrm{T}}\end{cases} \tag{6-79}$$

如图 6-9 所示，$^{i-1}\boldsymbol{p}_{i0}$ 可以写成矩阵形式，即

$$^{i-1}\boldsymbol{p}_{i0}=[a_{i}\quad -d_{i}\sin\alpha_{i}\quad d_{i}\cos\alpha_{i}]^{\mathrm{T}} \tag{6-80}$$

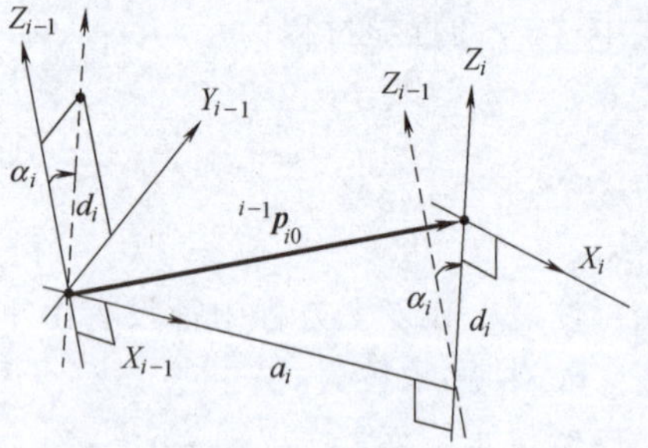

图 6-9　$^{i-1}\boldsymbol{p}_{i0}$ 的要素

6.4　逆向动力学与正向动力学

逆向与正向动力学映射关系如图 6-10 所示。

1. 逆向动力学

工业机器人手部的逆向动力学可表示为

$$\boldsymbol{M}(\theta)\ddot{\theta}+\boldsymbol{h}(\theta,\dot{\theta})+g(\theta)=\boldsymbol{\tau} \tag{6-81}$$

由给定的关节轨迹 θ、$\dot{\theta}$ 和 $\ddot{\theta}$ 进行结合点的转矩 $\boldsymbol{\tau}$ 的计算。

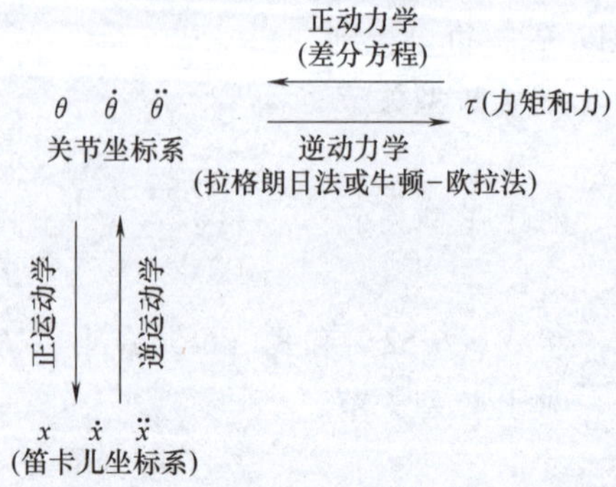

图 6-10　逆向与正向动力学映射关系

2. 正向动力学

当模拟分析工业机器人的动力学时，常需对其正向动力学进行建模。根据式（6-81）可知，左乘惯性矩阵 $\boldsymbol{M}$ 的逆，可得

$$\ddot{\theta}=\boldsymbol{M}^{-1}(\theta)[\boldsymbol{\tau}-\boldsymbol{h}(\theta,\dot{\theta})-\boldsymbol{g}(\theta)] \tag{6-82}$$

矩阵 $\boldsymbol{M}$ 是正定矩阵，可使用式（6-83）的表示方法：

$$\begin{cases}[x_1,x_2,\cdots,x_n]^{\mathrm{T}}=[\theta_1,\theta_2,\cdots,\theta_n]^{\mathrm{T}}\\[x_{n+1},x_{n+2},\cdots,x_{2n}]^{\mathrm{T}}=[\dot{\theta}_1,\dot{\theta}_2,\cdots,\dot{\theta}_n]^{\mathrm{T}}\end{cases}\tag{6-83}$$

微分方程（6-82）可以改写为

$$\begin{cases}\dot{x}_1=x_{n+1}\\\dot{x}_n=x_{2n}\\\dot{x}_{n+1}=\ddot{\theta}_1=\{\boldsymbol{M}^{-1}(\theta)[\boldsymbol{h}(\theta,\dot{\theta})+\boldsymbol{g}(\theta)-\boldsymbol{\tau}]\}_1=f_{n+1}(\boldsymbol{x},\boldsymbol{\tau})\\\dot{x}_{2n}=\ddot{\theta}_n=\{\boldsymbol{M}^{-1}(\theta)[\boldsymbol{h}(\theta,\dot{\theta})+\boldsymbol{g}(\theta)-\boldsymbol{\tau}]\}_n=f_{2n}(\boldsymbol{x},\boldsymbol{\tau})\end{cases}\tag{6-84}$$

因此，动力学的微分方程可以表示为

$$\boldsymbol{x}=f(\boldsymbol{x},\boldsymbol{\tau}),\ \boldsymbol{x}\in(R^{2n})\tag{6-85}$$

正向动力学的计算是具有初始条件 $\boldsymbol{x}(0)=[\theta(0)\quad\dot{\theta}(0)]^{\mathrm{T}}$ 以及输入 $\tau(t)(0\leqslant t\leqslant t_f)$ 的微分方程，即已知工业机器人的关节驱动力矩和上一时刻的运动状态，计算得到工业机器人下一时刻的运动加速度，再积分得到该时刻的运动状态。这可以通过龙格-库塔法等数学方法来解决。

课后习题

6-1　如图 6-11 所示，已知工业机器人两个机械臂的长度分别为 $l_1=l_2=0.5\mathrm{m}$，末端执行器在两方向上的速度分别为 $v_x=1\mathrm{m/s}$，$v_y=0\mathrm{m/s}$，当两关节角度分别为 30°和−60°时，试求出两关节的瞬时速度。

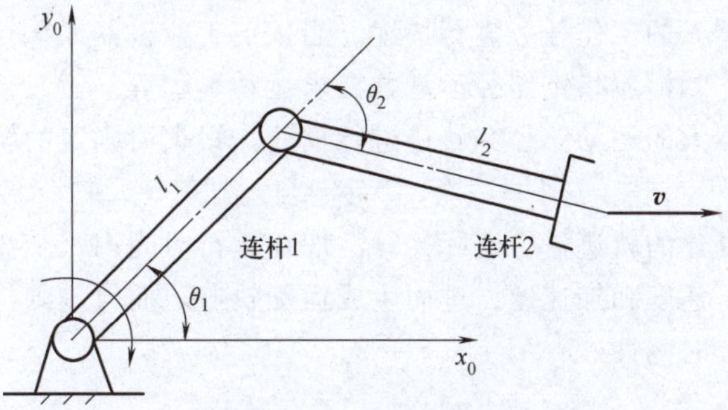

图 6-11　习题 6-1 图

6-2　简述工业机器人动力学建模使用的牛顿-欧拉法和拉格朗日法的区别。

6-3　根据图 6-11 通过拉格朗日法，简要说明两自由度工业机器人动力学方程的推导步骤。

6-4　对于拉格朗日法推导的动力学模型，在计算时，何种情况下可以进行简化？

6-5　在递推牛顿-欧拉法的过程中，简写出对于旋转关节和移动关节两种类型的速度和加速度的递推方程。

6-6　工业机器人的正向动力学和逆向动力学主要用于研究哪些问题？

第 7 章 工业机器人轨迹规划

7.1 引言

在工业机器人运动学和动力学基础上，本章讨论工业机器人的轨迹规划。轨迹是指工业机器人的末端点在运动过程中其位置、速度和加速度随时间的历程。轨迹规划是指在满足作业任务要求的前提下，规划出工业机器人关节或末端的期望运动轨迹。

工业机器人轨迹规划一般涉及下列三个问题：

首先，对工业机器人的工作任务进行描述。当指定工业机器人执行某项操作时，通常还会附加一些约束条件，如沿着指定路径运动并要求运动平稳等。

其次，对工业机器人的运动路径和轨迹进行描述。根据所确定的轨迹参数，在计算机内部描述所要求的轨迹。

最后，对内部所描述的轨迹进行实际计算。即在运行时间内，工业机器人关节或末端按一定的速率计算位置、速度和加速度，进而生成运动轨迹。而轨迹则与何时到达路径中的每个部分有关，强调的是时间性。

7.2 轨迹规划

1. 轨迹规划的意义

轨迹规划是在满足作业任务要求的前提下确定机器人期望的运动轨迹，轨迹规划是否合理直接影响着机器人是否能完成作业任务。工业机器人轨迹规划的目的是使机器人手部位置、速度和加速度的曲线尽可能连续且平滑，这可以减少工业机器人结构的磨损，同时提高追踪的速度和精度，提高生产率和效益。如图 7-1 所示，假设一台工业机器人从点 A 经过点 B 移动到点 C，工业机器人行走过程中的位姿序列就形成了一条路径。因此，不管工业机器人何时到达点 B 和点 C，路径始终保持不变，但经过路径中每个部分的速度和时间都可能不同，因而产生不同的轨迹。即使工业机器人经过相同的点，但在给定的时间点上，工业机器人在路径和轨迹上的位置也可能不同。而轨迹取决于工业机器人的速度和加速度，如果工业

机器人到达点 B 和点 C 的时间不同，相应的轨迹也会不同。因此，研究工业机器人运动需要同时考虑路径、速度和加速度，这些因素会直接影响最终的轨迹。

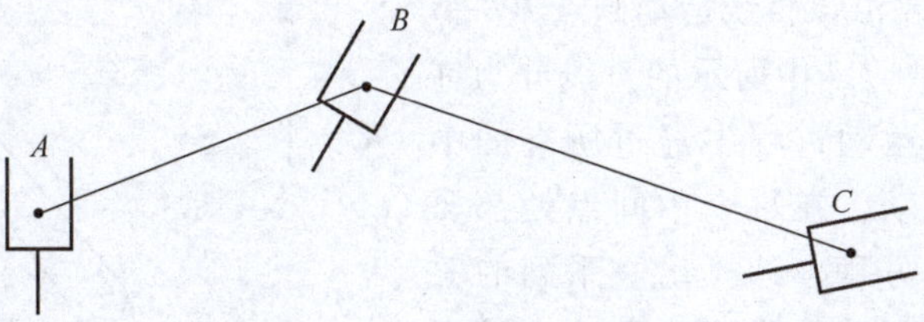

图 7-1 工业机器人轨迹图

2. 关节空间描述与工作空间描述

工业机器人的关节空间轨迹规划是指通过分别规划各个关节的轨迹，从而实现整个机器人手部的运动轨迹。一般而言，在工业机器人的任务中，末端执行器的运动轨迹已知，各个关节的具体运动轨迹点未知，应先根据机器人的逆运动学方程求解得到各个关节的轨迹点；然后，实现关节空间下的轨迹规划；再根据规划出的关节轨迹进行运动控制，最后在笛卡儿坐标空间（通常指工作空间）中形成末端执行器轨迹。图 7-2 所示为关节空间轨迹规划流程。

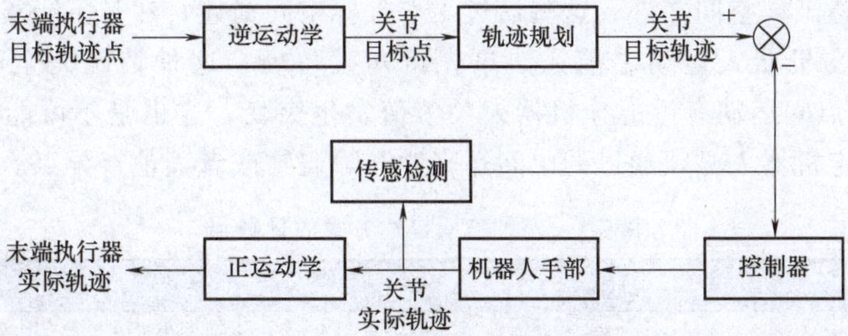

图 7-2 关节空间轨迹规划流程

工作空间轨迹规划是指在笛卡儿坐标系下建立数学表达式来描述工业机器人末端执行器的运动轨迹，是一种直接对末端轨迹进行规划的方法。图 7-3 所示为工作空间轨迹规划流程。

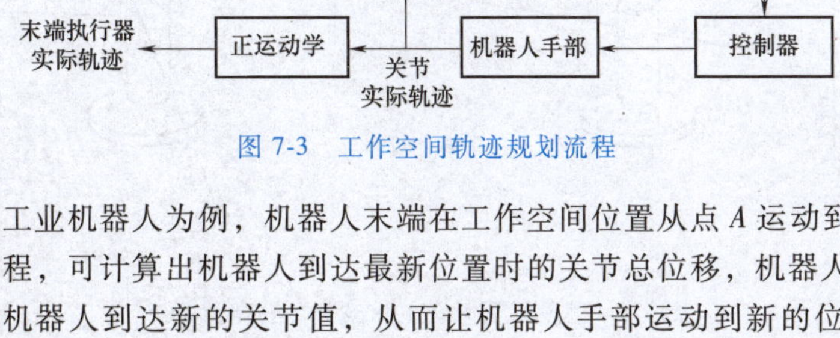

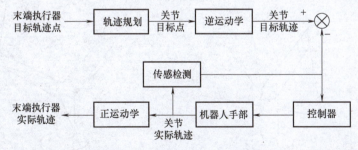

图 7-3 工作空间轨迹规划流程

以一台六轴工业机器人为例，机器人末端在工作空间位置从点 A 运动到点 B。根据机器人的逆运动学方程，可计算出机器人到达最新位置时的关节总位移，机器人控制器利用所算出的关节值驱动机器人到达新的关节值，从而让机器人手部运动到新的位置。在这种情况下，虽然机器人最终将移动到期望位置，但在这两点间的运动是不可预知的。

与上述不同，若在点 A 与点 B 之间画一条直线，把这条直线作为工业机器人的运动路径，希望机器人从点 A 沿该直线运动到点 B。为达到此目的，必须将图 7-4 中所示的直线分为许多小段，让机器人在运动过程中经过所有的中间点。为完成这一运动，在每个中间点处都要求解机器人的逆运动方程，计算出一系列的关节变量，再由控制器驱动关节到达下一个目标点。当所有线段都经过时，机器人便到达所希望的点 B。但是，与前者不同的是在该例中，机器人在所有时刻的运动都是已知的。机器人所产生的运动序列首先在工作空间中进行描述，然后转化为关节空间描述的计算量。综上所述，机器人在工作空间中描述的轨迹规划的计算量远远大于关节空间描述，但使用该方法可以得到一条可预知的路径。

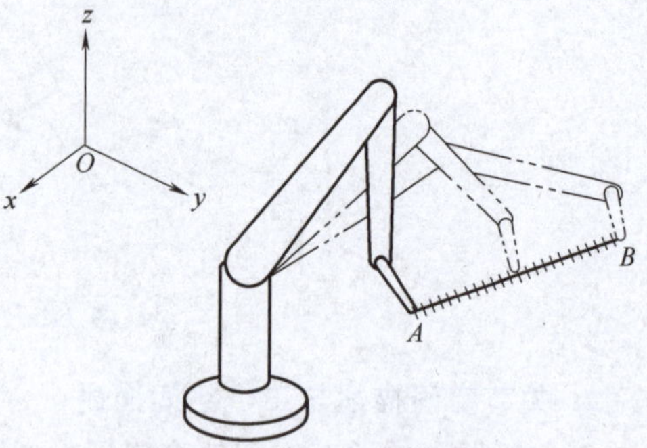

图 7-4　机器人沿直线依次运动

由以上介绍可知关节空间和工作空间这两种描述都很有用，但都有其长处与不足，见表 7-1。以工作空间描述如图 7-5a 所示的情况，极有可能让指定的机器人运动轨迹贯穿自身或者是运动轨迹到达工作空间之外，这些通过工作坐标空间描述自然是不能实现的，而且也不可能求解。由于在机器人运动之前无法事先得知其位姿，这种情况完全有可能发生。如图 7-5b 所示的两点间运动有可能让机器人关节值发生突变，这也是不可能实现的。对于以上问题，可以指定机器人必须通过的中间点来避开障碍物或者其他奇异点。

表 7-1　两种空间描述方式的优缺点

方式	关节空间	工作空间
优点	能够有效避免机构奇异性和工业机器人关节冗余问题	可以直观观察到工业机器人末端执行器的运动路径
缺点	工业机器人在两点之间的运动路径并不确定	计算量较大，难以确保在工业机器人运动期间不存在奇异点

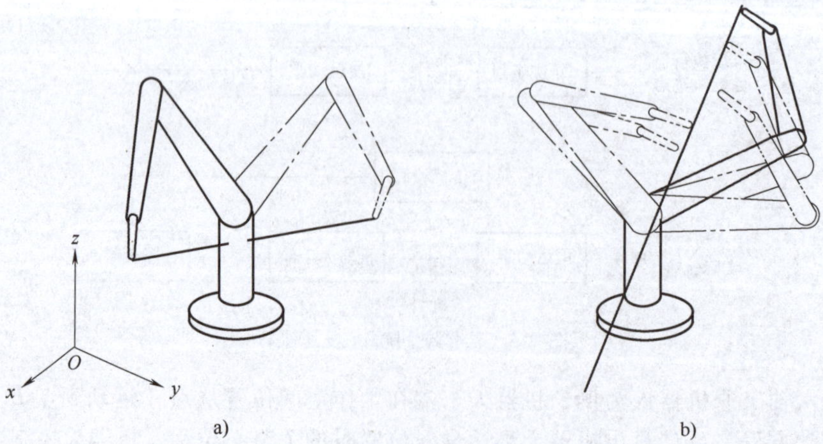

图 7-5　工业机器人在工作空间的轨迹问题

3. 轨迹规划的基本原理

如图 7-6 所示，以二自由度工业机器人为例，需要机器人从点 A 运动到点 B。假设已知工业机器人在点 A 时的关节参数 $\alpha=20°$、$\beta=30°$，到达点 B 时的关节参数 $\alpha=40°$、$\beta=80°$，工业机器人两个关节运动的最大速率为 10°/s。可知工业机器人若以其最大角速度运动，只需要 5s 就可从点 A 运动到点 B。如图 7-6 所示给出了工业机器人末端执行器的运动轨迹，可发现工业机器人在运动过程中其轨迹不规则。

为便于研究，让工业机器人关节运动范围较小的运动成比例减慢，可将机器人的两个关节的运动用一个公共因子做归一化处理。此时，两个关节以不同的速度一起连续运动，可使两个关节能够同时开始和同时结束运动，在工业机器人运动过程中 $\alpha=44°/s$、$\beta=10°/s$。如图 7-7 所示的工业机器人运动路径可知：工业机器人的末端运动轨迹比之前运动更加均衡了，但其运动路径仍然是不规则的，原因在于，以上两个例子都是在关节空间中进行规划的，所得到的只是工业机器人运动到终点位置的关节量，并没有确定的运动轨迹。

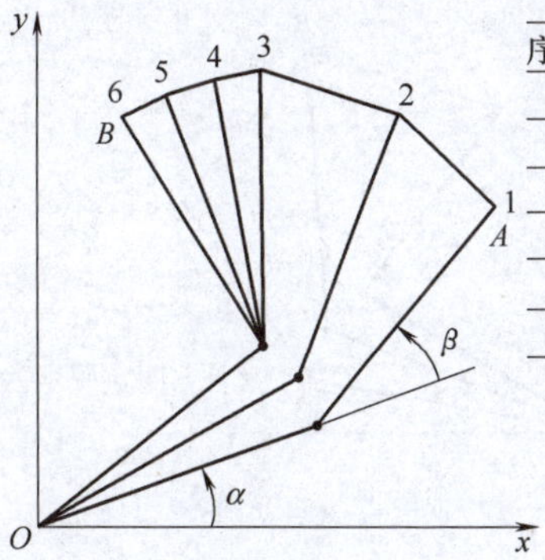

序号	α	β
1	20°	30°
2	30°	40°
3	40°	50°
4	40°	60°
5	40°	70°
6	40°	80°

图 7-6　工业机器人关节空间非归一化运动

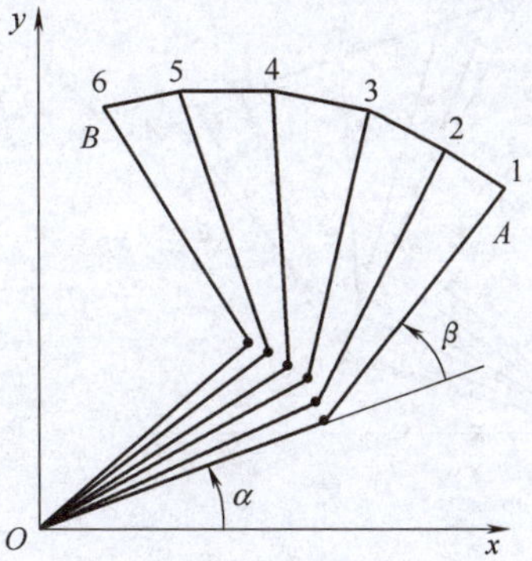

序号	α	β
1	20°	30°
2	24°	40°
3	28°	50°
4	32°	60°
5	36°	70°
6	40°	80°

图 7-7　工业机器人关节空间归一化运动

如果让工业机器人末端路径沿点 A 到点 B 之间的一条直线运动，最简单的方法是把点 A 到点 B 的直线分为几部分，然后在点 A 到点 B 的各部分进行插值。如图 7-8 所示，把直线部分分为 5 份，共有 6 个目标点，计算出每个点的关节量，然后得出每个点的 α 和 β 值，从而得到一条近似直线的运动轨迹。然而，如果路径分割的部分过少，就不能保证机器人在每段内严格地沿直线运动。因此，若想使工业机器人在工作坐标空间轨迹规划中获得更高的精度，就需对其路径进行更多的分割，同时也就需计算更多的工业机器人关节点。

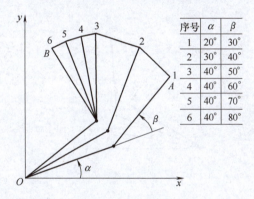

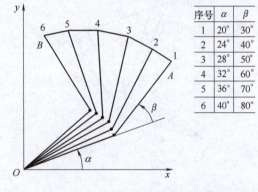

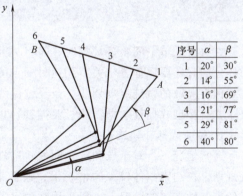

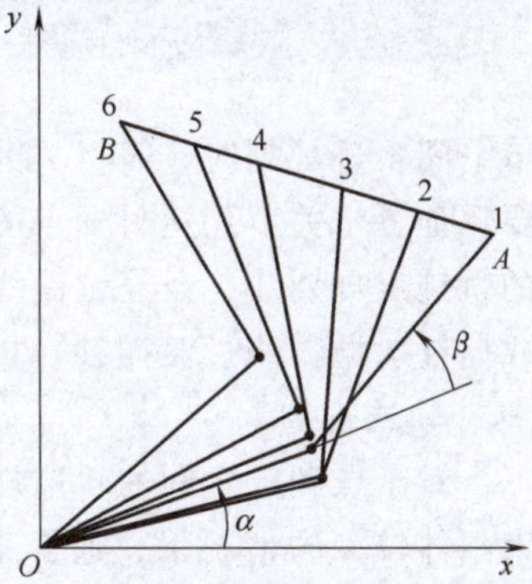

序号	α	β
1	20°	30°
2	14°	55°
3	16°	69°
4	21°	77°
5	29°	81°
6	40°	80°

图 7-8　工业机器人工作空间轨迹运动

在以上的例子中，默认为工业机器人在运动开始时就可以立刻加速到所期望的速度，显然这是不太可能的。为改进这一情况，可以对路径进行不同方法的分段，在工业机器人从点 A 刚开始加速运动的路径以及接近点 B 减速运动的路径上分段较细，然后求解路径分段点的每一点的工业机器人轨迹反解，得到关节量。当工业机器人从静止到达所需要的运动速度

$v=\alpha t$ 时为加速运动过程，基于方程 $x=0.5\alpha t^2$ 进行划分；末端减速运动过程同理，其运动轨迹如图 7-9 所示。

上述内容仅考虑工业机器人两点之间的运动，对于工业机器人多点间的轨迹规划还未涉及。假设二自由度工业机器人从点 A 经过点 B 最终运动到点 C，通常的分析方法为把工业机器人从点 A 运动到点 C 的过程分为两部分，首先从点 A 到点 B，工业机器人运动状态为加速—匀速—减速，到达点 B 后停止，从点 B 到点 C 同理。然而，这种分析方法的运动过程并不平稳。为解决这一问题，可将机器人在点 B 两边的运动采用平滑过渡的方式处理，即机器人先减速到达点 B，然后采用平滑过渡的方式经过点 B，最终停在点 C。采用这种平滑过渡的方法可让工业机器人的运动更加平稳，减少能量消耗。需要注意：若采用平滑过渡的方式，工业机器人所经过的点 B 可能不是原来的点 B，取该点为 B'，如图 7-10 所示。

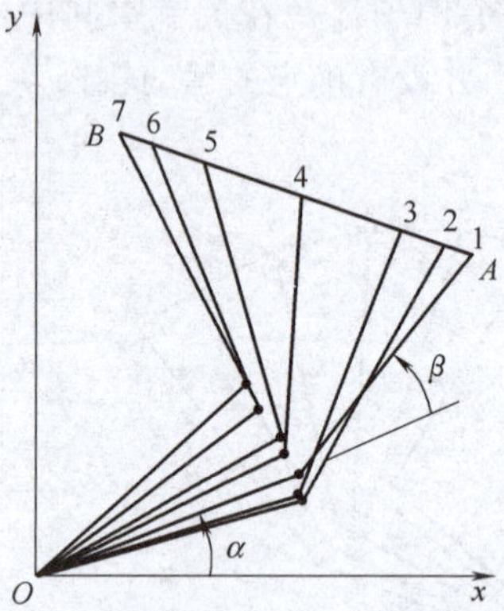

图 7-9　工业机器人加速和减速段轨迹运动

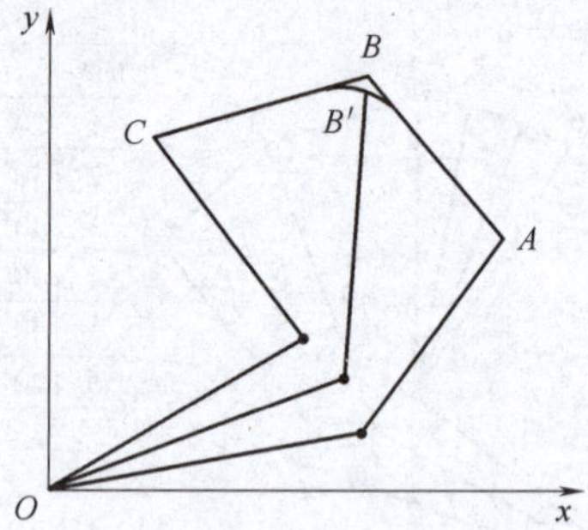

图 7-10　工业机器人点 B 平滑过渡

7.3　关节空间轨迹规划

在进行关节空间轨迹规划时，需将关节的起始点、所有中间点和目标点连成一条光滑的曲线，同时还要保证各个关节到达目标点的时间一致，即关节空间轨迹规划的研究主要集中在如何将离散的轨迹点规划成一条连续曲线的问题。目前，工业机器人关节空间轨迹规划方法主要有多项式插补、抛物线过渡插补、T 形加减速曲线插补、S 曲线和 B 样条插补等。

1. 多项式插补轨迹规划

通常情况下，对于点到点之间的轨迹规划，更多的是运用多项式插补算法完成相关的轨迹规划。在约束条件较少的情况下，通常采用低阶次的多项式（三次多项式）插补，而对于约束条件较多的情况，一般采用高阶次的多项式（五次多项式、七次多项式等）插补。

在工业机器人运动过程中的开始和终止位置之间，可建立多项式平滑插补函数 $\theta(t)$ 来进行描述，即

$$\theta(t)=a_0+a_1t+a_2t^2+\cdots+a_nt^n \tag{7-1}$$

式中，a_i 表示函数的第 i 项系数，且 $i\in[0,\ n]$。

假设在开始和终止位置时间分别为 t_0 和 t_f，关节角度分别为 θ_0 和 θ_f，则运用不同阶次多项式插补的轨迹曲线如图 7-11 所示。

（1）三次多项式插补算法　由于控制关节运行时，起始和终止位置的角度和速度信息涉及四个状态位置的控制，因此最少需要四个约束条件。已知开始和终止位置的关节角度，可得

$$\begin{cases}\theta(0)=\theta_0\\ \theta(t_f)=\theta_f\end{cases} \tag{7-2}$$

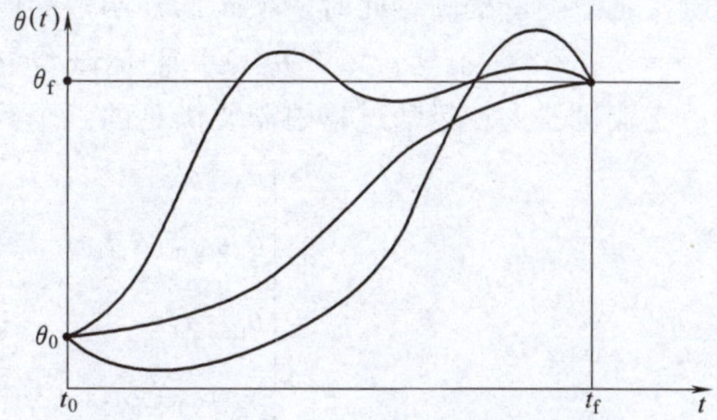

图 7-11　不同阶次多项式插补的轨迹曲线

将开始和终止位置的速度都约束为 0，可得

$$\begin{cases}\dot{\theta}(0)=0\\ \dot{\theta}(t_f)=0\end{cases} \tag{7-3}$$

基于上述四个约束条件，建立机器人关节角度与时间的三次多项式插值函数：

$$\theta(t)=a_0+a_1t+a_2t^2+a_3t^3 \tag{7-4}$$

将式（7-4）对时间进行求导，可得到工业机器人对应的关节速度和加速度为

$$\begin{cases}\dot{\theta}(t)=a_1+2a_2+3a_3t^2\\ \ddot{\theta}(t)=2a_2+6a_3t\end{cases} \tag{7-5}$$

将四个约束条件［式（7-2）和式（7-3）］代入式（7-4）和式（7-5），可得到多项式的系数方程为

$$\begin{cases}\theta_0=a_0\\ \theta_f=a_0+a_1t_f+a_2t_f^2+a_3t_f^3\\ a_1=0\\ a_1+2a_2t_f+3a_3t_f^2=0\end{cases} \tag{7-6}$$

对式（7-6）求解，可解得

$$\begin{cases}a_0=\theta_0\\ a_1=0\\ a_2=3(\theta_f-\theta_0)/t_f^2\\ a_3=-2(\theta_f-\theta_0)/t_f^3\end{cases} \tag{7-7}$$

将求得的结果代入式（7-4），从而可以确定三次多项式插补函数。应用此方法可求出任何起始位置到期望终止位置的三次多项式插补函数，但该方法仅仅适用于起始和终止关节角速度均为零的情况，且不能够对关节运行的加速度进行控制，对于其他情况要另行考虑。

对于途经多个中间点的三次多项式插补，仅需要对轨迹进行分段处理即可。可以利用该方法计算通过 n 个点的轨迹，在每一段时间［t_k，t_{k+1}］内，运动区间为［θ_k，θ_{k+1}］，其对应的起始和终止速度分别为 v_k 和 v_{k+1}，则可以通过式（7-7）计算出每一段的系数 a_{k0}、a_{k1}、a_{k2} 和 a_{k3}，系数总共有 $4(n-1)$ 个。

（2）五次多项式插补算法　为了实现对工业机器人在运动期间的角度、速度及加速度都进行连续平稳控制，其约束条件就会相应的增加，进而机器人运动控制的多项式插补函数

的阶次也会随着提高，此时多项式插补函数的阶次至少为五次，设插补函数为

$$\theta(t)=a_0+a_1t+a_2t^2+a_3t^3+a_4t^4+a_5t^5 \tag{7-8}$$

工业机器人在运动过程中需要满足的六个约束条件为

$$\begin{cases}\theta_0=a_0\\ \theta_f=a_0+a_1t_f+a_2t_f^2+a_4t_f^4+a_5t_f^5\\ \dot{\theta}_0=a_1\\ \dot{\theta}_f=a_1+2a_2t_f+3a_3t_f^2+4a_4t_f^3+5a_5t_f^4\\ \ddot{\theta}_0=2a_2\\ \ddot{\theta}_f=2a_2+6a_3t_f+12a_4t_f^2+20a_5t_f^3\end{cases} \tag{7-9}$$

将式（7-8）对时间进行求导，可得到机器人对应的关节速度和加速度为

$$\begin{cases}\dot{\theta}_f=a_1+2a_2t+3a_3t^2+4a_4t^3+5a_5t^4\\ \ddot{\theta}_f=2a_2+6a_3t+12a_4t^2+20a_5t^3\end{cases} \tag{7-10}$$

将式（7-9）中的六个约束条件代入式（7-8）和式（7-10）可得到多项式的系数方程为

$$\begin{cases}a_0=\theta_0\\ a_1=\dot{\theta}_0\\ a_2=\dfrac{\ddot{\theta}_0}{2}\\ a_3=\dfrac{20(\theta_f-\theta_0)-(8\dot{\theta}_f+12\dot{\theta}_0)t_f-(3\ddot{\theta}_0-\ddot{\theta}_f)t_f^2}{2t_f^3}\\ a_4=\dfrac{30(\theta_0-\theta_f)+(14\dot{\theta}_f+16\dot{\theta}_0)t_f+(3\ddot{\theta}_0-2\ddot{\theta}_f)t_f^2}{2t_f^4}\\ a_5=\dfrac{12(\theta_f-\theta_0)-(6\dot{\theta}_f+6\dot{\theta}_0)t_f-(\ddot{\theta}_0-\ddot{\theta}_f)t_f^2}{2t_f^5}\end{cases} \tag{7-11}$$

五次多项式插补与三次多项式插补相比，其控制效果更好，可以有效减少机器人在运动过程中的抖动，但其运算量比较大。对于途经多个中间点的五次多项式插补，可以采用与三次多项式相同的方法，分段处理即可。除了五次多项式插补算法，还有更高阶次的多项式插补算法，但由于计算量较大，在工程中的应用相对比较少。

2. 抛物线过渡插补轨迹规划

为保证工业机器人在进行作业时保持各关节角速度匀速运行，必须满足角速度为常数，角位移为一次多项式，角加速度则为零。为了达到这个匀速运动所需要的速度，工业机器人在启动和停止时，就会产生无穷大的加速度。为了避免这种情况，通常采用抛物线过度插补的方法。

假设在 t_0 时刻对应机器人某关节起点位置 θ_0，t_f 对应终点位置 θ_f，如图 7-12 所示，0~t_b 和（t_f-t_b）~t_f 分别为角加速和角减速抛物线过渡段，加减抛物线部分在 t_b 和 t_f-t_b 处是对

称的。因此，可得到抛物线过渡段多项式为

$$\begin{cases}\theta(t)=a_0+a_1t+\dfrac{a_2t^2}{2}\\ \dot{\theta}(t)=a_1+a_2t\\ \ddot{\theta}(t)=a_2\end{cases} \tag{7-12}$$

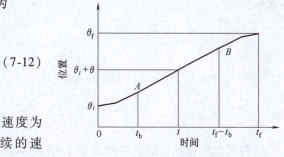

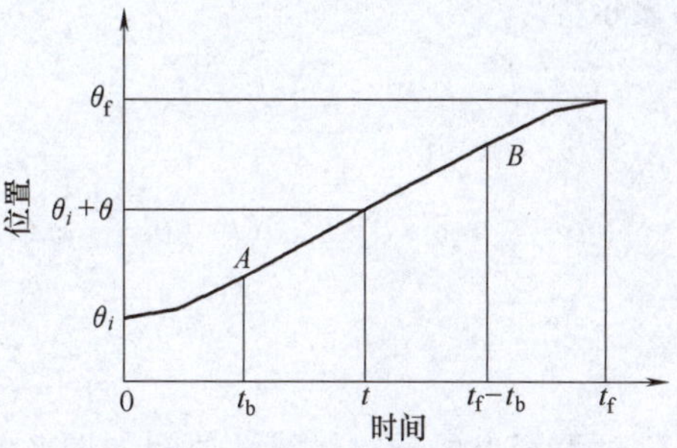

图 7-12　抛物线过渡的线性段规划

如图 7-12 所示可知，抛物线运动段加速度为一常数，并且会在点 A 和点 B 处产生连续的速度。将边界条件代入抛物线段的方程，可以得到

$$\begin{cases}\theta(0)=a_0\\ \dot{\theta}(0)=a_1\\ \ddot{\theta}(t)=a_2\end{cases} \tag{7-13}$$

从而得到抛物线段方程的各个系数：

$$\begin{cases}a_0=\theta_0\\ a_1=0\\ a_0=\ddot{\theta}\end{cases} \tag{7-14}$$

将各个系数代入到抛物线段方程，可得

$$\begin{cases}\theta(t)=\theta_0+\dfrac{a_2t^2}{2}\\ \dot{\theta}(t)=a_2t\\ \ddot{\theta}(t)=a_2\end{cases} \tag{7-15}$$

对于直线段，工业机器人关节的速度保持为常值 ω，可将初始速度 0、直线段恒定速度 ω 及终止速度 0，代入式（7-15），便得到如图 7-12 所示点 A、点 B 及终点位置的角度和角速度。

$$\begin{cases}\theta_A=\theta_i+\dfrac{a_2t_b^2}{2}\\ \dot{\theta}_A=a_2t_b=\omega\end{cases},\quad \begin{cases}\theta_B=\theta_A+\omega(t_f-2t_b)\\ \dot{\theta}_B=\dot{\theta}_A=\omega\end{cases},\quad \begin{cases}\theta_f=\theta_B+\theta_A-\theta_i\\ \dot{\theta}_f=0\end{cases} \tag{7-16}$$

由式（7-16）可求解过渡时间 t_b 为

$$\begin{cases}a_2=\dfrac{\omega}{t_b}\\ \theta_f=\theta_0+a_2{t_b}^2+\omega(t_f-2t_b)\end{cases}\rightarrow\theta_f=\theta_0+\frac{\omega}{t_b}t_b^2+\omega(t_f-2t_b) \tag{7-17}$$

$$t_b=\frac{\theta_0-\theta_f+\omega t_f}{\omega} \tag{7-18}$$

显然，t_b 不能超过 t_f 的一半，否则工业机器人在整个运动过程中就只有抛物线加速和减速段而没有了直线运动段。由式（7-18）可知：工业机器人关节运动的最大速度 $\omega_{max}=2(\theta_0-\theta_f)/t_f$。

由图 7-12 可知，终点的抛物线段与起点的抛物线段是对称的，只是加速度相反，因此

可表示为

$$\theta(t)=\theta_f-\frac{1}{2}a_2(t_f-t)^2\rightarrow\begin{cases}\theta(t)=\theta_f-\dfrac{\omega}{2t_b}(t_f-t)^2\\ \dot{\theta}(t)=\dfrac{\omega}{t_b}(t_f-t)\\ \ddot{\theta}(t)=-\dfrac{\omega}{t_b}\end{cases}\tag{7-19}$$

过路径点的抛物线线性插补如图 7-13 所示，某个关节在运动中有 n 个路径点，其中三个相邻的路径点分别为 j、k、l。

假设给定任意路径点的位置为 θ_k，持续时间为 t_{djk}，加速度的绝对值为$|\ddot{\theta}_k|$，从而计算出过渡域的持续时间为 t_k。对于那些过程中经过的路径段（j，$k\neq1$，2；j，$k\neq n-1$，n），可根据下列方程求解以上参数：

$$\begin{cases}\dot{\theta}_{jk}=\theta_k-\dfrac{\theta_j}{t_{djk}}\\ \ddot{\theta}_k=\mathrm{sgn}(\dot{\theta}_{kl}-\dot{\theta}_{jk})\,|\ddot{\theta}_k|\\ t_k=\dot{\theta}_{kl}-\dfrac{\dot{\theta}_{jk}}{\ddot{\theta}_k}\\ t_{jk}=t_{djk}-\dfrac{t_j}{2}-\dfrac{t_k}{2}\end{cases}\tag{7-20}$$

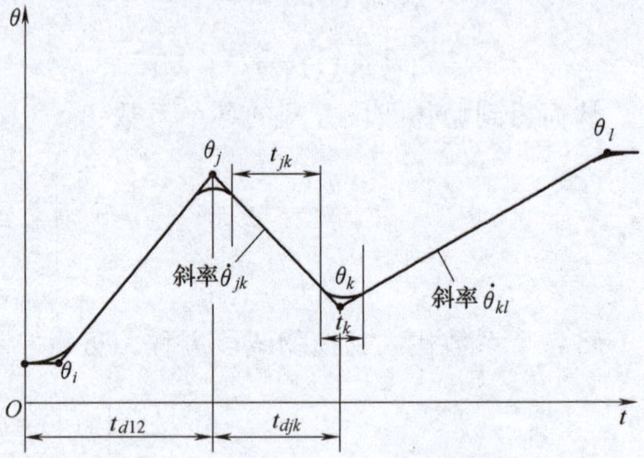

图 7-13 过路径点的抛物线线性插补

式中，sng( ) 是阶跃函数，定义为

$$\mathrm{sng}(x)\begin{cases}1 & x>0\\ 0 & x=0\\ -1 & x<0\end{cases}$$

对于第一个路径段，可让线性域速度的两个表达式相等，从而求出 t_1 为

$$\frac{\theta_2-\theta_1}{t_{d12}-\dfrac{t_1}{2}}=\ddot{\theta}_1 t_1\tag{7-21}$$

用式（7-21）算出起始点过渡域的持续时间 t_1 后，再求出 $\dot{\theta}_{12}$和 t_{12} 为

$$\begin{cases}\ddot{\theta}_1=\mathrm{sgn}(\dot{\theta}_2-\dot{\theta}_1)\,|\ddot{\theta}_1|\\ t_1=t_{d12}-\sqrt{t_{d12}^2-2(\theta_2-\theta_1)/\ddot{\theta}_1}\\ \dot{\theta}_{12}=\theta_2-\dfrac{\theta_1}{t_{d12}}-\dfrac{t_1}{2}\\ t_{12}=t_{d12}-t_1-\dfrac{t_2}{2}\end{cases}\tag{7-22}$$

对于最后一个路径段，路径段 $n-1$ 与终止点 n 之间的参数与第一个路径段相同，此处不再赘述。根据式（7-20）~式（7-22）可以求出多个路径点抛物线插补的时间和速度。

3. B 样条曲线插补轨迹规划

除了以上介绍的关节空间轨迹规划的方法，B 样条曲线插补算法也能够很好地实现轨迹规划。原始的 Bezier 曲线插补时，由于 Bernstein 基函数会导致 Bezier 曲线出现改变曲线中任意点会影响整体变化的问题，同时还存在控制点越多曲线函数的次数越高等问题，实际使用并不理想。因此，Gordon 和 Riesenfeld 提出了一种用 B 样条基函数去改进原基函数的方法，最终获得了 B 样条曲线。B 样条曲线的方程定义为

$$P(u)=\sum_{i=0}^{n} d_i N_{i,k}(u) \tag{7-23}$$

式中，$u\in[0,\ 1]$；d_i 为该曲线的控制点；$N_{i,k}(u)$ 为 k 次 B 样条基函数。

曲线的控制点及 k 次基函数 $N_{i,k}(u)$ 均有 $n+1$ 个，节点向量 $u_0\leqslant u_1\leqslant\cdots\leqslant u_{n+k}$。并且，B 样条基函数的取值取决于节点向量，基函数为

$$N_{i,k}(u)=\begin{cases}1, u_i\leqslant u\leqslant u_{i+1}\\0, \text{其他}\end{cases} \tag{7-24}$$

$$N_{i,k}(u)=\frac{u-u_i}{u_{i+k}-u_i}N_{i,k-1}(u)+\frac{u_{i+k+1}-u}{u_{i+k+1}-u_{i+1}}N_{i+1,k-1}(u) \tag{7-25}$$

式中，k 为 B 样条函数的次数；i 为 B 样条函数的序号，并且当公式代入计算时出现 0/0 的情况，默认结果为 0。

以三次 B 样条曲线为例，当 $K=3$，$i=0$，1，2，3 时，其基函数分别为

$$\begin{cases}N_{0,3}(u)=\dfrac{1}{6}(-u^3+3u^2-3u+1)\\N_{1,3}(u)=\dfrac{1}{6}(3u^3-6u^2+4)\\N_{2,3}(u)=\dfrac{1}{6}(-u^3+3u^2+3u+1)\\N_{3,3}(u)=\dfrac{1}{6}u^3\end{cases} \tag{7-26}$$

则可得到三次 B 样条中任意一段曲线插补方程，其矩阵形式如下：

$$P(u)=\frac{1}{6}\begin{bmatrix}u^3 & u^2 & u & 1\end{bmatrix}\begin{bmatrix}-1 & 3 & -3 & 1\\3 & -6 & 3 & 0\\-3 & 0 & 3 & 0\\1 & 4 & 1 & 0\end{bmatrix}\begin{bmatrix}d_i\\d_{i+1}\\d_{i+2}\\d_{i+3}\end{bmatrix} \tag{7-27}$$

由式（7-27）可知，若已知 d_i，便可以求出满足要求的曲线方程。因此，可将路径点当作型值点，反向求解控制点信息，最终可以获得轨迹表达式。另外，对于多个路径点的轨迹求解，也可以采取同样的处理方法。假设工业机器人运行轨迹有 n 个路径点，则可以把该轨迹看成由 $n-1$ 段的 B 样条曲线所组成，由式（7-27）可以获取到曲线中任意一段关节变量的表达式，即

$$\theta_i(u)=\frac{1}{6}[(-d_i+3d_{i+1}-3d_{i+2}+d_{i+3})u^3+(3d_i-6d_{i+1}+3d_{i+2})u^2+(-3d_i+3d_{i+1})u+(d_i+4d_{i+1}+d_{i+2})] \tag{7-28}$$

对式（7-28）关于 u 求导，便可得到相应工业机器人运行的速度和加速度，其表达式分别为

$$\begin{cases}\dot{\theta}_i(u)=\frac{1}{6}[3(-d_i+3d_{i+1}-3d_{i+2}+d_{i+3})u^2+2(3d_i-6d_{i+1}+3d_{i+2})u+(-3d_i+3d_{i+1})]\\ \ddot{\theta}_i(u)=\frac{1}{6}[6(-d_i+3d_{i+1}-3d_{i+2}+d_{i+3})u+2(3d_i-6d_{i+1}+3d_{i+2})]\end{cases} \tag{7-29}$$

由于三次 B 样条曲线是分段曲线，连接处端点角度和速度变量值相等，即存在如下关系：

$$\begin{cases}\theta_{i-1}(1)=\theta_i(0)\\ \dot{\theta}_{i-1}(1)=\dot{\theta}_i(0)\end{cases} \tag{7-30}$$

将式（7-30）中的两个关系式作为边界约束条件，可得到矩阵方程：

$$\begin{bmatrix}1&0&-1&&&&&\\1&4&1&0&&&&\\0&1&4&1&0&&&\\&&\ddots&\ddots&\ddots&\ddots&\ddots&\\&&&&1&4&1&0\\&&&&0&1&4&1\\&&&&&1&0&-1\end{bmatrix}\begin{bmatrix}d_0\\d_1\\d_2\\\vdots\\d_n\\d_{n+1}\\d_{n+2}\end{bmatrix}=6\begin{bmatrix}0\\\theta_1\\\theta_2\\\vdots\\\theta_{n-1}\\\theta_n\\0\end{bmatrix} \tag{7-31}$$

由式（7-31）可知，可以根据给定的路径点反算得出三次样条曲线控制点 d_i，从而可得到该算法插补规划的工业机器人关节相关变量运行的曲线表达式。

7.4 工作空间轨迹规划

由于三维空间中大多数的运动都是直线和圆弧的结合，工作空间轨迹规划的研究主要集中在直线和圆弧轨迹规划。直线插补法是将末端轨迹的起点、中间点和终点之间的轨迹直线化处理，而圆弧插补法是将各点之间的轨迹圆弧化处理。不论是直线插补还是圆弧插补的轨迹规划，工业机器人末端执行器的轨迹都被分解为几段连续的轨迹，都需对连接点进行专门的平滑处理。正如前文所介绍的一样，在具体的工业机器人作业场合中，如果任务要求是对工业机器人的末端执行器进行轨迹规划，以保证工业机器人末端轨迹的准确定义，则需要在该规划空间下把规划的路径分为有限多个过渡点，通过逆运动学方程求解，实时转换为每个关节的角度值。以上计算过程可简化为如下步骤：

1）在一定时间内增加一个增量 $t=t+\Delta t$。

2）利用选择的轨迹方程计算出工业机器人的末端执行器的位姿。

3）利用工业机器人的逆运动学方程计算出对应关节的关节变量。

4）将求得的工业机器人关节变量信息传递给控制器。

5）返回到循环开始位置。

1. 直线插补轨迹规划

直线插补算法主要是在每间隔相同的时间内插入一个点，从而完成工业机器人在工作空间中的插补规划。假设已知空间中两点 P_{start} 和 P_{end}。如图 7-14 所示，工业机器人从点 P_{start}（x_{start}，y_{start}，z_{start}）沿直线运动到点 P_{end}（x_{end}，y_{end}，z_{end}），在两点之间采用离散化处理，并计算出每次插补的位置和姿态。在一般情况下，默认姿态保持不变，仅对位置进行插补。

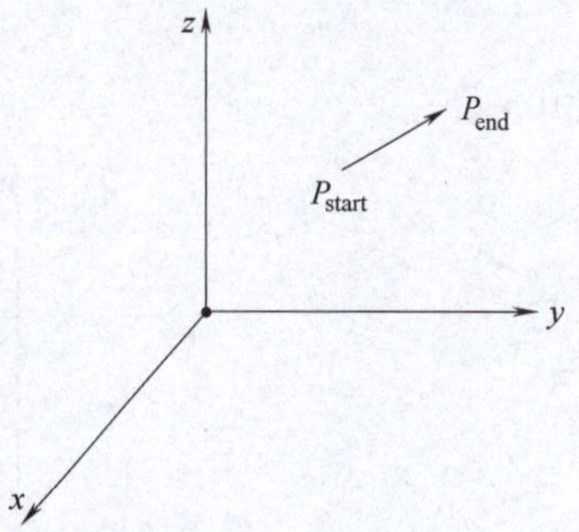

图 7-14 工作空间直线轨迹规划

根据空间中任意两点间之间的距离公式，可计算出两点间的距离通式为

$$L=\sqrt{(x_{start}-x_{end})^2+(y_{start}-y_{end})^2+(z_{start}-z_{end})^2} \tag{7-32}$$

若工业机器人末端执行器的运动速度为 v，插补周期为 T，插补步长为 $\Delta L=vT$。则

插补次数为

$$N=(L/\Delta L)+1 \tag{7-33}$$

插补增量为

$$\begin{cases}\Delta x=(x_{start}-x_{end})/N\\ \Delta y=(y_{start}-y_{end})/N\\ \Delta z=(z_{start}-z_{end})/N\end{cases} \tag{7-34}$$

每次插补的位置为

$$\begin{cases}x_{i+1}=x_i+i\Delta x\\ y_{i+1}=y_i+i\Delta y \quad (i=0,1,\cdots,N)\\ z_{i+1}=z_i+i\Delta z\end{cases} \tag{7-35}$$

此时，根据以上分析便可以得到所有中间插补位置点的信息。

2. 圆弧插补轨迹规划

圆弧插补算法也属于工作空间中轨迹规划算法，其算法原理和应用场合与直线插补算法有所不同。圆弧插补轨迹规划是指对直角空间中不共线的三点，规划设计出一条圆弧形的运行轨迹。它主要借助坐标系转换的思想，即先定义建立起圆弧所在平面的新坐标系，计算得到所有圆弧的中间选取点信息，再利用坐标系转换原理，将选取的点的位置信息转化为基础坐标系下的位置信息，最后得到完整的圆弧插值信息。

（1）求解圆心 $P_0(x_0，y_0，z_0)^{\mathrm{T}}$ 及其半径　在工作空间中，假设存在任意不共线的三点 $P_1(x_1，y_1，z_1)^{\mathrm{T}}$、$P_2(x_2，y_2，z_2)^{\mathrm{T}}$ 和 $P_3(x_3，y_3，z_3)^{\mathrm{T}}$，从而唯一确定一个平面 M，平面 M 的方程为

$$k_{11}x+k_{12}y+k_{13}z+k_{14}=0 \tag{7-36}$$

式中，

$$\begin{cases} k_{11}=(y_1-y_3)(z_2-z_3)-(y_2-y_3)(z_1-z_3) \\ k_{12}=(x_2-x_3)(z_1-z_3)-(x_1-x_3)(z_2-z_3) \\ k_{13}=(x_1-x_3)(y_2-y_3)-(x_2-x_3)(y_1-y_3) \\ k_{14}=-(k_{11}x_3+k_{12}y_3+k_{13}z_3) \end{cases} \tag{7-37}$$

过 P_1、P_2 的中垂面 T 的方程为

$$k_{21}x+k_{22}y+k_{23}z+k_{24}=0 \tag{7-38}$$

式中，

$$\begin{cases} k_{21}=x_2-x_1 \\ k_{22}=y_2-y_1 \\ k_{23}=z_2-z_1 \\ k_{24}=\dfrac{(x_2^2-x_1^2)+(y_2^2-y_1^2)+(z_2^2-z_1^2)}{2} \end{cases} \tag{7-39}$$

过 P_2、P_3 的中垂面 S 的方程为

$$k_{31}x+k_{32}y+k_{33}z+k_{34}=0 \tag{7-40}$$

式中，

$$\begin{cases} k_{31}=x_3-x_2 \\ k_{32}=y_3-y_2 \\ k_{33}=z_3-z_2 \\ k_{34}=\dfrac{(x_3^2-x_2^2)+(y_3^2-y_2^2)+(z_3^2-z_2^2)}{2} \end{cases} \tag{7-41}$$

由三点所共同形成的空间圆的圆心，是三个平面 M、S、T 所共同的交叉点，联立三个方程，可以得到外接圆的圆心 $P_0(x_0,\ y_0,\ z_0)^{\mathrm{T}}$ 为

$$\begin{bmatrix} k_{11} & k_{12} & k_{13} \\ k_{21} & k_{22} & k_{23} \\ k_{31} & k_{32} & k_{33} \end{bmatrix}\begin{bmatrix} x_0 \\ y_0 \\ z_0 \end{bmatrix}=\begin{bmatrix} -k_{14} \\ -k_{24} \\ -k_{34} \end{bmatrix} \tag{7-42}$$

进而求出外接圆的半径为

$$r=\sqrt{(x_1-x_0)^2+(y_1-y_0)^2+(z_1-z_0)^2} \tag{7-43}$$

（2）构建新的坐标系 o'-uvw　构建新的坐标系 o'-uvw，以 $P_0(u_0,\ v_0,\ w_0)^{\mathrm{T}}$ 为圆心，以 $\overrightarrow{P_0P_1}$ 为 u 轴，则 u 轴的单位方向向量为

$$\boldsymbol{u}=\frac{\overrightarrow{P_0P_1}}{|\overrightarrow{P_0P_1}|} \tag{7-44}$$

在 o'-uvw 坐标系中，w 轴是指与圆弧所在平面垂直的方向向量，方向是由分别垂直于 $\overrightarrow{P_1P_2}$ 和 $\overrightarrow{P_2P_3}$ 的向量确定，则 w 轴的单位方向向量为

$$\boldsymbol{w}=\frac{\overrightarrow{P_1P_2}\times\overrightarrow{P_2P_3}}{|\overrightarrow{P_1P_2}|\times|\overrightarrow{P_2P_3}|} \tag{7-45}$$

v 轴是由右手定则确定，则 v 轴的单位方向向量为

$$\boldsymbol{v}=\boldsymbol{w}\times\boldsymbol{u} \tag{7-46}$$

由此，可获得一个新的三维坐标系 o'-uvw，如图 7-15 所示。

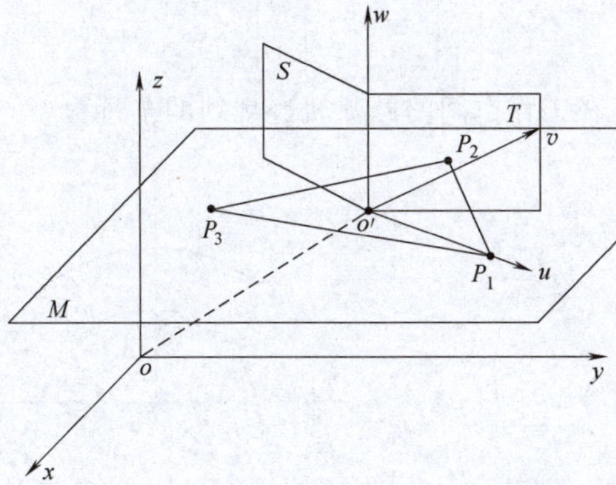

图 7-15 圆弧插值坐标系示意图

由图 7-15 可知，o'-uvw 坐标系相对于 o-xyz 坐标系的坐标变换为

$$^{uvw}_{xyz}\boldsymbol{T}=\begin{bmatrix}\boldsymbol{R} & \boldsymbol{P}_0\\ 0 & 1\end{bmatrix} \tag{7-47}$$

式中，$\boldsymbol{R}=\begin{bmatrix}u_x & v_x & w_x\\ u_y & v_y & w_y\\ u_z & v_z & w_z\end{bmatrix}$，$\boldsymbol{P}_0=\begin{bmatrix}x_0\\ y_0\\ z_0\end{bmatrix}$。

将原坐标系 o-xyz 下的 P_1、P_2 和 P_3 点转换到坐标系 o'-uvw 下，得到的 $P_1'(u_1, v_1, w_1)^{\mathrm{T}}$、$P_2'(u_2, v_2, w_2)^{\mathrm{T}}$、$P_3'(u_3, v_3, w_3)^{\mathrm{T}}$ 的坐标为

$$\begin{bmatrix}u_1\\ v_1\\ w_1\\ 1\end{bmatrix}={}^{uvw}_{xyz}\boldsymbol{T}^{-1}\begin{bmatrix}x_1\\ y_1\\ z_1\\ 1\end{bmatrix},\ \begin{bmatrix}u_2\\ v_2\\ w_2\\ 1\end{bmatrix}={}^{uvw}_{xyz}\boldsymbol{T}^{-1}\begin{bmatrix}x_2\\ y_2\\ z_2\\ 1\end{bmatrix},\ \begin{bmatrix}u_3\\ v_3\\ w_3\\ 1\end{bmatrix}={}^{uvw}_{xyz}\boldsymbol{T}^{-1}\begin{bmatrix}x_3\\ y_3\\ z_3\\ 1\end{bmatrix} \tag{7-48}$$

式中，$w_1=w_2=w_3=0$，$u_1=r$。

（3）o'-uvw 坐标系下的圆弧插补　圆弧插补算法并不是直接对圆弧的长度进行插补，而是利用圆弧所对的圆心角度的插补。根据点 P_3' 在新坐标系下的情况，将 P_1 和 P_3 间的夹角 θ_3 分为两种情况，具体如图 7-16 所示。

$$\theta_3=\begin{cases}\operatorname{atan2}(v_3, u_3), v_3\geqslant 0\\ 2\pi+\operatorname{atan2}(v_3, u_3), v_3<0\end{cases} \tag{7-49}$$

根据图 7-16 可知，圆弧中任意一点 $\boldsymbol{P}_i$ 点的位置都可以表示为

$$\boldsymbol{P}_i=\begin{bmatrix}u\\ v\\ w\end{bmatrix}=\begin{bmatrix}r\cos\theta_i\\ r\sin\theta_i\\ 0\end{bmatrix} \tag{7-50}$$

（4）获得原基坐标系下的坐标　将新坐标系下插补得到的插补点序列通过齐次坐标变

换到原基坐标下，得到的坐标为

$$\begin{bmatrix} x \\ y \\ z \\ 1 \end{bmatrix} = {}^{uvw}_{xyz}\boldsymbol{T}^{-1} \begin{bmatrix} u \\ v \\ w \\ 1 \end{bmatrix} \tag{7-51}$$

这样就完成了工业机器人在工作空间的圆弧轨迹规划的全过程。

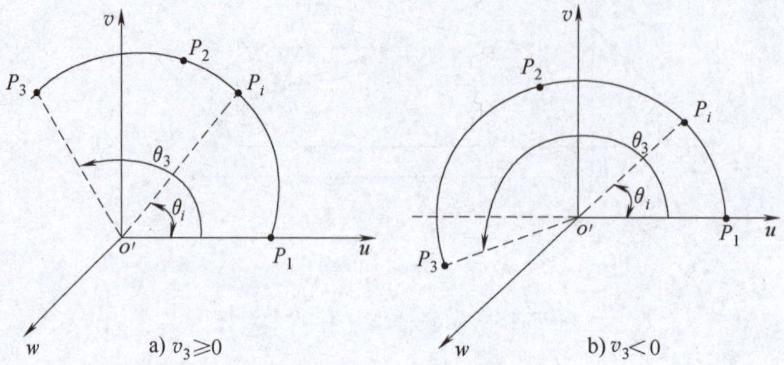

图 7-16　夹角 θ_3

7.5　轨迹的实时生成

轨迹实时生成是指不断产生 θ、$\dot{\theta}$ 和 $\ddot{\theta}$ 表示的轨迹，并将此信息送至工业机器人的控制系统。轨迹计算的速度应能满足路径更新速率的要求。

1. 关节空间轨迹生成

根据 7.3 节中介绍的工业机器人几种关节空间轨迹规划的方法，工业机器人控制系统可利用上述方法计算得到的各个路径段数据，具体计算出 θ、$\dot{\theta}$ 和 $\ddot{\theta}$。

以三次样条曲线为例，工业机器人控制系统只需要随时间 t 的变化不断按式（7-4）和式（7-5）计算 θ、$\dot{\theta}$ 和 $\ddot{\theta}$。当到达路径终点时，调用新路径的三次样条系数，重新将 t 值赋为零，继续生成轨迹。

对于带抛物线过渡的直线样条插值，每次更新轨迹时，应当先判断当前路径段是线性域或过渡域。若处于线性域，各个关节的轨迹计算公式为

$$\begin{cases} \theta = \theta_j + \dot{\theta}_{jk} t \\ \dot{\theta} = \dot{\theta}_{jk} \\ \ddot{\theta} = 0 \end{cases} \tag{7-52}$$

式中，t 是从 j 个路径点算起的时间；$\dot{\theta}_{jk}$ 的值在轨迹规划时由式（7-20）算出。

若处于过渡域，可让 $t_{inb} = t - (t_j/2 + t_{jk})$，则各个关节轨迹计算公式为

$$\begin{cases} \theta=\theta_j+\dot{\theta}_{jk}(t-t_{inb})+\dfrac{\ddot{\theta}_k t_{inb}^2}{2} \\ \dot{\theta}=\dot{\theta}_{jk}+\ddot{\theta}_k t_{inb} \\ \ddot{\theta}=\ddot{\theta}_k \end{cases} \tag{7-53}$$

式中，$\dot{\theta}_{jk}$、$\ddot{\theta}_k$、t_j 在轨迹规划时由式（7-20）~式（7-22）算出。在进入新的线性域后，重新把 t 换为 $t_j/2$，利用该路径段的数据继续生成轨迹。

2. 工作空间轨迹生成

工业机器人在工作空间轨迹规划时，需时刻把工业机器人末端的位姿坐标通过逆运动学方程求解出来，进而得到工业机器人的每个关节角度 θ，从而实现通过控制系统来控制机器人的运动。也可以通过逆运动学求解获得每个关节的角速度 $\dot{\theta}$ 和角加速度 $\ddot{\theta}$，但会增加控制系统的计算量，还可能会引起控制系统的拖延等异常情况。在实际中，为了减少计算量和提升控制系统的反应灵敏性，可通过逆运动学求解得到关节角位移 θ，并结合微分求导法计算关节角速度 $\dot{\theta}$ 和角加速度 $\ddot{\theta}$，即

$$\dot{\theta}(t)=\frac{\theta(t+\Delta t)-\theta(t)}{\Delta t} \tag{7-54}$$

$$\ddot{\theta}(t)=\frac{\dot{\theta}(t+\Delta t)-\dot{\theta}(t)}{\Delta t} \tag{7-55}$$

式中，Δt 为采样时间间隔。

课后习题

7-1　如何定义工业机器人的轨迹规划，轨迹规划的意义是什么？

7-2　如何理解工业机器人关节空间的轨迹规划，通常有哪几种方法？

7-3　对于点与点之间的规划，常用的是哪一种轨迹规划方法？

7-4　笛卡儿空间轨迹规划主要包括哪两种方法？

7-5　如何理解直线插补轨迹规划和圆弧插补轨迹规划？

7-6　对于带抛物线过渡的直线样条插值，每次更新轨迹时，机器人各个关节的轨迹应如何计算？

第 8 章 工业机器人动态控制

8.1 引言

本章阐述了多种工业机器人结构的控制方法，在执行机构与传动机构的建模基础上，利用 PD 控制、考虑重力的 PD 控制、PID 控制、考虑重力的 PID 控制、工业机器人动态补偿的 PD（PID）控制器和计算加速度控制等方法实现工业机器人的动态控制。

8.2 执行机构和传动机构建模

建模时，假设连杆机构采用直流电动机和齿轮传动机构驱动，如图 8-1 和图 8-2 所示。建模时需要用到的参数：①v_M 为直流电动机的电压（V）；②R_M 为直流电动机的电枢电阻（Ω）；③L_M 为直流电动机的电枢电感（H）；④i_M 为直流电动机的电枢电流（A）；⑤θ_M 为直流电动机轴的旋转角度（rad）；⑥K_e 为直流电动机的反电动势常数（V · s/rad）；⑦K_M 为直流电动机的转矩常数（kg · m/A）；⑧τ_0 为直流电动机产生的电磁转矩（kg · m^2/s^2）；⑨J_M 为直流电动机轴和小齿轮的惯性矩（m^4）；⑩τ_M 为直流电动机输出轴的转矩（N · m）。

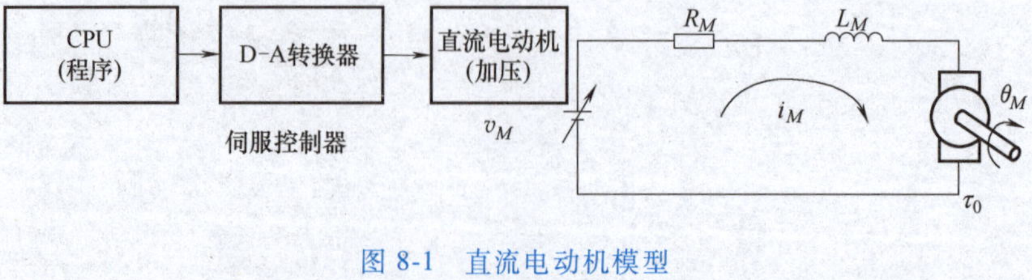

图 8-1　直流电动机模型

考虑到在图 8-1 所示电路中的电压降，直流电动机的加电压可表示为

$$v_M = R_M i_M + K_e \dot{\theta}_M + L_M \frac{\mathrm{d}i_M}{\mathrm{d}t} \tag{8-1}$$

由于普通直流电动机的电枢电感较小，式（8-1）可改写为

$$v_M = R_M i_M + K_e \dot{\theta}_M \tag{8-2}$$

根据直流电动机的结构可知，电动机转矩的计算公式为

$$\tau_0 = K_M i_M = J_M \ddot{\theta}_M + \tau_M \tag{8-3}$$

由于普通的直流电动机的速度太高，转矩太小，无法直接驱动工业机器人。因此，大多数工业机器人的关节处有齿轮传动机构，如图 8-2 所示。

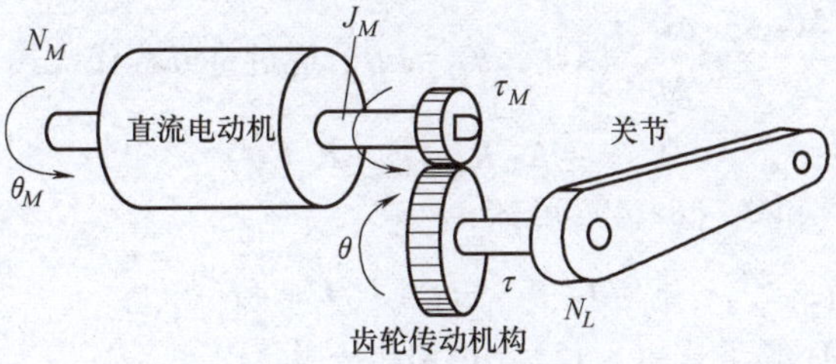

图 8-2 齿轮传动机构模型

齿轮传动机构传动比的定义为

$$传动比 = \frac{输出轴转速}{输入轴转速} = \frac{N_L}{N_M}（大部分齿轮传动机构 \leqslant 1） \tag{8-4}$$

齿轮传动机构传动比也可由齿数比定义，式（8-4）可表示为

$$齿轮传动机构齿数比 = \frac{输出轴齿数}{输入轴齿数} = \frac{1}{传动比} = \gamma（大部分齿轮传动机构 \geqslant 1） \tag{8-5}$$

根据定义可知，单个关节 $\Delta\boldsymbol{\theta}_M$ 和 $\Delta\boldsymbol{\theta}$ 的关系为

$$\Delta\boldsymbol{\theta}_M = \gamma \Delta\boldsymbol{\theta} \tag{8-6}$$

通过集中所有的 n 个关节，$\Delta\boldsymbol{\theta}_M$ 和 $\Delta\boldsymbol{\theta}$ 的关系为

$$\Delta\boldsymbol{\theta}_M = \boldsymbol{\Gamma} \Delta\boldsymbol{\theta} \tag{8-7}$$

其中，$\boldsymbol{\Gamma} = \begin{bmatrix} \gamma_1 & & 0 \\ & \ddots & \\ 0 & & \gamma_n \end{bmatrix}$。

由虚功原理可知，工业机器人的电动机输入和关节输出处于平衡状态，即

$$\boldsymbol{\tau}_M^{\mathrm{T}} \Delta\boldsymbol{\theta}_M = \boldsymbol{\tau}^{\mathrm{T}} \Delta\boldsymbol{\theta} \tag{8-8}$$

由式（8-7）可知，式（8-8）可改写为

$$\boldsymbol{\tau}_M^{\mathrm{T}} \boldsymbol{\Gamma} \Delta\boldsymbol{\theta} = \boldsymbol{\tau}^{\mathrm{T}} \Delta\boldsymbol{\theta} \tag{8-9}$$

通过对等式两边的转换，可得

$$\Delta\boldsymbol{\theta}^{\mathrm{T}} \boldsymbol{\Gamma}^{\mathrm{T}} \boldsymbol{\tau}_M = \Delta\boldsymbol{\theta}^{\mathrm{T}} \boldsymbol{\tau} \tag{8-10}$$

因此，电动机力矩和关节输出转矩之间的关系为

$$\boldsymbol{\tau} = \boldsymbol{\Gamma}^{\mathrm{T}} \boldsymbol{\tau}_M \tag{8-11}$$

由此可知，关节输出转矩等于电动机轴输出转矩乘以 γ。

接下来，推导输入为电动机电压的动力学方程。首先，由式（8-3）可知：

$$\boldsymbol{\tau}_0=\hat{\boldsymbol{K}}_M\boldsymbol{i}_M \tag{8-12}$$

其中，$\hat{\boldsymbol{K}}_M=\begin{bmatrix} K_{M1} & & 0 \\ & \ddots & \\ 0 & & K_{Mn} \end{bmatrix}$。$\boldsymbol{R}_M$、$\boldsymbol{K}_e$ 和 $\boldsymbol{J}_M$ 也使用了类似的表示法。

将 $\boldsymbol{i}_M=\hat{\boldsymbol{K}}_M^{-1}\boldsymbol{\tau}_0$［由式（8-12）得出］代入式（8-2），得

$$\boldsymbol{v}_M=\hat{\boldsymbol{R}}_M\hat{\boldsymbol{K}}_M^{-1}\boldsymbol{\tau}_0+\hat{\boldsymbol{K}}_e\dot{\boldsymbol{\theta}}_M \tag{8-13}$$

由式（8-6）可知，$\dfrac{\Delta\boldsymbol{\theta}_M}{\Delta t}=\gamma\dfrac{\Delta\boldsymbol{\theta}}{\Delta t}$。因此，$\dot{\boldsymbol{\theta}}_M=\boldsymbol{\Gamma}\dot{\boldsymbol{\theta}}$。通过将方程代入式（8-12），并解出 $\boldsymbol{\tau}_0$ 为

$$\boldsymbol{\tau}_0=\hat{\boldsymbol{K}}_M\hat{\boldsymbol{R}}_M^{-1}(\boldsymbol{v}_M-\boldsymbol{K}_e\boldsymbol{\Gamma}\dot{\boldsymbol{\theta}}) \tag{8-14}$$

此外，由式（8-3）和式（8-14）可知：

$$\boldsymbol{\tau}_0=\hat{\boldsymbol{J}}_M\ddot{\boldsymbol{\theta}}_M+\boldsymbol{\tau}_M=\hat{\boldsymbol{J}}_M\boldsymbol{\Gamma}\ddot{\boldsymbol{\theta}}+\boldsymbol{\Gamma}^{-1}\boldsymbol{\tau} \tag{8-15}$$

通过设置式（8-14）等于式（8-15），可解出 $\boldsymbol{\tau}$ 为

$$\boldsymbol{\tau}=\boldsymbol{\Gamma}^{\mathrm{T}}\hat{\boldsymbol{K}}_M\hat{\boldsymbol{R}}_M^{-1}\boldsymbol{v}_M-\boldsymbol{\Gamma}^{\mathrm{T}}\hat{\boldsymbol{K}}_M\hat{\boldsymbol{R}}_M^{-1}\hat{\boldsymbol{K}}_e\boldsymbol{\Gamma}\dot{\boldsymbol{\theta}}-\boldsymbol{\Gamma}^{\mathrm{T}}\hat{\boldsymbol{J}}_M\boldsymbol{\Gamma}\ddot{\boldsymbol{\theta}} \tag{8-16}$$

根据动力学部分的结果，$\boldsymbol{\tau}$ 可表示为

$$\boldsymbol{\tau}=\boldsymbol{M}(\boldsymbol{\theta})\ddot{\boldsymbol{\theta}}+\boldsymbol{h}(\boldsymbol{\theta},\dot{\boldsymbol{\theta}})+\boldsymbol{g}(\boldsymbol{\theta})+\boldsymbol{D}\dot{\boldsymbol{\theta}} \tag{8-17}$$

本节将黏性摩擦系数矩阵 $\boldsymbol{D}$ 引入动力学方程中。由式（8-13）和式（8-17）可知：

$$\boldsymbol{M}'(\boldsymbol{\theta})\ddot{\boldsymbol{\theta}}+\boldsymbol{h}(\boldsymbol{\theta},\dot{\boldsymbol{\theta}})+\boldsymbol{g}(\boldsymbol{\theta})+\boldsymbol{D}'\dot{\boldsymbol{\theta}}=\hat{\boldsymbol{K}}\boldsymbol{v}_M \tag{8-18}$$

式中，

$$\begin{cases} \boldsymbol{M}'=\boldsymbol{M}(\boldsymbol{\theta})+\boldsymbol{\Gamma}^{\mathrm{T}}\hat{\boldsymbol{J}}_M\boldsymbol{\Gamma} \\ \boldsymbol{D}'=\boldsymbol{D}+\boldsymbol{\Gamma}^{\mathrm{T}}\hat{\boldsymbol{K}}_M\hat{\boldsymbol{R}}_M^{-1}\hat{\boldsymbol{K}}_e\boldsymbol{\Gamma} \\ \hat{\boldsymbol{K}}=\boldsymbol{\Gamma}^{\mathrm{T}}\hat{\boldsymbol{K}}_M\hat{\boldsymbol{R}}_M^{-1} \end{cases}$$

8.3 工业机器人的控制方式

在工业机器人的工作过程中，有各种不同的控制方式，包括：

1）每个关节的 PD（PID）控制。

2）对每个关节进行重力补偿的 PD（PID）控制。

3）计算力矩法控制。

4）解析加速度控制。

5）力控制。

6）其他控制方法，如自适应控制、学习控制、神经和模糊控制。

8.4 每个关节的 PD 控制

如图 8-3 所示，每个关节的位置误差和速度反馈的 PD 控制器可表示为

$$\boldsymbol{v}_M=-\hat{\boldsymbol{K}}_v\dot{\boldsymbol{\theta}}+\hat{\boldsymbol{K}}_p(\boldsymbol{\theta}_d-\boldsymbol{\theta}) \tag{8-19}$$

式中，$\hat{\boldsymbol{K}}_p=\begin{bmatrix} K_{p1} & & 0 \\ & \ddots & \\ 0 & & K_{pn} \end{bmatrix}$，$\hat{\boldsymbol{K}}_v=\begin{bmatrix} K_{v1} & & 0 \\ & \ddots & \\ 0 & & K_{vn} \end{bmatrix}$，$\boldsymbol{\theta}_d$ 是期望关节位置。

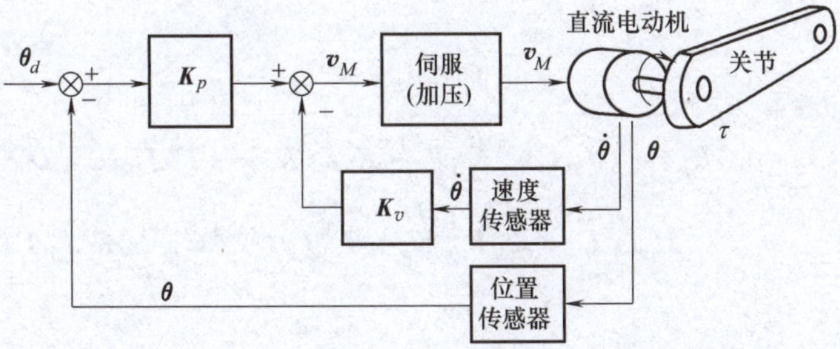

图 8-3　PD 控制器

此外，还可进一步分析控制器的响应特性，由式（8-18）和式（8-19）得

$$-[\boldsymbol{M}(\boldsymbol{\theta})+\boldsymbol{\Gamma}^{\mathrm{T}}\hat{\boldsymbol{J}}_M\boldsymbol{\Gamma}]\ddot{\boldsymbol{\theta}}-[\boldsymbol{\Gamma}^{\mathrm{T}}\hat{\boldsymbol{K}}_M\hat{\boldsymbol{R}}_M^{-1}(\hat{\boldsymbol{K}}_e\boldsymbol{\Gamma}+\hat{\boldsymbol{K}}_v)+\boldsymbol{D}]\dot{\boldsymbol{\theta}}+\boldsymbol{\Gamma}^{\mathrm{T}}\hat{\boldsymbol{K}}_M\hat{\boldsymbol{R}}_M^{-1}\hat{\boldsymbol{K}}_p(\boldsymbol{\theta}_d-\boldsymbol{\theta})=\boldsymbol{h}(\boldsymbol{\theta},\dot{\boldsymbol{\theta}})+\boldsymbol{g}(\boldsymbol{\theta}) \tag{8-20}$$

通过 $\boldsymbol{e}=\boldsymbol{\theta}_d-\boldsymbol{\theta}$，$\dot{\boldsymbol{e}}=-\dot{\boldsymbol{\theta}}$，$\ddot{\boldsymbol{e}}=-\ddot{\boldsymbol{\theta}}$，式（8-20）可写为

$$[\boldsymbol{M}(\boldsymbol{\theta})+\boldsymbol{\Gamma}^{\mathrm{T}}\hat{\boldsymbol{J}}_M\boldsymbol{\Gamma}]\ddot{\boldsymbol{e}}+[\boldsymbol{\Gamma}^{\mathrm{T}}\hat{\boldsymbol{K}}_M\hat{\boldsymbol{R}}_M^{-1}(\hat{\boldsymbol{K}}_e\boldsymbol{\Gamma}+\hat{\boldsymbol{K}}_v)+\boldsymbol{D}]\dot{\boldsymbol{e}}+\boldsymbol{\Gamma}^{\mathrm{T}}\hat{\boldsymbol{K}}_M\hat{\boldsymbol{R}}_M^{-1}\hat{\boldsymbol{K}}_p\boldsymbol{e}=\boldsymbol{h}(\boldsymbol{\theta},\dot{\boldsymbol{\theta}})+\boldsymbol{g}(\boldsymbol{\theta}) \tag{8-21}$$

如果传动比大且关节速度小，则可忽略重力，且 $\boldsymbol{M}(\boldsymbol{\theta})\Rightarrow 0$，$\boldsymbol{h}(\boldsymbol{\theta},\ \dot{\boldsymbol{\theta}})\Rightarrow 0$，$\boldsymbol{g}(\boldsymbol{\theta})\Rightarrow 0$。在这种情况下，误差方程为

$$\ddot{\boldsymbol{e}}+[(\hat{\boldsymbol{J}}_M\boldsymbol{\Gamma})^{-1}\hat{\boldsymbol{K}}_M\hat{\boldsymbol{R}}_M^{-1}(\hat{\boldsymbol{K}}_e\boldsymbol{\Gamma}+\hat{\boldsymbol{K}}_v)+(\boldsymbol{\Gamma}^{\mathrm{T}}\hat{\boldsymbol{J}}_M\boldsymbol{\Gamma})^{-1}\boldsymbol{D}]\dot{\boldsymbol{e}}+(\hat{\boldsymbol{J}}_M\boldsymbol{\Gamma})^{-1}\hat{\boldsymbol{K}}_M\hat{\boldsymbol{K}}_M^{-1}\hat{\boldsymbol{K}}_p\boldsymbol{e}=0 \tag{8-22}$$

式（8-22）对于每个关节都是独立二次系统，因为 $\hat{\boldsymbol{J}}_M$、$\boldsymbol{\Gamma}$、$\hat{\boldsymbol{K}}_M$、$\hat{\boldsymbol{R}}_M$、$\hat{\boldsymbol{K}}_e$、$\hat{\boldsymbol{K}}_v$、$\hat{\boldsymbol{K}}_p$ 都是对角矩阵。因此，式（8-22）可以用单关节系统表示为

$$\ddot{\boldsymbol{e}}+k_v\dot{\boldsymbol{e}}+k_p\boldsymbol{e}=0 \tag{8-23}$$

通过设置适当的 k_p 和 k_v，可实现所需的关节角度响应。

8.5　考虑重力的 PD 控制

当重力项不能忽略时，误差方程可表示为

$$\ddot{\boldsymbol{e}}+[(\hat{\boldsymbol{J}}_M\boldsymbol{\Gamma})^{-1}\hat{\boldsymbol{K}}_M\hat{\boldsymbol{R}}_M^{-1}(\hat{\boldsymbol{K}}_e\boldsymbol{\Gamma}+\hat{\boldsymbol{K}}_v)+(\boldsymbol{\Gamma}^{\mathrm{T}}\hat{\boldsymbol{J}}_M\boldsymbol{\Gamma})^{-1}\boldsymbol{D}]\dot{\boldsymbol{e}}+(\hat{\boldsymbol{J}}_M\boldsymbol{\Gamma})^{-1}\hat{\boldsymbol{K}}_M\hat{\boldsymbol{R}}_M^{-1}\hat{\boldsymbol{K}}_p\boldsymbol{e}=(\boldsymbol{\Gamma}^{\mathrm{T}}\hat{\boldsymbol{J}}_M\boldsymbol{\Gamma})^{-1}\boldsymbol{g}(\boldsymbol{\theta}) \tag{8-24}$$

重力项基本上是非线性项，这使得进一步分析变得困难。本节仅考虑 $\boldsymbol{\theta}_d$ 的邻域。将式（8-24）中的 $\boldsymbol{g}(\boldsymbol{\theta})$ 在 $\boldsymbol{\theta}=\boldsymbol{\theta}_d$ 处展开，取一阶项，式（8-24）右侧：

$$(\boldsymbol{\Gamma}^{\mathrm{T}}\hat{\boldsymbol{J}}_M\boldsymbol{\Gamma})^{-1}\boldsymbol{g}(\boldsymbol{\theta})=(\boldsymbol{\Gamma}^{\mathrm{T}}\hat{\boldsymbol{J}}_M\boldsymbol{\Gamma})^{-1}\left[\boldsymbol{g}(\boldsymbol{\theta}_d)+\left[\frac{\partial g}{\partial \boldsymbol{\theta}}\right]_{\theta=\theta_d}(\boldsymbol{\theta}-\boldsymbol{\theta}_d)\right] \tag{8-25}$$

通过代入$\left[\dfrac{\partial \boldsymbol{g}}{\partial \boldsymbol{\theta}}\right]_{\theta=\theta_d}=\boldsymbol{C}$（常数矩阵），并做拉普拉斯变换可得

$$s^2\boldsymbol{e}(s)+s[(\hat{\boldsymbol{J}}_M\boldsymbol{\Gamma})^{-1}\hat{\boldsymbol{K}}_M\hat{\boldsymbol{R}}_M^{-1}(\hat{\boldsymbol{K}}_e\boldsymbol{\Gamma}+\hat{\boldsymbol{K}}_v)+(\boldsymbol{\Gamma}^{\mathrm{T}}\hat{\boldsymbol{J}}_M\boldsymbol{\Gamma})^{-1}\boldsymbol{D}]\boldsymbol{e}(s)+(\hat{\boldsymbol{J}}_M\boldsymbol{\Gamma})^{-1}\hat{\boldsymbol{K}}_M\hat{\boldsymbol{R}}_M^{-1}\hat{\boldsymbol{K}}_p\boldsymbol{e}(s)=$$
$$(\boldsymbol{\Gamma}^{\mathrm{T}}\hat{\boldsymbol{J}}_M\boldsymbol{\Gamma})^{-1}\left[\frac{\boldsymbol{g}(\boldsymbol{\theta}_d)}{s}-\boldsymbol{C}\boldsymbol{e}(s)\right] \tag{8-26}$$

用$\boldsymbol{e}(s)$求解方程，得到

$$\boldsymbol{e}(s)=\{s^2\boldsymbol{E}_n+s[(\hat{\boldsymbol{J}}_M\boldsymbol{\Gamma})^{-1}\hat{\boldsymbol{K}}_M\hat{\boldsymbol{R}}_M^{-1}(\hat{\boldsymbol{K}}_e\boldsymbol{\Gamma}+\hat{\boldsymbol{K}}_v)+(\boldsymbol{\Gamma}^{\mathrm{T}}\hat{\boldsymbol{J}}_M\boldsymbol{\Gamma})^{-1}\boldsymbol{D}]+$$
$$(\hat{\boldsymbol{J}}_M\boldsymbol{\Gamma})^{-1}\hat{\boldsymbol{K}}_M\hat{\boldsymbol{R}}_M^{-1}\hat{\boldsymbol{K}}_p+(\boldsymbol{\Gamma}^{\mathrm{T}}\hat{\boldsymbol{J}}_M\boldsymbol{\Gamma})^{-1}\boldsymbol{C}\}^{-1}(\boldsymbol{\Gamma}^{\mathrm{T}}\hat{\boldsymbol{J}}_M\boldsymbol{\Gamma})^{-1}\left[\frac{\boldsymbol{g}(\boldsymbol{\theta}_d)}{s}\right] \tag{8-27}$$

对式（8-27）应用拉普拉斯变换的终值定理，得

$$\lim_{t\to\infty}\boldsymbol{e}(t)=\lim_{s\to 0}s\boldsymbol{e}(s)=[(\hat{\boldsymbol{J}}_M\boldsymbol{\Gamma})^{-1}\hat{\boldsymbol{K}}_M\hat{\boldsymbol{R}}_M^{-1}\hat{\boldsymbol{K}}_p+(\boldsymbol{\Gamma}^{\mathrm{T}}\hat{\boldsymbol{J}}_M\boldsymbol{\Gamma})^{-1}\boldsymbol{C}]^{-1}(\boldsymbol{\Gamma}^{\mathrm{T}}\hat{\boldsymbol{J}}_M\boldsymbol{\Gamma})^{-1}\boldsymbol{g}(\boldsymbol{\theta}_d) \tag{8-28}$$

根据式（8-28）可知，偏差仍然存在。

8.6 每个关节的 PID 控制

如图 8-4 所示，PID 控制器可表示为

$$\boldsymbol{v}_M=-\hat{\boldsymbol{K}}_v\dot{\boldsymbol{\theta}}+\hat{\boldsymbol{K}}_p(\boldsymbol{\theta}_d-\boldsymbol{\theta})+\hat{\boldsymbol{K}}_i\int(\boldsymbol{\theta}_d-\boldsymbol{\theta})\mathrm{d}t \tag{8-29}$$

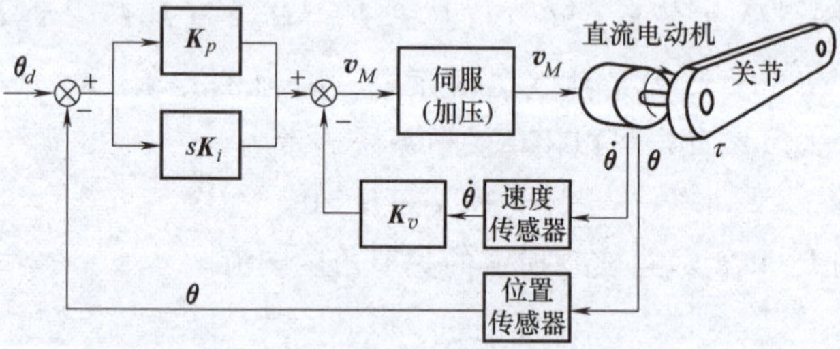

图 8-4　PID 控制器

设$\boldsymbol{e}=\boldsymbol{\theta}_d-\boldsymbol{\theta}$，则控制器的误差方程为

$$\ddot{\boldsymbol{e}}+[(\hat{\boldsymbol{J}}_M\boldsymbol{\Gamma})^{-1}\hat{\boldsymbol{K}}_M\hat{\boldsymbol{R}}_M^{-1}(\hat{\boldsymbol{K}}_e\boldsymbol{\Gamma}+\hat{\boldsymbol{K}}_v)+(\boldsymbol{\Gamma}^{\mathrm{T}}\hat{\boldsymbol{J}}_M\boldsymbol{\Gamma})^{-1}\boldsymbol{D}]\dot{\boldsymbol{e}}+(\hat{\boldsymbol{J}}_M\boldsymbol{\Gamma})^{-1}\hat{\boldsymbol{K}}_M\hat{\boldsymbol{R}}_M^{-1}\hat{\boldsymbol{K}}_p\boldsymbol{e}+$$
$$(\hat{\boldsymbol{J}}_M\boldsymbol{\Gamma})^{-1}\hat{\boldsymbol{K}}_M\hat{\boldsymbol{R}}_M^{-1}\hat{\boldsymbol{K}}_i\int\boldsymbol{e}\mathrm{d}t=(\boldsymbol{\Gamma}^{\mathrm{T}}\hat{\boldsymbol{J}}_M\boldsymbol{\Gamma})^{-1}\boldsymbol{g}(\boldsymbol{\theta}) \tag{8-30}$$

通过将重力项线性化，式（8-30）右侧：

$$(\boldsymbol{\Gamma}^{\mathrm{T}}\hat{\boldsymbol{J}}_M\boldsymbol{\Gamma})^{-1}\boldsymbol{g}(\boldsymbol{\theta})=(\boldsymbol{\Gamma}^{\mathrm{T}}\hat{\boldsymbol{J}}_M\boldsymbol{\Gamma})^{-1}[\boldsymbol{g}(\boldsymbol{\theta}_d)+\boldsymbol{C}(\boldsymbol{\theta}-\boldsymbol{\theta}_d)] \tag{8-31}$$

对式（8-30）使用拉普拉斯变换，可得

$$s^2\boldsymbol{e}(s)+s[(\hat{\boldsymbol{J}}_M\boldsymbol{\Gamma})^{-1}\hat{\boldsymbol{K}}_M\hat{\boldsymbol{R}}_M^{-1}(\hat{\boldsymbol{K}}_e\boldsymbol{\Gamma}+\hat{\boldsymbol{K}}_v)+(\boldsymbol{\Gamma}^{\mathrm{T}}\hat{\boldsymbol{J}}_M\boldsymbol{\Gamma})^{-1}\boldsymbol{D}]\boldsymbol{e}(s)+(\hat{\boldsymbol{J}}_M\boldsymbol{\Gamma})^{-1}\hat{\boldsymbol{K}}_M\hat{\boldsymbol{R}}_M^{-1}\hat{\boldsymbol{K}}_p\boldsymbol{e}(s)+$$

$$\frac{1}{s}(\hat{\boldsymbol{J}}_M\boldsymbol{\Gamma})^{-1}\hat{\boldsymbol{K}}_M\hat{\boldsymbol{R}}_M^{-1}\hat{\boldsymbol{K}}_i\boldsymbol{e}(s)=(\boldsymbol{\Gamma}^{\mathrm{T}}\hat{\boldsymbol{J}}_M\boldsymbol{\Gamma})^{-1}\left[\frac{\boldsymbol{g}(\boldsymbol{\theta}_d)}{s}-\boldsymbol{C}\boldsymbol{e}(s)\right] \tag{8-32}$$

通过 $\boldsymbol{e}(s)$ 求解，得

$$\begin{aligned}\boldsymbol{e}(s)=\{&s^3\boldsymbol{E}_n+s^2[(\hat{\boldsymbol{J}}_M\boldsymbol{\Gamma})^{-1}\hat{\boldsymbol{K}}_M\hat{\boldsymbol{R}}_M^{-1}(\hat{\boldsymbol{K}}_e\boldsymbol{\Gamma}+\hat{\boldsymbol{K}}_v)+(\boldsymbol{\Gamma}^{\mathrm{T}}\hat{\boldsymbol{J}}_M\boldsymbol{\Gamma})^{-1}\boldsymbol{D}]+\\ &s[(\hat{\boldsymbol{J}}_M\boldsymbol{\Gamma})^{-1}\hat{\boldsymbol{K}}_M\hat{\boldsymbol{R}}_M^{-1}\hat{\boldsymbol{K}}_p+(\boldsymbol{\Gamma}^{\mathrm{T}}\hat{\boldsymbol{J}}_M\boldsymbol{\Gamma})^{-1}\boldsymbol{C}]+(\hat{\boldsymbol{J}}_M\boldsymbol{\Gamma})^{-1}\hat{\boldsymbol{K}}_M\hat{\boldsymbol{R}}_M^{-1}\}^{-1}(\boldsymbol{\Gamma}^{\mathrm{T}}\hat{\boldsymbol{J}}_M\boldsymbol{\Gamma})^{-1}\boldsymbol{g}(\boldsymbol{\theta}_d)\end{aligned} \tag{8-33}$$

最终，根据终值定理可得

$$\lim_{t\to\infty}\boldsymbol{e}(t)=0 \tag{8-34}$$

因此，只要 $\boldsymbol{\theta}$ 接近 $\boldsymbol{\theta}_d$，PID 控制器就没有偏差。

8.7 具有重力补偿的 PD 控制

本节考虑具有重力补偿的 PD 控制器，其可表示为

$$\boldsymbol{v}_M=-\hat{\boldsymbol{K}}_v\dot{\boldsymbol{\theta}}+\hat{\boldsymbol{K}}_p(\boldsymbol{\theta}_d-\boldsymbol{\theta})+\hat{\boldsymbol{R}}_M\hat{\boldsymbol{K}}_M^{-1}(\boldsymbol{\Gamma}^{\mathrm{T}})^{-1}\boldsymbol{g}(\boldsymbol{\theta}) \tag{8-35}$$

这是一个非线性控制器。为简单起见，$\boldsymbol{D}=0$，由式（8-20）和式（8-35）可知：

$$[\boldsymbol{M}(\boldsymbol{\theta})+\boldsymbol{\Gamma}^{\mathrm{T}}\hat{\boldsymbol{J}}_M\boldsymbol{\Gamma}]\ddot{\boldsymbol{\theta}}+\boldsymbol{h}(\boldsymbol{\theta},\dot{\boldsymbol{\theta}})+\boldsymbol{\Gamma}^{\mathrm{T}}\hat{\boldsymbol{K}}_M\hat{\boldsymbol{R}}_M^{-1}(\hat{\boldsymbol{K}}_e\boldsymbol{\Gamma}+\hat{\boldsymbol{K}}_v)\dot{\boldsymbol{\theta}}+\boldsymbol{\Gamma}^{\mathrm{T}}\hat{\boldsymbol{K}}_M\hat{\boldsymbol{R}}_M^{-1}\hat{\boldsymbol{K}}_p(\boldsymbol{\theta}-\boldsymbol{\theta}_d)=0 \tag{8-36}$$

从前文的讨论中可知：该控制系统是二次系统，前提是传动比大且关节速度小。在本节中，将在没有这种近似或假设的情况下分析控制系统的稳定性。首先，选择以下函数作为李雅普诺夫函数的候选项。

$$V(t)=\frac{1}{2}\{\dot{\boldsymbol{\theta}}^{\mathrm{T}}[\boldsymbol{M}(\boldsymbol{\theta})+\boldsymbol{\Gamma}^{\mathrm{T}}\hat{\boldsymbol{J}}_M\boldsymbol{\Gamma}]\dot{\boldsymbol{\theta}}+(\boldsymbol{\theta}-\boldsymbol{\theta}_d)^{\mathrm{T}}\boldsymbol{\Gamma}^{\mathrm{T}}\hat{\boldsymbol{K}}_M\hat{\boldsymbol{R}}_M^{-1}\hat{\boldsymbol{K}}_p(\boldsymbol{\theta}-\boldsymbol{\theta}_d)\} \tag{8-37}$$

式中，$\boldsymbol{M}(\boldsymbol{\theta})+\boldsymbol{\Gamma}^{\mathrm{T}}\hat{\boldsymbol{J}}_M\boldsymbol{\Gamma}$ 和 $\boldsymbol{\Gamma}^{\mathrm{T}}\hat{\boldsymbol{K}}_M\hat{\boldsymbol{R}}_M^{-1}\hat{\boldsymbol{K}}_p$ 都是正定矩阵。

因此，$V(t)>0$，且 $V(t)$ 的时间导数为

$$\begin{aligned}\dot{V}(t)&=\dot{\boldsymbol{\theta}}^{\mathrm{T}}\{[\boldsymbol{M}(\boldsymbol{\theta})+\boldsymbol{\Gamma}^{\mathrm{T}}\hat{\boldsymbol{J}}_M\boldsymbol{\Gamma}]\ddot{\boldsymbol{\theta}}+\frac{1}{2}\dot{\boldsymbol{M}}(\boldsymbol{\theta})\dot{\boldsymbol{\theta}}+\boldsymbol{\Gamma}^{\mathrm{T}}\hat{\boldsymbol{K}}_M\hat{\boldsymbol{R}}_M^{-1}\hat{\boldsymbol{K}}_p(\boldsymbol{\theta}-\boldsymbol{\theta}_d)\}\\ &=\dot{\boldsymbol{\theta}}^{\mathrm{T}}\left[-\boldsymbol{h}(\boldsymbol{\theta},\dot{\boldsymbol{\theta}})+\frac{1}{2}\dot{\boldsymbol{M}}(\boldsymbol{\theta})\dot{\boldsymbol{\theta}}\right]-\dot{\boldsymbol{\theta}}^{\mathrm{T}}\boldsymbol{\Gamma}^{\mathrm{T}}\hat{\boldsymbol{K}}_M\hat{\boldsymbol{R}}_M^{-1}(\hat{\boldsymbol{K}}_e\boldsymbol{\Gamma}+\hat{\boldsymbol{K}}_v)\dot{\boldsymbol{\theta}}\end{aligned} \tag{8-38}$$

这里，

$$\begin{aligned}\dot{\boldsymbol{\theta}}^{\mathrm{T}}\boldsymbol{h}(\boldsymbol{\theta},\dot{\boldsymbol{\theta}})&=\dot{\boldsymbol{\theta}}^{\mathrm{T}}\dot{\boldsymbol{M}}(\boldsymbol{\theta})\dot{\boldsymbol{\theta}}-\dot{\boldsymbol{\theta}}^{\mathrm{T}}\frac{\partial}{\partial\boldsymbol{\theta}}\left[\frac{1}{2}\dot{\boldsymbol{\theta}}^{\mathrm{T}}\boldsymbol{M}(\boldsymbol{\theta})\dot{\boldsymbol{\theta}}\right]\\ &=\dot{\boldsymbol{\theta}}^{\mathrm{T}}\dot{\boldsymbol{M}}(\boldsymbol{\theta})\dot{\boldsymbol{\theta}}-\frac{1}{2}\sum_{i=1}^{n}\frac{\partial}{\partial\theta_i}[\dot{\boldsymbol{\theta}}^{\mathrm{T}}\boldsymbol{M}(\boldsymbol{\theta})\dot{\boldsymbol{\theta}}]\dot{\theta}_i\\ &=\dot{\boldsymbol{\theta}}^{\mathrm{T}}\dot{\boldsymbol{M}}(\boldsymbol{\theta})\dot{\boldsymbol{\theta}}-\frac{1}{2}\dot{\boldsymbol{\theta}}^{\mathrm{T}}\dot{\boldsymbol{M}}(\boldsymbol{\theta})\dot{\boldsymbol{\theta}}\\ &=\frac{1}{2}\dot{\boldsymbol{\theta}}^{\mathrm{T}}\dot{\boldsymbol{M}}(\boldsymbol{\theta})\dot{\boldsymbol{\theta}}\end{aligned} \tag{8-39}$$

运用关系式有

$$\dot{V}(t)=-\dot{\boldsymbol{\theta}}^{\mathrm{T}}\boldsymbol{\Gamma}^{\mathrm{T}}\hat{\boldsymbol{K}}_M\hat{\boldsymbol{R}}_M^{-1}(\hat{\boldsymbol{K}}_e\boldsymbol{\Gamma}+\hat{\boldsymbol{K}}_v)\dot{\boldsymbol{\theta}}\leqslant 0 \tag{8-40}$$

因此，$\boldsymbol{V}(t)$ 是一个李雅普诺夫函数，当 $\dot{\boldsymbol{\theta}}(t)=0$ 时满足等式，其中 $\boldsymbol{\theta}(t)=\boldsymbol{\theta}_d$。通过上述讨论，若 $\boldsymbol{\theta}(t)\neq\boldsymbol{\theta}_d$，则 $\dot{\boldsymbol{V}}(t)<0$。因此，控制系统［式（8-35）］对 $\boldsymbol{\theta}_d$ 渐近稳定。

8.8 计算力矩法控制

如图 8-5 所示，计算转矩法控制是采用带工业机器人动态补偿的 PD（PID）控制器。

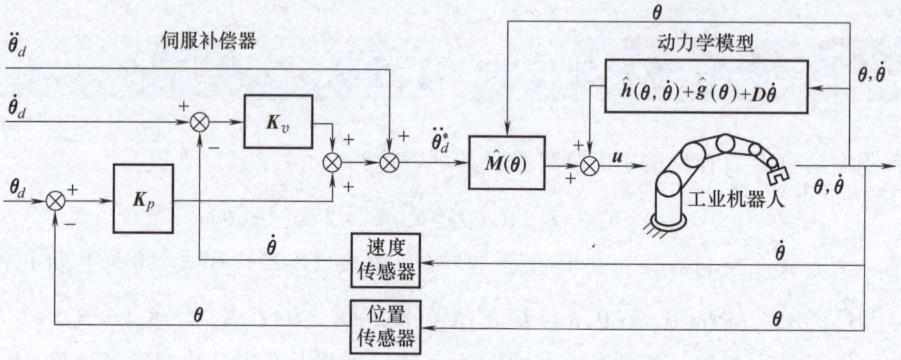

图 8-5　计算转矩法

下面对非线性动力学进行计算，并对控制器进行线性化处理。通过式（8-41）对工业机器人的动态变化进行描述：

$$\boldsymbol{M}(\boldsymbol{\theta})\ddot{\boldsymbol{\theta}}+\boldsymbol{h}(\boldsymbol{\theta},\dot{\boldsymbol{\theta}})+\boldsymbol{g}(\boldsymbol{\theta})+\boldsymbol{D}\dot{\boldsymbol{\theta}}=\boldsymbol{u} \tag{8-41}$$

式中，$\boldsymbol{u}$ 为输入向量（转矩 $\boldsymbol{\tau}$ 或电动机电压 $\boldsymbol{v}$）。

计算转矩法控制的控制律为

$$\boldsymbol{u}=\hat{\boldsymbol{M}}(\boldsymbol{\theta})\ddot{\boldsymbol{\theta}}^{*}+\hat{\boldsymbol{h}}(\boldsymbol{\theta},\dot{\boldsymbol{\theta}})+\hat{\boldsymbol{g}}(\boldsymbol{\theta})+\hat{\boldsymbol{D}}\dot{\boldsymbol{\theta}} \tag{8-42}$$

$$\ddot{\boldsymbol{\theta}}^{*}=\ddot{\boldsymbol{\theta}}_d(t)+\hat{\boldsymbol{K}}_v(\dot{\boldsymbol{\theta}}_d-\dot{\boldsymbol{\theta}})+\hat{\boldsymbol{K}}_p(\boldsymbol{\theta}_d-\boldsymbol{\theta}) \tag{8-43}$$

式中，$\hat{\boldsymbol{M}}(\boldsymbol{\theta})$ 为惯性矩阵模型；$\hat{\boldsymbol{h}}(\boldsymbol{\theta},\ \dot{\boldsymbol{\theta}})$ 为离心和科里奥利模型；$\hat{\boldsymbol{g}}(\boldsymbol{\theta})$ 为重力模型；$\hat{\boldsymbol{D}}$ 为黏性摩擦系数模型。

如果模型是准确的，则

$$\hat{\boldsymbol{M}}(\boldsymbol{\theta})=\boldsymbol{M}(\boldsymbol{\theta}),\quad \hat{\boldsymbol{h}}(\boldsymbol{\theta},\dot{\boldsymbol{\theta}})=\boldsymbol{h}(\boldsymbol{\theta},\dot{\boldsymbol{\theta}}),\quad \hat{\boldsymbol{g}}(\boldsymbol{\theta})=\boldsymbol{g}(\boldsymbol{\theta}),\quad \hat{\boldsymbol{D}}=\boldsymbol{D} \tag{8-44}$$

然后，将式（8-42），式（8-44）代入式（8-41），可得

$$\ddot{\boldsymbol{\theta}}^{*}=\ddot{\boldsymbol{\theta}} \tag{8-45}$$

其次，从式（8-43）和式（8-45）可得

$$\ddot{\boldsymbol{\theta}}_d(t)-\ddot{\boldsymbol{\theta}}+\hat{\boldsymbol{K}}_v(\dot{\boldsymbol{\theta}}_d-\dot{\boldsymbol{\theta}})+\hat{\boldsymbol{K}}_p(\boldsymbol{\theta}_d-\boldsymbol{\theta})=0 \tag{8-46}$$

因此，误差方程为

$$\ddot{\boldsymbol{e}}+\hat{\boldsymbol{K}}_v\dot{\boldsymbol{e}}+\hat{\boldsymbol{K}}_p\boldsymbol{e}=0 \tag{8-47}$$

通过选择适当的 $\hat{K}_v$ 和 $\hat{K}_p$，可实现理想的工业机器人运动响应。

8.9 工作空间的 PD（PID）反馈控制

考虑这样一种情况：工业机器人手部的位置应该控制在一个固定在工作空间坐标系下的物体上。例如，在焊接时，焊缝线就被描述在一个有工作空间坐标系的物体上。在这种情况下，在工作空间坐标系下工业机器人手部的位置的偏差应该得到反馈，其中一种控制律为

$$\boldsymbol{u}=\boldsymbol{J}_{\omega}^{\mathrm{T}}(\boldsymbol{\theta})\hat{\boldsymbol{K}}_p(\boldsymbol{r}_d-\boldsymbol{r})-\hat{\boldsymbol{K}}_v\dot{\boldsymbol{\theta}}+\boldsymbol{g}(\boldsymbol{\theta}) \tag{8-48}$$

在带重力补偿的 PD 控制部分采用类似的方法，也保证了控制律的稳定性。

8.10 解析加速度控制

解析加速度控制方法的控制律为

$$\boldsymbol{u}=\hat{\boldsymbol{M}}(\boldsymbol{\theta})\boldsymbol{J}^{-1}(\boldsymbol{\theta})[\ddot{\boldsymbol{r}}^{*}-\dot{\boldsymbol{J}}(\boldsymbol{\theta})\dot{\boldsymbol{\theta}}]+\hat{\boldsymbol{h}}(\boldsymbol{\theta},\dot{\boldsymbol{\theta}})+\hat{\boldsymbol{g}}(\boldsymbol{\theta})+\hat{\boldsymbol{D}}\dot{\boldsymbol{\theta}} \tag{8-49}$$

$$\ddot{\boldsymbol{r}}^{*}=\ddot{\boldsymbol{r}}_d(t)+\hat{\boldsymbol{K}}_v(\dot{\boldsymbol{r}}_d-\dot{\boldsymbol{r}})+\hat{\boldsymbol{K}}_p(\boldsymbol{r}_d-\boldsymbol{r}) \tag{8-50}$$

这个控制律为带有动态补偿的工作空间反馈式，而计算力矩法控制是关节空间反馈式。与计算力矩法控制类似，如果 $\ddot{\boldsymbol{r}}=\ddot{\boldsymbol{r}}^{*}$，且动力学参数模型准确，则可得到与式（8-47）相同的误差方程。

课后习题

8-1 不考虑机器人重力时，用什么控制器？

8-2 考虑重力项时，用什么控制器？

8-3 考虑重力和非线性力时，用什么控制器？

8-4 在工业机器人中，使用或提出了哪些控制办法？

8-5 焊接机器人进行焊缝焊接工作时，应采用哪种控制方法？

8-6 工作空间反馈式和关节空间反馈式的误差方程分别如何表示？

第9章 工业机器人机电统一设计方法

9.1 引言

本章重点介绍工业机器人的轻量化设计，即在具体任务要求下的轻量化。本章以设计要求作为出发点和落脚点，首先给出工业机器人的设计指标，采用全局条件指标（global condition index，GCI）作为工业机器人空间操作度的量度，在满足工作空间的前提下，选取GCI最大时的杆件参数进行设计。然后，依次确定工业机器人的构型、臂杆和关节的设计方案。最后，针对结构和驱动系统的统一设计问题，提出基于驱动力矩密度曲线的轻量化整体设计方案。

1. 工业机器人的设计目标

工业机器人的设计目标旨在设计出一款轻型工业机器人，要求具有刚度高、紧凑性好、质量轻、能耗低、空间运动灵活且平稳的特点。具体的设计指标见表9-1。

表9-1 工业机器人的设计指标

项目类型	说明
构型	自由度数目≥4，运动副形式为转动
工作空间	半径为700mm的半球区域
最大关节转速	≥1.57rad/s
末端最大负载	2.5kg
自重	≤8.5kg
整机功率	≤350W
其他	地面或墙面安装，实现定点抓取

2. 工业机器人的空间操作度指标

如图9-1所示，n 自由度串联工业机器人的雅可比矩阵可描述笛卡儿空间速度 $\dot{\boldsymbol{r}}$ 与关节空间速度 $\dot{\boldsymbol{\theta}}$ 之间的映射关系

$$\dot{\boldsymbol{r}}=\boldsymbol{J}(\boldsymbol{\theta})\dot{\boldsymbol{\theta}} \tag{9-1}$$

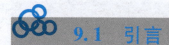

式中，$\boldsymbol{\theta}=[\theta_1 \quad \theta_2 \quad \cdots \quad \theta_n]^{\mathrm{T}}$，表示工业机器人的关节变量；$\boldsymbol{J}(\boldsymbol{\theta})$ 表示工业机器人的速度雅可比矩阵。

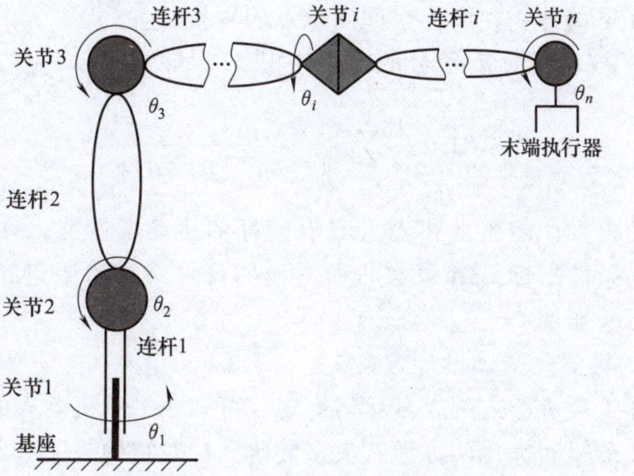

图 9-1　n 自由度串联工业机器人简图

如图 9-2 所示，对于单位球面$\{\boldsymbol{\theta} \mid \|\dot{\boldsymbol{\theta}}\|=1\}$，通过雅可比矩阵 $\boldsymbol{J}(\boldsymbol{\theta})$ 的映射操作得到的像，即是笛卡儿空间速度 $\dot{\boldsymbol{r}}$ 内的一个椭圆球，工业机器人的末端执行器在操作空间沿椭圆的长轴移动的速度比沿短轴移动的速度更快。如果上述的椭圆球是一个圆球时，工业机器人在各个方向上的速度变化具有一致性。此时，工业机器人的可操作性最佳。

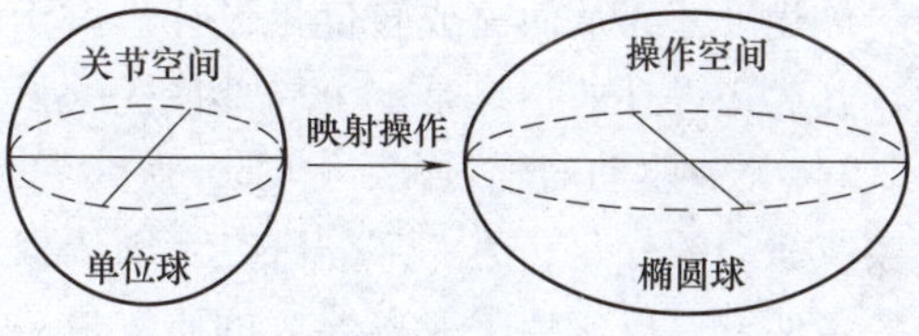

图 9-2　雅可比矩阵的映射操作

椭圆球的半轴长度即为雅可比矩阵的奇异值，其奇异值的大小可以作为由结构决定的运动特性和力传递质量的一个度量，该度量一般被定义为雅可比矩阵的最大奇异值 $\boldsymbol{\sigma}_{\max}$ 和最小奇异值 $\boldsymbol{\sigma}_{\min}$ 的比值，也就是雅可比矩阵的条件数 $k(\boldsymbol{J})$。当 $k(\boldsymbol{J})=1$ 时，表明工业机器人在操作空间的形位具有各向同性的特点，对应的灵巧度和力传递的质量最好。

为了实现工业机器人灵活度的最优设计，文中采用 Gosselin 和 Angeles 提出的全局条件指标 GCI 作为工业机器人灵巧性的度量。GCI 在指定工作空间 W 内的大小可以表示为

$$\mathrm{GCI}=\frac{\int_W \frac{1}{\|\boldsymbol{J}(\boldsymbol{\theta})\|\|\boldsymbol{J}^{-1}(\boldsymbol{\theta})\|}\mathrm{d}W}{\int_W \mathrm{d}W} \tag{9-2}$$

式中，$\|\boldsymbol{J}\|$为范数。

速度雅可比矩阵 $\boldsymbol{J}_{n\times n}$ 可表示为

$$\|\boldsymbol{J}\|=\sqrt{\mathrm{tr}(\boldsymbol{J}^{\mathrm{T}}\boldsymbol{E}\boldsymbol{J})/n} \tag{9-3}$$

式中，$\boldsymbol{E}$ 为 $n\times n$ 的单位矩阵；n 为工业机器人的自由度数。

对于多自由度的工业机器人而言，GCI 一般采用离散的数值计算，其计算公式为

$$\mathrm{GCI}=\frac{1}{V}\sum_{i=1}^{m}\frac{1}{\|\boldsymbol{J}(\boldsymbol{\theta})\|\|\boldsymbol{J}^{-1}(\boldsymbol{\theta})\|}\Delta V_i \tag{9-4}$$

式中，V 为工作空间 W 的体积；m 为空间离散点的数量。

假设工作空间 W 被均分为 m 等分的微小体积 ΔV，即 $\Delta V\equiv\Delta V_i$，式（9-4）可写为

$$\mathrm{GCI}=\frac{1}{m}\sum_{i=1}^{m}\frac{1}{\|\boldsymbol{J}(\boldsymbol{\theta})\|\|\boldsymbol{J}^{-1}(\boldsymbol{\theta})\|} \tag{9-5}$$

综上所述，为使得设计的工业机器人具有较好的运动学性能，在满足工作空间的前提下，本章节选取全局条件指标 GCI 最大时所对应的杆件结构参数进行设计，以提高其在工作空间的灵活性和可操作性。

3. 工业机器人的轻量化整体设计方案

综合分析国内外工业机器人的轻量化研究现状可知，工业机器人的轻量化研究主要集中在结构优化设计和关节驱动优化两方面。大多数研究针对结构或关节驱动单一方面展开，并未考虑结构和关节驱动在轻量化过程中的相互作用和统一设计问题。

1）结构的轻量化：大多是在初始设计模型的关节驱动保持固定的情况下，采用有限元分析技术或新型轻质的复合材料，对结构的形状、拓扑和尺寸进行优化，得到工业机器人结构的最优尺寸，从而完成轻量化设计。由于结构优化后没有考虑对关节驱动设计的影响，因此，其优化设计的结果是一个局部最优的设计。

2）关节驱动的轻量化：一部分研究者是通过设计高功率密度的驱动源或新型驱动实现对关节驱动的优化；另一部分研究者则依据现有的商用电动机和减速器，在满足实际工作需求的条件下，以实现工业机器人的质量最小化为设计目标，采用优化算法或者紧凑性设计方法完成对关节驱动的优化设计。同样，这些研究只是针对关节驱动的优化设计，没有考虑优化后对工业机器人结构设计的影响，也是一个局部最优化的设计。虽然也有一些学者考虑两者的整体优化，在优化过程中采用离散的设计方法，通过大量的迭代计算，获取结构和关节驱动系统参数的最优化组合，来完成对工业机器人的设计，但未能直接、定量地反映结构和关节驱动系统在轻量化过程的相互作用和统一设计的问题。

综上所述，本章将提出一种新的轻量化设计方案，如图 9-3 所示。该设计方案主要包括结构优化和关节驱动系统优化两个模块。在轻量化设计之前，首先要给出研究对象的初始数据，包括目标要求、运动学尺寸参数、臂杆结构类型、关节结构类型、强度与刚度约束和末端负载等参数。在轻量化过程中，为了能够定量地描述设计的工业机器人，需要建立与其对应的运动学模型、有限元分析模型和动力学模型。同时依据相同拓扑结构的驱动系统的固有特性，提出驱动系统的力矩与其质量的定量描述（驱动力矩密度曲线），用于驱动系统设计。以关节驱动力矩作为工业机器人的结构优化和驱动系统优化相互作用的纽带，将两者的优化统一到工业机器人的质量最轻这个设计目标上面，从而实现工业机器人整体的轻量化。下面将对工业机器人的轻量化设计方案进行说明。

1）初始条件的准备。首先给出研究对象的运动学尺寸参数、臂杆结构类型、关节结构类型、强度与刚度约束、末端负载及目标要求。其中，目标要求是实现工业机器人的质量最小化。

2）三类数学模型的建立。为了在轻量化过程中能够定量分析与设计工业机器人，需要

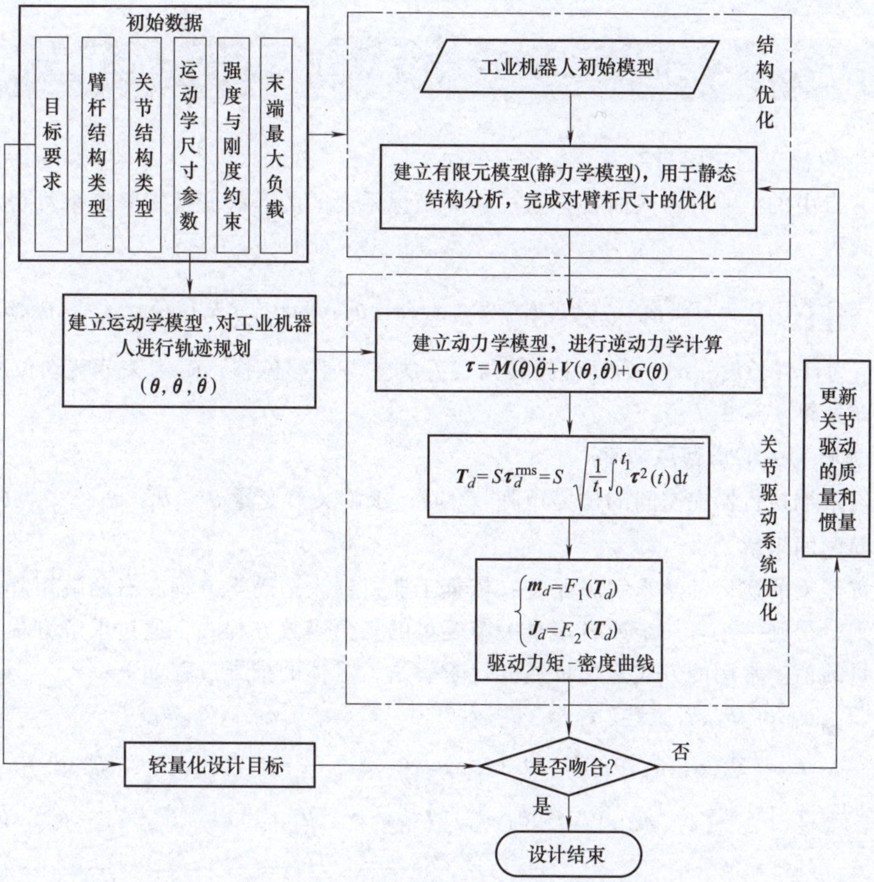

图 9-3　工业机器人的轻量化整体设计方案

建立与其相关的数学模型，包括工业机器人的运动学、静力学和动力学三类数学模型。

3）驱动力矩密度曲线。对于同一拓扑结构的驱动系统而言，其驱动力矩与其质量具有一定的对应关系。将驱动系统的额定力矩 $\boldsymbol{T}_d$ 与质量 $\boldsymbol{m}_d$ 之间的对应关系定义为驱动力矩密度曲线，同时考虑驱动系统的等效转动惯量 $\boldsymbol{J}_d$ 的影响。其一般表达式为

$$\begin{cases}\boldsymbol{m}_d=F_1(\boldsymbol{T}_d)\\ \boldsymbol{J}_d=F_2(\boldsymbol{T}_d)\end{cases}$$

在确定工业机器人的拓扑结构模型的条件下，基于对轻量化问题的描述，建立工业机器人参数化的有限元分析模型，考虑工业机器人的结构强度和刚度约束，通过结构优化模块实现臂杆结构的优化设计。然后，更新优化后的工业机器人模型，建立其动力学求解模型，将运动轨迹和末端负载作为计算输入，得到各关节在运动过程中的需求力矩。通过驱动力矩密度曲线得到与其对应的质量和等效转动惯量参数，实现对关节驱动系统的设计。同时，关节驱动力矩作为工业机器人的结构优化和驱动系统优化相互作用的纽带，将两者的优化统一到工业机器人的质量最小化这一设计目标上来。然后，更新关节驱动的质量和惯量等参数，重复执行上述过程，直至满足工业机器人的轻量化设计目标。

9.2 工业机器人的数学模型及驱动力矩密度曲线

1. 工业机器人的正向运动学

对于 n 自由的工业机器人而言，通过相邻坐标系之间的齐次变换矩阵连乘可得其正向运动学表达式为

$$ {}^{0}\boldsymbol{T}_h = \prod_{i=1}^{n} {}^{i-1}\boldsymbol{T}_i = {}^{0}\boldsymbol{T}_1(\alpha_0, a_0, \theta_1, d_1)\,{}^{1}\boldsymbol{T}_2(\alpha_1, a_1, \theta_2, d_2)\cdots{}^{n-1}\boldsymbol{T}_n(\alpha_{n-1}, a_{n-1}, \theta_n, d_n) \tag{9-6} $$

式中，a_{i-1} 为杆件长度；α_{i-1} 为杆件扭转角；d_i 为关节平移位移；θ_i 为关节转动位移，是 D-H 参数，详见第 4 章 4.7 节。

2. 工业机器人的逆向运动学

当给定末端执行器在空间的位姿矩阵 ${}^{0}\boldsymbol{T}_h$ 时，求解关节变量 $\boldsymbol{\theta}=[\theta_1 \quad \theta_2 \quad \cdots \quad \theta_n]^{\mathrm{T}}$ 称为逆运动学问题的求解。

工业机器人的逆运动学求解思路是：依据工业机器人运动学方程左右两端矩阵元素对应相等的原则，得到一组含一个或者多个关节变量的三角函数方程式，通过求解方程组来确定各关节变量的值。常用的方式是递推逆变换求解法，具体的推导过程如下：

$$ \begin{cases} {}^{0}\boldsymbol{T}_h = {}^{0}\boldsymbol{T}_1(\alpha_0, a_0, \theta_1, d_1)\,{}^{1}\boldsymbol{T}_2(\alpha_1, a_1, \theta_2, d_2)\cdots{}^{n-1}\boldsymbol{T}_n(\alpha_{n-1}, a_{n-1}, \theta_n, d_n) \\ [{}^{0}\boldsymbol{T}_1]^{-1}\;{}^{0}\boldsymbol{T}_h = {}^{1}\boldsymbol{T}_2(\alpha_1, a_1, \theta_2, d_2)\,{}^{2}\boldsymbol{T}_3(\alpha_2, a_2, \theta_3, d_3)\cdots{}^{n-1}\boldsymbol{T}_n(\alpha_{n-1}, a_{n-1}, \theta_n, d_n) \\ [{}^{1}\boldsymbol{T}_2]^{-1}[{}^{0}\boldsymbol{T}_1]^{-1}\;{}^{0}\boldsymbol{T}_h = {}^{2}\boldsymbol{T}_3(\alpha_2, a_2, \theta_3, d_3)\,{}^{3}\boldsymbol{T}_4(\alpha_3, a_3, \theta_4, d_4)\cdots{}^{n-1}\boldsymbol{T}_n(\alpha_{n-1}, a_{n-1}, \theta_n, d_n) \\ \cdots \end{cases} \tag{9-7} $$

工业机器人的正向运动学的求解具有唯一性，但是其逆运动学的求解存在多个解。因此，在实际控制的轨迹规划过程中，存在最优解的选择问题，一般情况下，采用“最短行程”准则和“多动大关节，少动小关节”原则来选择最优解。

3. 工业机器人的静力学分析

为保证工业机器人在任何位姿下的刚度和强度都能满足设计需求，下面将建立工业机器人极限工况下的有限元模型，对其进行静态结构分析计算，如图 9-4 所示。

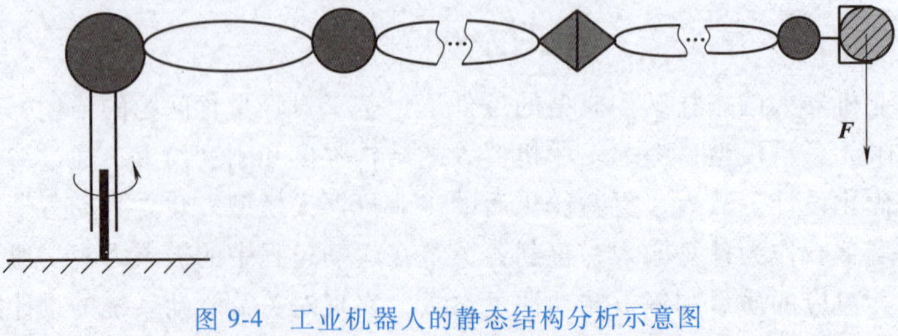

图 9-4　工业机器人的静态结构分析示意图

在线性结构的静态结构计算求解中，其求解方程一般可表示为

$$ \boldsymbol{Kx} = \boldsymbol{F} \tag{9-8} $$

式中，$\boldsymbol{K}$ 为结构的刚度矩阵，与结构的材料，尺寸，形状有关；$\boldsymbol{x}$ 是结构的位移向量；$\boldsymbol{F}$ 是静载荷向量。

4. 工业机器人的动力学分析

如图 9-5 所示，对于连件 i 在刚体坐标系 $\{i\}$ 中任意一点 p 的位置向量为 ${}^i\boldsymbol{r}$，则 p 点在基坐标系 $\{0\}$ 中的位置向量 ${}^0\boldsymbol{p}$ 可表示为

$$ {}^0\boldsymbol{p} = {}^0\boldsymbol{T}_i {}^i\boldsymbol{r} \tag{9-9} $$

式中，${}^0\boldsymbol{T}_i$ 为连杆 i 的刚体坐标系 $\{i\}$ 相对于基坐标系 $\{0\}$ 的齐次变换矩阵；${}^0\boldsymbol{p}=[{}^0p_x \quad {}^0p_y \quad {}^0p_z, \ 1]^{\mathrm{T}}$；${}^i\boldsymbol{r}=[{}^ir_x \quad {}^ir_y \quad {}^ir_z, \ 1]^{\mathrm{T}}$。

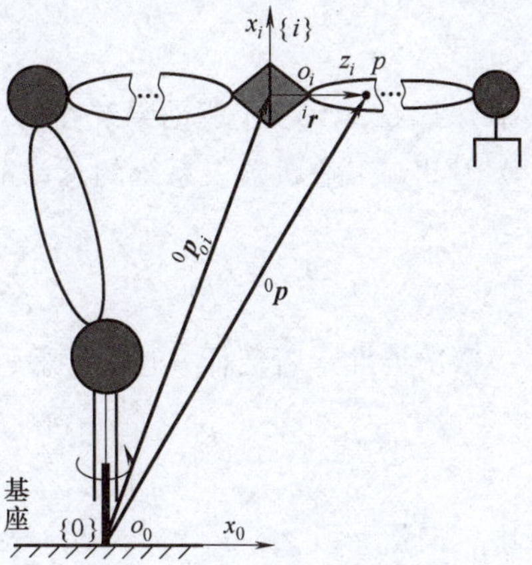

图 9-5　工业机器人的连杆模型

则点 p 在基坐标系 $\{0\}$ 下的速度 ${}^0\boldsymbol{v}$ 和速度平方 ${}^0\boldsymbol{v}^2$ 分别表示为

$$ {}^0\boldsymbol{v} = \frac{\mathrm{d}{}^0\boldsymbol{p}}{\mathrm{d}t} = \frac{\mathrm{d}}{\mathrm{d}t}({}^0\boldsymbol{T}_i {}^i\boldsymbol{r}) = \left(\sum_{j=1}^{i} \frac{\partial {}^0\boldsymbol{T}_i}{\partial q_j}\dot{\theta}_j\right) {}^i\boldsymbol{r} \tag{9-10} $$

$$ {}^0\boldsymbol{v}^2 = \mathrm{tr}({}^0\boldsymbol{v}\cdot{}^0\boldsymbol{v}^{\mathrm{T}}) = \mathrm{tr}\left[\sum_{k=1}^{i}\sum_{j=1}^{i} \frac{\partial {}^0\boldsymbol{T}_i}{\partial \theta_k}({}^i\boldsymbol{r}\cdot{}^i\boldsymbol{r}^{\mathrm{T}})\left(\frac{\partial {}^0\boldsymbol{T}_i}{\partial \theta_j}\right)^{\mathrm{T}} \dot{\theta}_j\dot{\theta}_k\right] \tag{9-11} $$

式中，tr（）表示矩阵的迹运算。

假定连杆 i 上的任意一质点 p 的质量为 $\mathrm{d}m$，且在坐标系 $\{i\}$ 下的位置向量为 ${}^i\boldsymbol{r}$，则连杆 i 的动能 E_{ki}^l 为

$$ E_{ki}^l = \int_{\mathrm{link}_i} \frac{1}{2}\boldsymbol{v}^2\mathrm{d}m = \frac{1}{2}\mathrm{tr}\left[\sum_{k=1}^{i}\sum_{j=1}^{i} \frac{\partial {}^0\boldsymbol{T}_i}{\partial \theta_k}\left(\int_{\mathrm{link}_i} {}^i\boldsymbol{r}\cdot{}^i\boldsymbol{r}^{\mathrm{T}}\mathrm{d}m\right)\frac{\partial {}^0\boldsymbol{T}_i^{\mathrm{T}}}{\partial \theta_j}\dot{\theta}_j\dot{\theta}_k\right] \tag{9-12} $$

$$ \boldsymbol{I}_i = \int_{\mathrm{link}_i} {}^i\boldsymbol{r}\cdot{}^i\boldsymbol{r}^{\mathrm{T}}\mathrm{d}m = \begin{bmatrix} \int_{\mathrm{link}_i} {}^ir_x^2\mathrm{d}m & \int_{\mathrm{link}_i} {}^ir_x{}^ir_y\mathrm{d}m & \int_{\mathrm{link}_i} {}^ir_x{}^ir_z\mathrm{d}m & \int_{\mathrm{link}_i} {}^ir_x\mathrm{d}m \\ \int_{\mathrm{link}_i} {}^ir_y{}^ir_x\mathrm{d}m & \int_{\mathrm{link}_i} {}^ir_y^2\mathrm{d}m & \int_{\mathrm{link}_i} {}^ir_y{}^ir_z\mathrm{d}m & \int_{\mathrm{link}_i} {}^ir_y\mathrm{d}m \\ \int_{\mathrm{link}_i} {}^ir_z{}^ir_x\mathrm{d}m & \int_{\mathrm{link}_i} {}^ir_z{}^ir_y\mathrm{d}m & \int_{\mathrm{link}_i} {}^ir_z^2\mathrm{d}m & \int_{\mathrm{link}_i} {}^ir_z\mathrm{d}m \\ \int_{\mathrm{link}_i} {}^ir_x\mathrm{d}m & \int_{\mathrm{link}_i} {}^ir_y\mathrm{d}m & \int_{\mathrm{link}_i} {}^ir_z\mathrm{d}m & \int_{\mathrm{link}_i} \mathrm{d}m \end{bmatrix} \tag{9-13} $$

式中，积分项 $\int_{\mathrm{link}_i} {}^i\boldsymbol{r}\cdot{}^i\boldsymbol{r}^{\mathrm{T}}\mathrm{d}m$ 表示连杆 i 在坐标系 $\{i\}$ 下的伪惯量矩阵，描述的是连杆 i 在坐标系 $\{i\}$ 中的质量分布情况，可由式（9-13）详细表示。

则 n 自由度的工业机器人的连杆总动能 E_k^l 为

$$ E_k^l = \sum_{i=1}^{n} E_{ki}^l = \frac{1}{2}\sum_{i=1}^{n}\sum_{k=1}^{i}\sum_{j=1}^{i}\mathrm{tr}\left(\frac{\partial {}^0\boldsymbol{T}_i}{\partial \theta_k}\boldsymbol{I}_i\frac{\partial {}^0\boldsymbol{T}_i^{\mathrm{T}}}{\partial \theta_j}\right)\dot{\theta}_j\dot{\theta}_k \tag{9-14} $$

式（9-14）描述的是工业机器人的结构动能。此外，各关节中驱动系统的转动动能不可

忽略，即伺服驱动电动机和减速器的转动动能，可以通过传动机构的惯量和广义速度表示为

$$E_k^a = \frac{1}{2}\sum_{i=1}^{n} J_{ai}\dot{\theta}_i^2 \tag{9-15}$$

式中，J_{ai} 表示第 i 个驱动系统在其广义坐标 θ_i 上的等效转动惯量。

因此，工业机器人系统的总动能 E_k 为

$$E_k = E_k^l + E_k^a = \frac{1}{2}\sum_{i=1}^{n}\sum_{k=1}^{i}\sum_{j=1}^{i}\mathrm{tr}\left(\frac{\partial {}^0\boldsymbol{T}_i}{\partial\theta_k}\boldsymbol{I}_i\frac{\partial {}^0\boldsymbol{T}_i^{\mathrm{T}}}{\partial\theta_j}\right)\dot{\theta}_j\dot{\theta}_k + \frac{1}{2}\sum_{i=1}^{n} J_{ai}\dot{\theta}_i^2 \tag{9-16}$$

依次类推，若连杆 i 上的任意一质点 P 的质量为 $\mathrm{d}m$，则连杆 i 的势能 E_{pi} 为

$$E_{pi}^l = \int_{\mathrm{link}_i}\mathrm{d}E_{pi}^l = -\boldsymbol{g}^{\mathrm{T}}\left({}^0\boldsymbol{T}_i\int_{\mathrm{link}_i}{}^i\boldsymbol{r}\mathrm{d}m\right) = -m_i\boldsymbol{g}^{\mathrm{T}}\left({}^0\boldsymbol{T}_i{}^i\boldsymbol{r}_c\right) \tag{9-17}$$

式中，向量 $\boldsymbol{g}=[g_x \quad g_y \quad g_z \quad 0]^{\mathrm{T}}$ 表示重力加速度向量；m_i 为连杆 i 的质量；${}^i\boldsymbol{r}_c$ 为连杆 i 的质心在刚体坐标系 $\{i\}$ 的位置向量。

则系统的总势能 E_p 为

$$E_p = \sum_{i=1}^{n} E_{pi} = -\boldsymbol{g}^{\mathrm{T}}\sum_{i=1}^{n} m_i{}^0\boldsymbol{T}_i{}^i\boldsymbol{r}_c \tag{9-18}$$

将式（9-16）和式（9-18）代入拉格朗日方程中，可得

$$\begin{aligned}\frac{\mathrm{d}}{\mathrm{d}t}\left(\frac{\partial L}{\partial\dot{\theta}_i}\right) - \frac{\partial L}{\partial\theta_i} = &\sum_{i=p}^{n}\sum_{k=1}^{i}\mathrm{tr}\left(\frac{\partial {}^0\boldsymbol{T}_i}{\partial\theta_p}\boldsymbol{I}_i\frac{\partial {}^0\boldsymbol{T}_i^{\mathrm{T}}}{\partial\theta_k}\right)\ddot{\theta}_k + J_{ap}\ddot{\theta}_p + \\ &\sum_{i=p}^{n}\sum_{k=1}^{i}\sum_{j=1}^{i}\mathrm{tr}\left(\frac{\partial^2 {}^0\boldsymbol{T}_i}{\partial\theta_j\partial\theta_k}\boldsymbol{I}_i\frac{\partial {}^0\boldsymbol{T}_i^{\mathrm{T}}}{\partial\theta_p}\right)\dot{\theta}_j\dot{\theta}_k - \boldsymbol{g}^{\mathrm{T}}\sum_{i=p}^{n} m_i\frac{\partial {}^0\boldsymbol{T}_i}{\partial\theta_p}{}^i\boldsymbol{r}_c\end{aligned} \tag{9-19}$$

对式（9-19）中的下标进行变换操作，得到广义力矩或广义力 Q_i 为

$$\begin{aligned}Q_i = &\sum_{j=i}^{n}\sum_{k=1}^{j}\mathrm{tr}\left(\frac{\partial {}^0\boldsymbol{T}_j}{\partial\theta_i}\boldsymbol{I}_j\frac{\partial {}^0\boldsymbol{T}_j^{\mathrm{T}}}{\partial\theta_k}\right)\ddot{\theta}_k + J_{ai}\ddot{\theta}_i + \\ &\sum_{j=i}^{n}\sum_{k=1}^{j}\sum_{m=1}^{j}\mathrm{tr}\left(\frac{\partial^2 {}^0\boldsymbol{T}_j}{\partial\theta_m\partial\theta_k}\boldsymbol{I}_j\frac{\partial {}^0\boldsymbol{T}_j^{\mathrm{T}}}{\partial\theta_i}\right)\dot{\theta}_m\dot{\theta}_k - \boldsymbol{g}^{\mathrm{T}}\sum_{j=i}^{n} m_j\frac{\partial {}^0\boldsymbol{T}_j}{\partial\theta_i}{}^j\boldsymbol{r}_c\end{aligned} \tag{9-20}$$

为简洁地表示动力学模型，对式（9-20）中的多项式进行如下转化：

$$\begin{cases} D_{ij} = \displaystyle\sum_{p=\max(i,j)}^{n}\mathrm{tr}\left(\frac{\partial {}^0\boldsymbol{T}_p}{\partial\theta_i}\boldsymbol{I}_p\frac{\partial {}^0\boldsymbol{T}_p^{\mathrm{T}}}{\partial\theta_j}\right)\ddot{\theta}_j \\ D_{ijk} = \displaystyle\sum_{p=\max(i,j,k)}^{n}\mathrm{tr}\left(\frac{\partial^2 {}^0\boldsymbol{T}_p}{\partial\theta_j\partial\theta_k}\boldsymbol{I}_p\frac{\partial {}^0\boldsymbol{T}_p^{\mathrm{T}}}{\partial\theta_i}\right)\dot{\theta}_j\dot{\theta}_k \\ D_i = -\boldsymbol{g}^{\mathrm{T}}\displaystyle\sum_{p=i}^{n} m_p\frac{\partial {}^0\boldsymbol{T}_p}{\partial\theta_i}{}^p\boldsymbol{r}_c \end{cases} \tag{9-21}$$

式（9-21）可简化表示为

$$Q_i = \sum_{j=1}^{n} D_{ij}\ddot{\theta}_j + J_{ai}\ddot{\theta}_i + \sum_{j=1}^{n}\sum_{k=1}^{n} D_{ijk}\dot{\theta}_j\dot{\theta}_k + D_i \tag{9-22}$$

对于 n 自由度的工业机器人，式（9-22）可以用状态空间方程表达

$$\boldsymbol{\tau}=\boldsymbol{M}(\boldsymbol{\theta})\ddot{\boldsymbol{\theta}}+\boldsymbol{V}(\boldsymbol{\theta},\dot{\boldsymbol{\theta}})+\boldsymbol{G}(\boldsymbol{\theta}) \tag{9-23}$$

式（9-23）中，$\boldsymbol{M}(\boldsymbol{\theta})$ 为工业机器人 $n\times n$ 的惯量矩阵，该惯量矩阵是关于工业机器人位姿的函数，由电动机、传动件和结构件的转动惯量组成。矩阵 $\boldsymbol{M}(\boldsymbol{\theta})$ 是对称的，其对角线元素 $\boldsymbol{M}_{ii}$ 描述的是关节 i 的惯量，非对角线元素 $\boldsymbol{M}_{ij}=\boldsymbol{M}_{ji}$，$i\neq j$，代表是关节 j 的加速度作用到关节 i 上广义力矩之间的耦合。$n\times 1$ 的矩阵 $\boldsymbol{V}(\boldsymbol{\theta},\ \dot{\boldsymbol{\theta}})$ 为工业机器人的离心力和科氏力向量，是关于关节变量和角速度的函数。离心力矩与 $\dot{\theta}_i\dot{\theta}_i$ 成正比，而科氏力矩与 $\dot{\theta}_i\dot{\theta}_j$ 成正比。其非对角项 $\boldsymbol{V}_{ij}$ 代表的是关节 j 的角速度作用到关节 i 上广义力矩之间的耦合。$\boldsymbol{G}(\boldsymbol{\theta})$ 是 $n\times 1$ 的重力向量，也是工业机器人位姿的函数。该向量在式（9-23）中占据主导地位，不管工业机器人处于静止、缓慢运动和快速运动状态，其一直存在。$\boldsymbol{\tau}$ 表示广义力矩向量。在实际工业机器人动力学方程求解过程中，由于工业机器人结构形状的复杂性，很难直接用解析法进行计算求解，一般采用多体动力学仿真软件来辅助计算。

5. 工业机器人的驱动力矩密度曲线

驱动力矩密度曲线描述的是工业机器人驱动关节的额定驱动力矩与其质量之间的对应关系。工业机器人关节的驱动系统主要包括电动机和减速器两部分。电动机是驱动系统最主要的部件之一，其功率的大小代表了关节的驱动能力。对于同一拓扑结构的直流电动机，如图 9-6 所示，Roos 依据现有的电动机的技术参数通过扩展的方法得到了同类型、不同尺寸的电动机数据，基于这些数据提出了电动机尺寸参数分别与电动机的额定力矩、转动惯量及质量之间的数学表达式

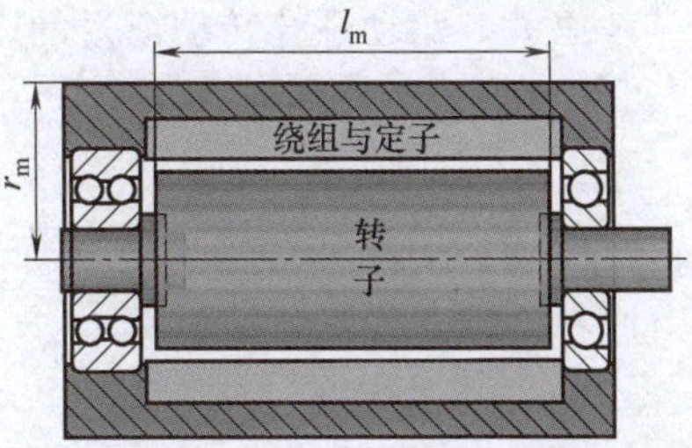

图 9-6　直流电动机拓扑结构

$$\begin{cases}T_{\mathrm{m}}^{\mathrm{rated}}=C_{\mathrm{m}}l_{\mathrm{m}}r_{\mathrm{m}}^{2.5}\\ J_{\mathrm{m}}=C_{\mathrm{m,j}}l_{\mathrm{m}}r_{\mathrm{m}}^{2.5}\\ m_{\mathrm{m}}=\pi\rho_{\mathrm{m}}l_{\mathrm{m}}r_{\mathrm{m}}^{2}\end{cases} \tag{9-24}$$

式中，r_{m} 和 l_{m} 分别为电动机定子的半径和转子长度；$T_{\mathrm{m}}^{\mathrm{rated}}$、$J_{\mathrm{m}}$ 和 m_{m} 分别为电动机的额定力矩、转动惯量和质量；对于同一拓扑结构的电动机，在相同冷却条件下，C_{m} 和 $C_{\mathrm{m,j}}$ 都为常量；ρ_{m} 为定子、转子、空气间隙以及绕组的平均密度，也是常量。

由式（9-24）可得电动机的额定力矩与质量之间的对应关系为

$$m_{\mathrm{m}}=\frac{\pi\rho_{\mathrm{m}}}{C_{\mathrm{m}}\sqrt{r_{\mathrm{m}}}}T_{\mathrm{m}}^{\mathrm{rated}} \tag{9-25}$$

由式（9-25）可知，电动机的质量 m_{m} 和额定力矩 $T_{\mathrm{m}}^{\mathrm{rated}}$ 之间存在正相关关系，此时可以用一个连续的正相关曲线 $m_{\mathrm{m}}=f_1(T_{\mathrm{m}}^{\mathrm{rated}})$ 来描述。

同理，由式（9-25）可以得到电动机的转动惯量 J_{m} 与额定力矩 $T_{\mathrm{m}}^{\mathrm{rated}}$ 之间的数学表达式为

$$J_{\mathrm{m}}=\frac{C_{\mathrm{m,j}}}{C_{\mathrm{m}}}T_{\mathrm{m}}^{\mathrm{rated}} \tag{9-26}$$

由式（9-26）可知，额定力矩 $T_{\mathrm{m}}^{\mathrm{rated}}$ 和转动惯量 J_{m} 之间也是正相关的，同样可以用正相

关曲线 $J_m=f_2(T_m^{rated})$ 来描述。

此外，关节的减速器作为驱动系统（图 9-7）的部件之一，主要用于提高关节的驱动力矩，降低关节转速。

对于由相同拓扑结构的电动机和减速器组成的驱动系统而言，在满足式（9-27）描述的匹配原则条件下，其输出能力由电动机决定

$$T_d \leqslant T_g^{max}, N_m^{max} \leqslant N_g^{max} \tag{9-27}$$

式中，N_m^{max} 和 N_g^{max} 分别为电动机的最大输出转速和减速器的最大允许输入转速；T_g^{rated} 为减速器额定输出力矩；T_d 为理想的关节额定输出力矩，$T_d=\eta i_g T_m^{rated}$，其中，η 和 i_g 为驱动系统的传动效率和传动比。

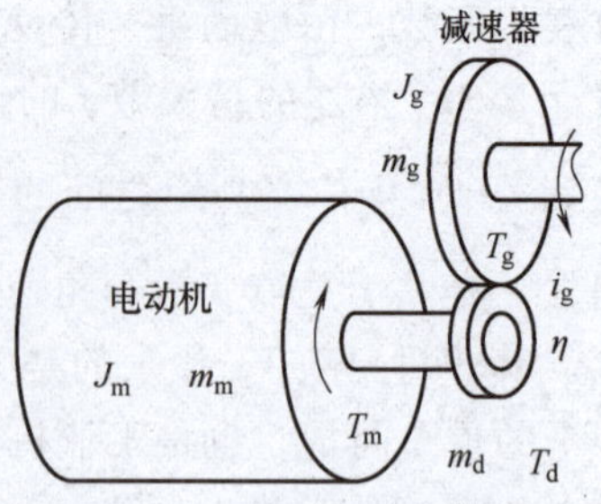

图 9-7　关节驱动系统简图

则关节驱动系统的理想额定力矩 $T_d=\eta i_g T_m^{rated}$ 与质量 $m_d=m_m+m_g$ 之间的关系可以表示为

$$m_d=F_1(T_d) \tag{9-28}$$

考虑关节驱动系统转动惯量的影响时，关节驱动的输出力矩 T_d^a 为

$$T_d^a=\eta i_g T_m^{rated}-\eta i_g J_d \ddot{\theta} \tag{9-29}$$

式中，J_d 为关节驱动系统折算到电动机轴上的等效转动惯量，$J_d=J_m+J_g/i_g^2$。

同理可得，等效转动惯量 J_d 与其力矩 T_d 之间的对应关系可以描述为

$$J_d=F_2(T_d) \tag{9-30}$$

如图 9-8 所示中点 M 的移动变换描述了功率密度曲线的演变过程。

文中将体现关节驱动能力和惯量特性的式（9-29）和式（9-30）称为驱动力矩密度曲线，即

$$\begin{cases} m_d=F_1(T_d) \\ J_d=F_2(T_d) \end{cases} \tag{9-31}$$

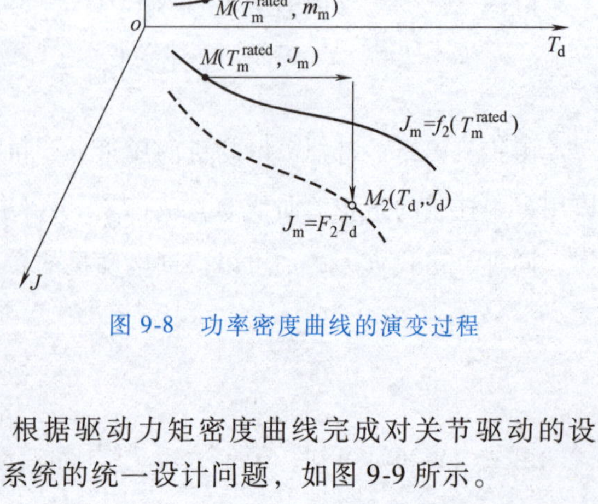

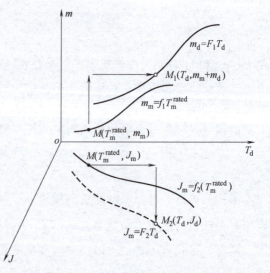

图 9-8　功率密度曲线的演变过程

上述内容详细介绍了工业机器人的轻量化整体设计方案中运动学模型、有限元分析模型、动力学模型和驱动力矩密度曲线的建立过程。依据工业机器人的设计要求，建立其运动学模型完成对运动轨迹的规划，同时作为动力学模型计算的输入。在轻量化方案的结构设计模块中，建立其有限元分析模型进行静态结构分析，以评估工业机器人的结构刚度和强度约束。然后进行关节驱动系统设计时，在给定运动轨迹和负载条件下，建立动力学模型求解出各关节需求的驱动力矩。根据驱动力矩密度曲线完成对关节驱动的设计。最后，通过反馈设计实现结构和关节驱动系统的统一设计问题，如图 9-9 所示。

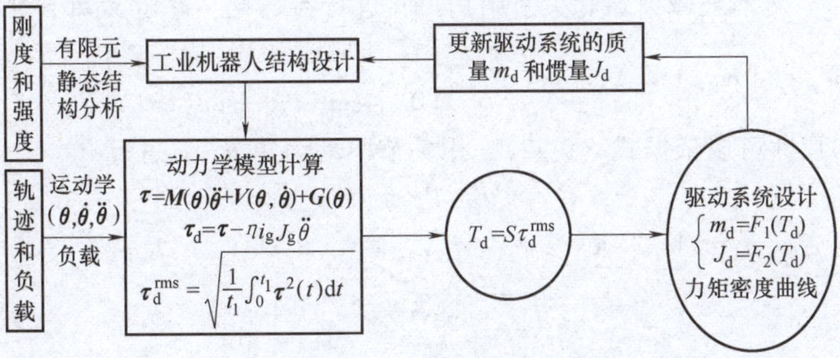

图 9-9　工业机器人的机构动力学模型与关节力矩密度曲线关系图

9.3　工业机器人的轻量化设计

1. 设计变量的选取

设计变量作为优化设计三要素之一，其选择的合理性对优化设计有很大的影响。依据轻量化设计方案流程图（9-3）可知，工业机器人的优化设计包含结构和驱动系统两个部分，因此对应的设计变量包含臂杆的结构参数和关节驱动的参数。

臂杆的结构优化主要是对其结构尺寸参数进行优化。如图 9-10 所示，将臂杆的主要结构尺寸作为设计变量，即臂杆的截面尺寸 r_i、直槽口的尺寸 a_i 和 b_i。工业机器人的臂杆由大臂和小臂组成，因此其结构优化变量 $\boldsymbol{u}_l=[a_1\quad a_2\quad b_1\quad b_2\quad r_1\quad r_2]$。

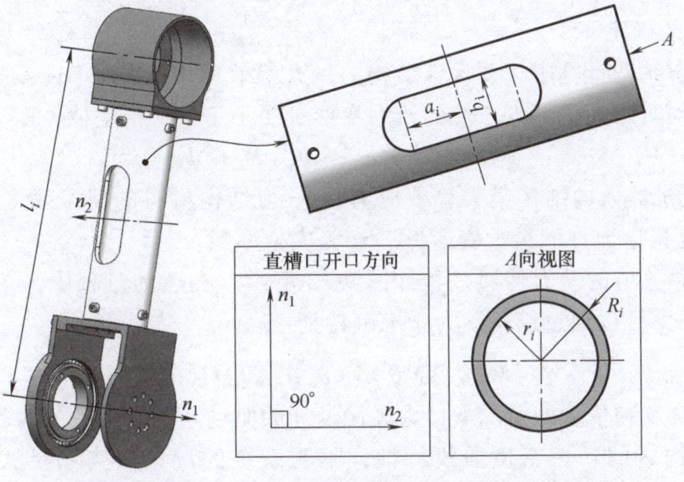

图 9-10　臂杆的参数化结构尺寸

为保证结构设计与驱动系统设计在目标函数上的一致性，文中的驱动系统将依据上文构建的力矩密度曲线进行设计，将其驱动力矩作为设计变量，用向量 $\boldsymbol{u}_d=[u_{d1}\quad u_{d2}\quad u_{d3}\quad u_{d4}]$ 来表示。同时考虑到关节结构的紧凑性，使关节的结构尺寸与谐波减速器的外形尺寸相匹配。

如图 9-11 所示，对于关节 i 的谐波，其外形尺寸 W_{HDi} 和 R_{HDi} 将直接决定关节的主要结

构尺寸 W_{si} 和 R_{si}。对谐波减速器和关节结构尺寸进行参数化，并定义如下对应关系：

$$[R_{si},W_{si}]=[R_{\mathrm{HD}i}(u_{\mathrm{d}i}),W_{\mathrm{HD}i}(u_{\mathrm{d}i})]\begin{bmatrix}1 & 0\\0 & 4\mathrm{sgn}(i)-2\mathrm{sgn}(i-1)\end{bmatrix},\ i=1,2,3,4 \quad (9\text{-}32)$$

关节的结构尺寸可以依据式（9-32），用关节驱动力矩 $\boldsymbol{u}_{\mathrm{d}}$ 描述为

$$\boldsymbol{u}_s=F_c(\boldsymbol{u}_{\mathrm{d}}) \quad (9\text{-}33)$$

式中，关节结构变量 $\boldsymbol{u}_s=[W_{s1}\quad R_{s1}\quad W_{s2}\quad R_{s2}\quad W_{s3}\quad R_{s3}\quad W_{s4}\quad R_{s4}]$。

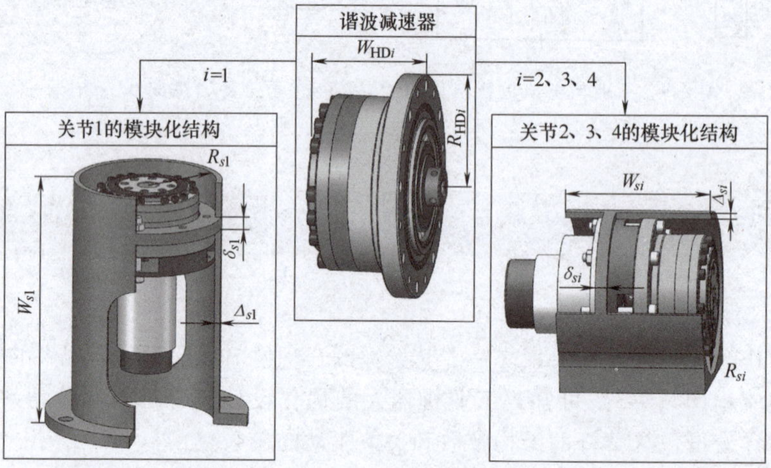

图 9-11　模块化关节的参数化结构尺寸

综上所述，轻量化设计的优化变量 $\boldsymbol{X}=[\boldsymbol{u}_l\quad \boldsymbol{u}_J]$ 由两部分组成，即臂杆的结构尺寸 $\boldsymbol{u}_l=[a_1\quad a_2\quad b_1\quad b_2\quad r_1\quad r_2]$ 和关节设计变量 $\boldsymbol{u}_J=[\boldsymbol{u}_{\mathrm{d}}\quad \boldsymbol{u}_s]$。

2. 约束条件的确定

在有限元静态结构计算中，要保证结构的最大等效应力（Von-Mises 应力）小于结构材料的屈服强度，同时工业机器人末端的最大变形量要小于某一指定值，即

$$S_1\sigma_{\mathrm{m}}(\boldsymbol{X})\leqslant\sigma_y,S_1d_{\mathrm{m}}(\boldsymbol{X})\leqslant d_{\mathrm{mp}} \quad (9\text{-}34)$$

式中，σ_{m} 为工业机器人的结构最大等效应力；σ_y 为结构材料的屈服强度；d_{m} 为末端的最大变形量；d_{mp} 为指定允许的最大变形量；S_1 为安全系数。

工业机器人单关节的动力传递过程如图 9-12 所示。在运动过程中，单个关节驱动系统需要输出的力矩 $\tau_{\mathrm{d}i}$ 可以通过结构动力学求解得到

$$\boldsymbol{\tau}_{\mathrm{d}}=\boldsymbol{M}(\boldsymbol{q},\boldsymbol{X})\ddot{\boldsymbol{\theta}}+\boldsymbol{V}(\boldsymbol{\theta},\dot{\boldsymbol{\theta}},\boldsymbol{X})+\boldsymbol{G}(\boldsymbol{\theta},\boldsymbol{X}) \quad (9\text{-}35)$$

在给定运动轨迹和负载的情况下，为确保设计的驱动系统满足关节的驱动力矩和转速需求，同时也符合构造的功率密度曲线特性，驱动系统的设计应当满足式（9-36）描述的约束。

$$\begin{cases}S_1\tau_{\mathrm{d}i}^{\mathrm{rms}}=u_{\mathrm{d}i}\\m_{\mathrm{d}i}=F_1(u_{\mathrm{d}i})\\\max\{|\dot{\theta}(t)i_{\mathrm{g}}|\}_i\leqslant N_{\mathrm{d}i}^{\max}\end{cases} \quad (9\text{-}36)$$

式中，$\tau_{\mathrm{d}i}^{\mathrm{rms}}$ 为关节驱动需求力矩的均方根（RMS）值，$\tau_{\mathrm{d}i}^{\mathrm{rms}}=\sqrt{\dfrac{1}{\Delta t}\int_0^{\Delta t}\tau_{\mathrm{d}i}^2(t,\ \boldsymbol{X})\mathrm{d}t}$；$N_{\mathrm{d}i}^{\max}$ 为谐

波减速器的允许最大瞬时输出转速，与构成驱动系统的电动机和谐波减速器组件的额定转速和传动比有关。

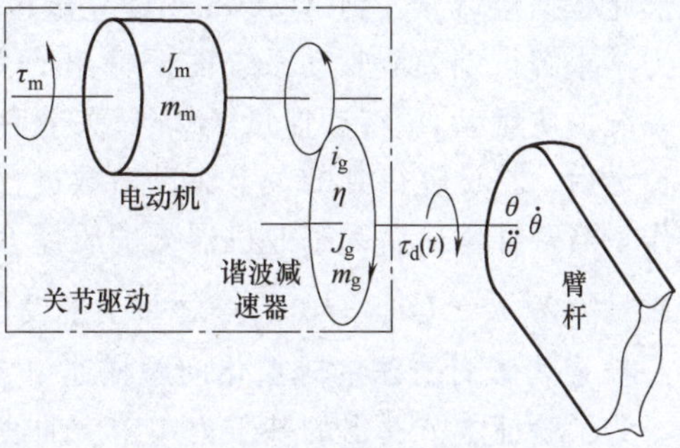

图 9-12　单关节的动力传递过程

3. 基于力矩密度曲线的轻量化问题描述

为了实现工业机器人的轻量化设计，本节将工业机器人的整体质量最小化作为轻量化的目标函数，其轻量化问题可以描述为

（1）目标函数

$$\min f(\boldsymbol{X})=f_1(\boldsymbol{u}_l)+f_2(\boldsymbol{u}_J),\boldsymbol{X}=[\boldsymbol{u}_l,\boldsymbol{u}_J] \tag{9-37}$$

式中，$f_1(\boldsymbol{u}_l)$ 和 $f_2(\boldsymbol{u}_J)$ 分别为臂杆和关节的质量；$f(\boldsymbol{X})$ 为工业机器人本体结构的质量。

（2）结构强度和刚度约束

$$S_1\boldsymbol{\sigma}_m(\boldsymbol{X})\leqslant\boldsymbol{\sigma}_y,S_1d_m(\boldsymbol{X})\leqslant d_{mp} \tag{9-38}$$

（3）驱动系统约束

$$\begin{cases}S_1\tau_{di}^{rms}(\boldsymbol{X})=u_{di}\\ m_{di}=F_1(u_{di})\\ \max\{|\dot{\theta}(t)i_g|\}_i\leqslant N_{di}^{max}\end{cases},i=1,2,3,4 \tag{9-39}$$

轻量化设计方法的具体实施流程图如图 9-13 所示。

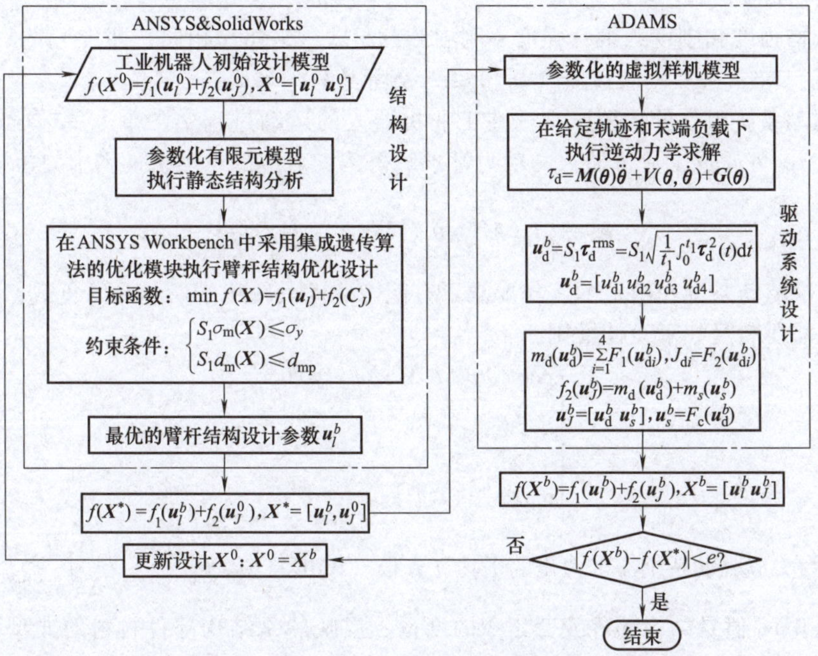

图 9-13　基于力矩密度曲线的轻量化设计流程

在臂杆的结构优化后，将其结构参数 $\boldsymbol{u}_l^b$ 在 SolidWorks 中进行更新设计，然后通过 CAD

图形化数据接口导入到 ADAMS 中建立虚拟样机模型。在给定轨迹和负载的条件下，执行逆动力学求解得到关节驱动系统需要输出的力矩 $\boldsymbol{\tau}_{\mathrm{d}}$。根据力矩密度曲线和式（9-33）得到驱动系统的质量 $\boldsymbol{m}_{\mathrm{d}}$、转动惯量 $\boldsymbol{J}_{\mathrm{d}}$ 以及关节套的结构尺寸 $\boldsymbol{u}_s$。

最后，将计算得到的关节驱动参数进行更新设计，反馈到结构设计模块中重复执行上述操作。当臂杆优化后，工业机器人的质量 $f(\boldsymbol{X}^*)=f_1(\boldsymbol{u}_l^b)+f_2(\boldsymbol{u}_J^0)$ 与关节设计后工业机器人的质量 $f(\boldsymbol{X}^b)=f_1(\boldsymbol{u}_l^b)+f_2(\boldsymbol{u}_J^b)$ 之差小于设定的误差限 e 时，整个设计过程结束。

4. 参考设计方法的轻量化问题描述

为了验证本节提出的基于力矩密度曲线的轻量化设计方法的有效性，下面将采用参考设计方法与本节设计方法进行对比。参考设计方法的大体思路是：在设计过程中考虑工业机器人的结构强度、刚度约束以及驱动系统的设计准则，基于现有的商业电动机和谐波减速器，按照其输出力矩的大小分别进行编号，将电动机和减速器的编号及臂杆的主要结构尺寸作为设计变量，构造以工业机器人的总质量最小为目标函数的优化模型，然后采用复合形算法完成对工业机器人的优化设计。按照参考设计方法的优化思路，针对本章中的工业机器人，其轻量化问题描述如下：

（1）目标函数

$$\min f(\boldsymbol{X}^{\mathrm{ref}})=m_l(\boldsymbol{u}_l^{\mathrm{ref}})+m_J(\boldsymbol{u}_{\mathrm{m}}^{\mathrm{ref}},\boldsymbol{u}_{\mathrm{g}}^{\mathrm{ref}}),\boldsymbol{X}^{\mathrm{ref}}=[\boldsymbol{u}_l^{\mathrm{ref}}\quad \boldsymbol{u}_{\mathrm{m}}^{\mathrm{ref}}\quad \boldsymbol{u}_{\mathrm{g}}^{\mathrm{ref}}] \tag{9-40}$$

式中，m_l 和 m_J 分别为臂杆和关节的质量。

定义设计变量 $\boldsymbol{X}^{\mathrm{ref}}=[\boldsymbol{u}_l^{\mathrm{ref}}\quad \boldsymbol{u}_{\mathrm{m}}^{\mathrm{ref}}\quad \boldsymbol{u}_{\mathrm{g}}^{\mathrm{ref}}]$。其中，$\boldsymbol{u}_{\mathrm{m}}^{\mathrm{ref}}=[u_{\mathrm{m1}}\quad u_{\mathrm{m2}}\quad u_{\mathrm{m3}}\quad u_{\mathrm{m4}}]$ 为候选电动机的编号；$\boldsymbol{u}_{\mathrm{g}}^{\mathrm{ref}}=[u_{\mathrm{g1}}\quad u_{\mathrm{g2}}\quad u_{\mathrm{g3}}\quad u_{\mathrm{g4}}]$ 为候选谐波减速器的编号；$\boldsymbol{u}_l^{\mathrm{ref}}=[a_1\quad a_2\quad b_1\quad b_2\quad r_1\quad r_2]$ 为臂杆的主要结构尺寸。

（2）结构强度和刚度约束　强度、刚度约束与式（9-38）相同，即

$$S_1\sigma_{\mathrm{m}}(\boldsymbol{X}^{\mathrm{ref}})\leqslant\sigma_y,S_1d_{\mathrm{m}}(\boldsymbol{X}^{\mathrm{ref}})\leqslant d_{\mathrm{mp}} \tag{9-41}$$

（3）驱动系统组件的选型原则　在工业机器人的运动过程中，单个关节驱动系统需要输出的力矩 $\tau_{\mathrm{d}i}$ 可通过工业机器人的动力学求解得到，对应的电动机的需求力矩 $\tau_{\mathrm{m}i}$ 为

$$\tau_{\mathrm{m}i}=\left\{J_d(\boldsymbol{X}^{\mathrm{ref}})\ddot{\theta}(t)i_{\mathrm{g}}+\frac{\tau_{\mathrm{d}}(t,\boldsymbol{X}^{\mathrm{ref}})}{i_{\mathrm{g}}\eta}\right\}_i \tag{9-42}$$

为了确保驱动系统在给定的工作要求下有能力驱动其输出端所承受的负载，驱动系统的谐波减速器需要满足如下设计准则：

$$\begin{cases}\max\{|\tau_{\mathrm{d}}(t,\boldsymbol{X}^{\mathrm{ref}})|\}_i\leqslant T_{\mathrm{g}i}^{\max}\\ S_1\tau_{\mathrm{d}i}^{\mathrm{rmc}}\leqslant T_{\mathrm{g}i}^{\mathrm{rated}}\\ \max\{|\dot{\theta}(t)i_{\mathrm{g}}|\}_i\leqslant N_{\mathrm{g}i}^{\max}\end{cases} \tag{9-43}$$

式中，$\tau_{\mathrm{d}i}^{\mathrm{rmc}}$ 为关节驱动系统需求力矩的平均立方根（RMC）值，$\tau_{\mathrm{d}i}^{\mathrm{rms}}=\sqrt[3]{\dfrac{1}{\Delta t}\displaystyle\int_0^{\Delta t}\tau_{\mathrm{d}i}^3(t,\ \boldsymbol{X}^{\mathrm{ref}})\mathrm{d}t}$，需求力矩的 RMC 值是结构部件疲劳累积的度量，反映的是结构部件材料的典型耐久性，与谐波减速器的寿命有关，这个准则被广泛应用于工业机器人驱动系统设计中；$T_{\mathrm{g}i}^{\max}$、$T_{\mathrm{g}i}^{\mathrm{rated}}$ 和 $N_{\mathrm{g}i}^{\max}$ 分别为谐波减速器的所允许最大瞬时输出力矩、额定输出力矩以及允许最大瞬时输入转速。

同时，关节的驱动能力源自于电动机，因此在选型设计时电动机的驱动能力也需要被评估，即应满足

$$\begin{cases}\max\{|\tau_{\mathrm{m}}(t,\boldsymbol{X}^{\mathrm{ref}})|\}_i \leqslant T_{\mathrm{m}i}^{\max} \\ \tau_{\mathrm{m}i}^{\mathrm{rms}} \leqslant T_{\mathrm{m}i}^{\mathrm{rated}} \\ \max\{|\dot{\theta}(t)i_{\mathrm{g}}|\}_i \leqslant N_{\mathrm{m}i}^{\max}\end{cases} \tag{9-44}$$

式中，$\tau_{\mathrm{m}i}^{\mathrm{rms}}$ 为实际电动机需求力矩的均方根（RMS）值，$\tau_{\mathrm{m}i}^{\mathrm{rms}}=\sqrt{\frac{1}{\Delta t}\int_0^{\Delta t}\tau_{\mathrm{m}i}(t,\ \boldsymbol{X}^{\mathrm{ref}})\mathrm{d}t}$；$T_{\mathrm{m}i}^{\max}$、$T_{\mathrm{m}i}^{\mathrm{rated}}$ 和 $N_{\mathrm{m}i}^{\max}$ 分别为电动机的允许最大瞬时输出力矩、额定力矩和允许最大瞬时输出转速。

为解决式（9-40）描述的轻量化问题，参考设计方法的设计流程如图 9-14 所示。

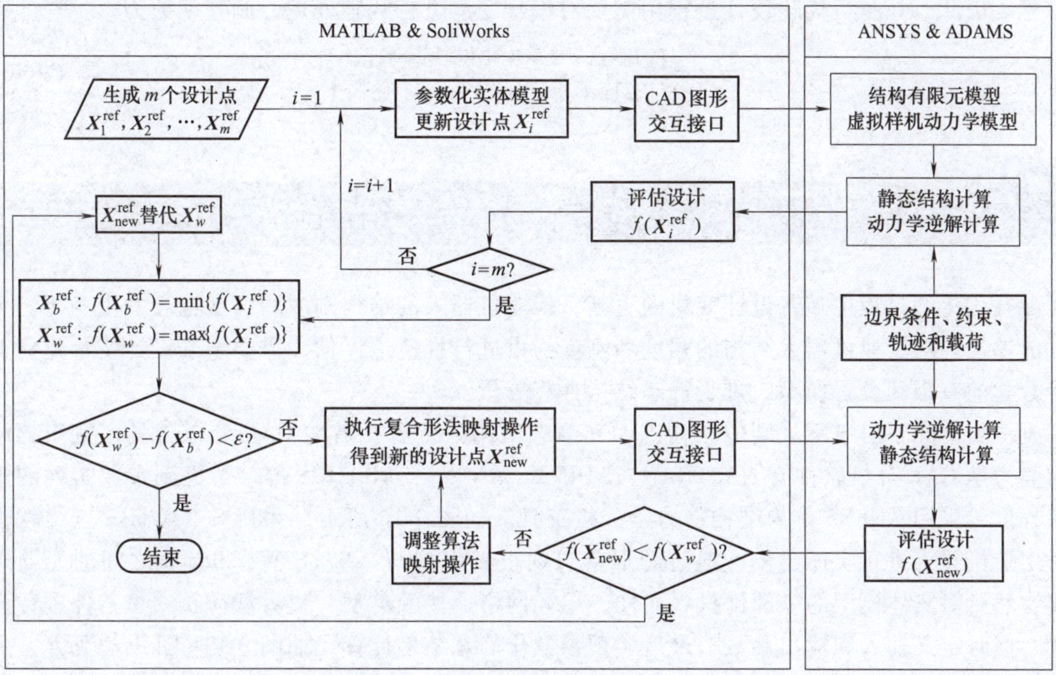

图 9-14　参考设计方法的设计流程

将评估合格的设计点根据目标函数值的大小进行排序，根据式（9-45）定义出最好设计点 $\boldsymbol{X}_b^{\mathrm{ref}}$ 和最差设计点 $\boldsymbol{X}_w^{\mathrm{ref}}$，然后在 MATLAB 中判断是否满足收敛的条件 $f(\boldsymbol{X}_w^{\mathrm{ref}})-f(\boldsymbol{X}_b^{\mathrm{ref}})<\varepsilon$。如果不满足，则执行复合形算法的映射操作得到新的设计点 $\boldsymbol{X}_{\mathrm{new}}^{\mathrm{ref}}$，并对新设计点 $\boldsymbol{X}_{\mathrm{new}}^{\mathrm{ref}}$ 进行设计约束评估。如果 $f(\boldsymbol{X}_{\mathrm{new}}^{\mathrm{ref}})<f(\boldsymbol{X}_w^{\mathrm{ref}})$ 不成立，则应调整复合形算法的映射操作，重新获得新的设计点 $\boldsymbol{X}_{\mathrm{new}}^{\mathrm{ref}}$。反之，则用设计点 $\boldsymbol{X}_{\mathrm{new}}^{\mathrm{ref}}$ 取代 $\boldsymbol{X}_w^{\mathrm{ref}}$，重复执行上述步骤，经过反复迭代计算直至满足算法的收敛条件，其算法的迭代收敛执行过程，如图 9-15 所示。

$$\begin{cases}\boldsymbol{X}_b^{\mathrm{ref}}:f(\boldsymbol{X}_b^{\mathrm{ref}})=\min\{f(\boldsymbol{X}_i^{\mathrm{ref}})\} \\ \boldsymbol{X}_w^{\mathrm{ref}}:f(\boldsymbol{X}_w^{\mathrm{ref}})=\max\{f(\boldsymbol{X}_i^{\mathrm{ref}})\}\end{cases} \tag{9-45}$$

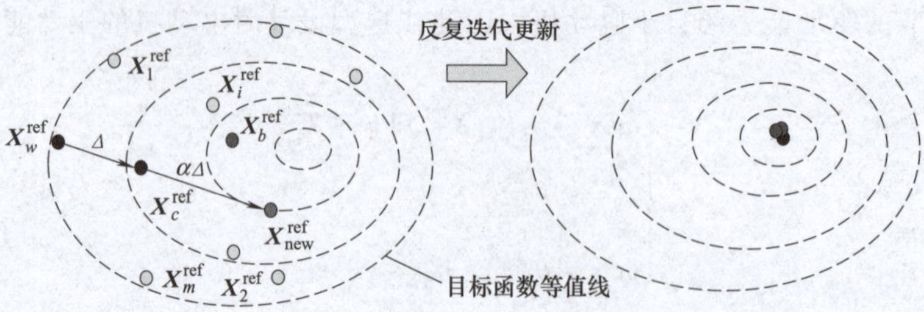

图 9-15 复合形算法的迭代收敛过程

具体的复合形法算法的映射过程主要由反射、紧缩、扩展以及收缩四个操作组成。

通过复合形算法得到的变量通常是连续的，然而，对于设计变量 $\boldsymbol{u}_{\mathrm{m}}^{\mathrm{ref}}=[u_{\mathrm{m1}} \quad u_{\mathrm{m2}} \quad u_{\mathrm{m3}} \quad u_{\mathrm{m4}}]$ 和 $\boldsymbol{u}_{\mathrm{g}}^{\mathrm{ref}}=[u_{\mathrm{g1}} \quad u_{\mathrm{g2}} \quad u_{\mathrm{g3}} \quad u_{\mathrm{g4}}]$ 而言必须是整数，因为它们是电动机和谐波减速器的编号。因此，在执行优化设计过程中需要对编号变量进行圆整处理，圆整函数为

$$u_{DV}=\begin{cases}[u],[u]\leqslant u<[u]+0.5\\ [u]+1,[u]+0.5\leqslant u<[u]+1\end{cases} \tag{9-46}$$

9.4 工业机器人的有限元静态结构计算

在优化的过程中随着设计变量的更新，工业机器人的结构刚度和强度也会发生变化。为了能够实现对工业机器人结构的强度和刚度约束进行批量地评估，需要基于设计变量建立其参数化的有限元分析模型，进行静态结构计算分析。

一般情况下对于不规则的结构件，其静态结构分析需要借助 CAE 分析工具，常用的结构静力学 CAE 分析软件有 NASTRAN、ADINA、ANSYS、ABAQUS 等。考虑到参数实现的难易程度，采用 ANSYS 作为结构静力学分析工具。如图 9-16 所示，采用 SolidWorks 三维软件对工业机器人进行实体建模，通过图形接口的设置实现与 ANSYS Workbench 之间的无缝连接，然后对实体模型的零部件材料属性、单元网格、接触类型、边界载荷及约束条件进行设置，同时定义输入和输出参数，最后实现参数化静态结构计算，如图 9-17~图 9-20 所示。

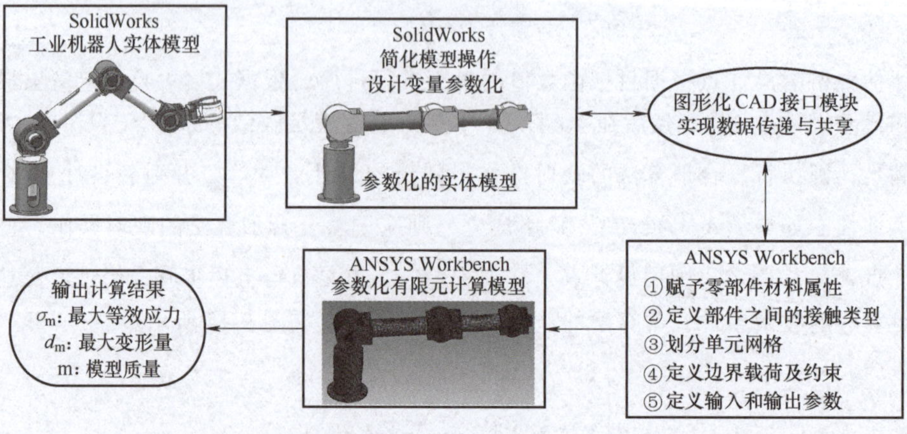

图 9-16 参数化的静态结构计算流程

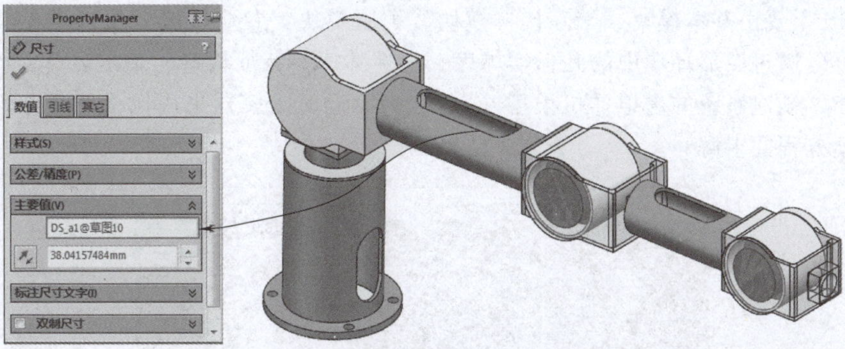

图 9-17　简化的参数化实体模型

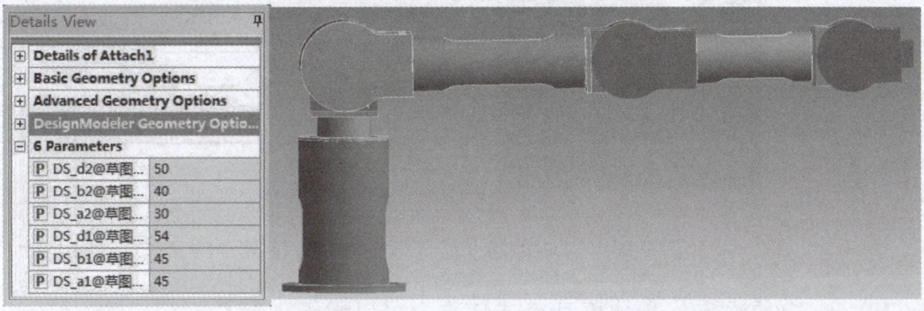

图 9-18　参数化有限元分析模型

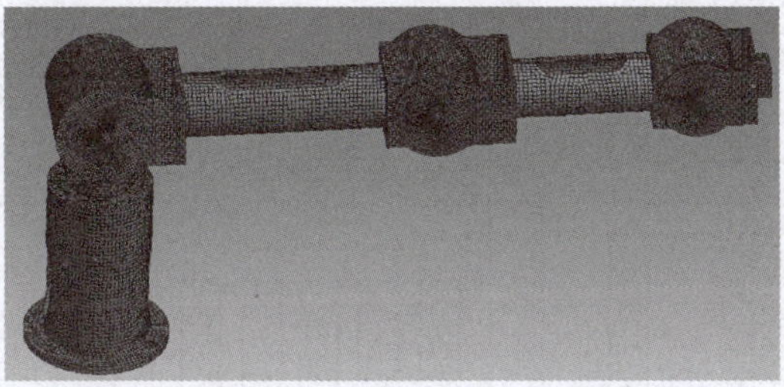

图 9-19　有限元分析的网格模型

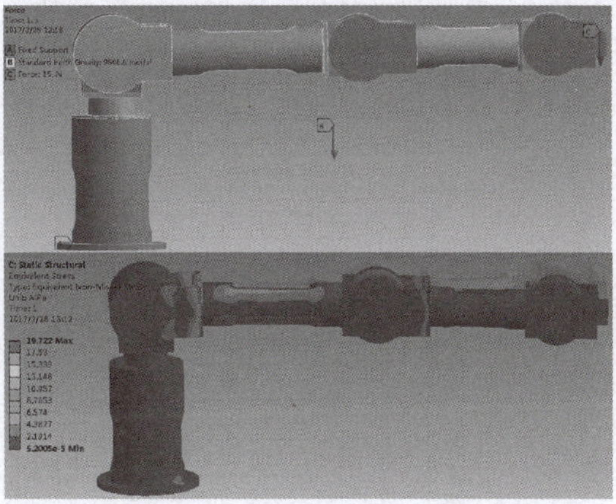

图 9-20　边界条件及求解结果

9.5　工业机器人的动力学计算

根据工业机器人的动力学方程可知，在实际求解过程中采用解析法较为困难。由于工业机器人构件形状和结构的不规则性，很难准确地用解析法定量描述结构的惯量矩阵，需要借助多体动力学分析工具进行辅助计算。下面采用 ADAMS 建立工业机器人的虚拟样机模型并进行动力学求解。

ADAMS 主要由基本模块、交互接口模块、扩展模块、专业领域模块以及工具箱模块组成。用户可以通过图形环境中的几何实体库、构造体库、特征构造、布尔运算、约束库和驱动库等功能，创建系统的虚拟样机模型（图 9-21），同时求解器采用拉格朗日方程来建立系统的动力学方程并求解。

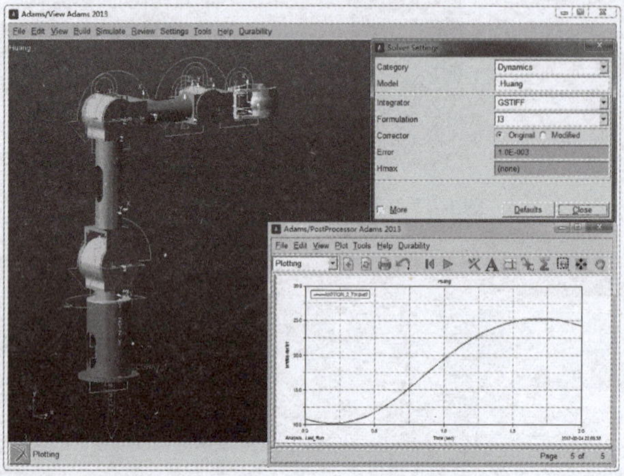

图 9-21　工业机器人动力学虚拟样机模型

将 SolidWorks 中的参数化实体模型格式转化为可以用于进行数据交换的 Parasolid 类型的图形文件，通过 CAD 数据接口导入到 ADAMS/View 模块中，进而对零部件材料属性、约束条件、关节驱动以及载荷施加等进行操作，建立虚拟样机动力学模型。然后，在 ADAMS/Solver 中设置要求解的类型及求解器，最后通过 ADAMS/PostProcessor 模块对求解进行后处理操作，输出位移、速度、加速度、力矩和作用力等数据，如图 9-22 所示。

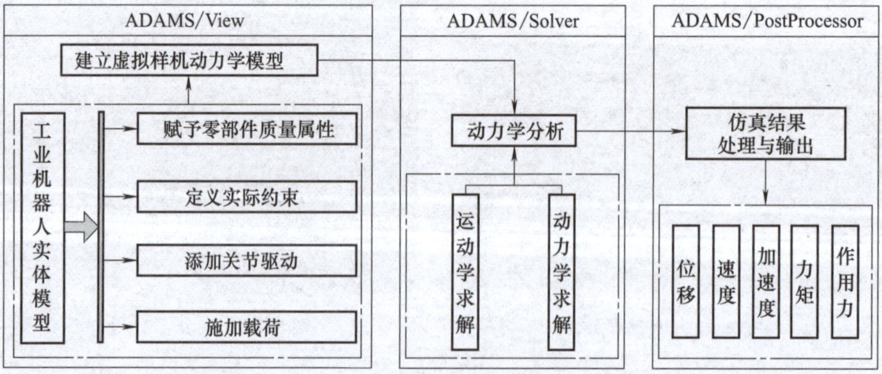

图 9-22　ADAMS 动力学计算流程

9.6　工业机器人的优化算例

1. 杆件长度的确定

如图 9-23 所示建立的工业机器人 D-H 坐标系，其对应的连杆几何参数和关节运动参数见表 9-2。其中，$h=250\text{mm}$，$l_3=130\text{mm}$，$l_1+l_2+l_3=700\text{mm}$。将表 9-2 中的 D-H 连杆几何参数和关节运动参数代入到齐次变换矩阵中，可得到两个相邻坐标系之间的齐次变换矩阵${}^0\boldsymbol{T}_1$、${}^1\boldsymbol{T}_2$、${}^2\boldsymbol{T}_3$、${}^3\boldsymbol{T}_4$ 和${}^4\boldsymbol{T}_\text{h}$。

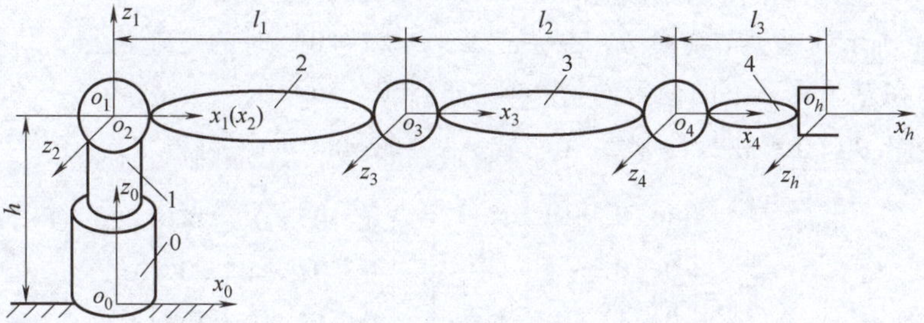

图 9-23　工业机器人 D-H 坐标系

$$
{}^0\boldsymbol{T}_1=\begin{bmatrix}\cos\theta_1 & -\sin\theta_1 & 0 & 0\\ \sin\theta_1 & \cos\theta_1 & 0 & 0\\ 0 & 0 & 1 & h\\ 0 & 0 & 0 & 1\end{bmatrix},\ {}^1\boldsymbol{T}_2=\begin{bmatrix}\cos\theta_2 & -\sin\theta_2 & 0 & 0\\ 0 & 0 & -1 & 0\\ \sin\theta_2 & \cos\theta_2 & 0 & 0\\ 0 & 0 & 0 & 1\end{bmatrix},\ {}^2\boldsymbol{T}_3=\begin{bmatrix}\cos\theta_3 & -\sin\theta_3 & 0 & l_1\\ \sin\theta_3 & \cos\theta_3 & 0 & 0\\ 0 & 0 & 1 & 0\\ 0 & 0 & 0 & 1\end{bmatrix},
$$

$$
{}^3\boldsymbol{T}_4=\begin{bmatrix}\cos\theta_4 & -\sin\theta_4 & 0 & l_2\\ \sin\theta_4 & \cos\theta_4 & 0 & 0\\ 0 & 0 & 1 & 0\\ 0 & 0 & 0 & 1\end{bmatrix},\ {}^4\boldsymbol{T}_\text{h}=\begin{bmatrix}1 & 0 & 0 & l_3\\ 0 & 1 & 0 & 0\\ 0 & 0 & 1 & 0\\ 0 & 0 & 0 & 1\end{bmatrix}。
$$

表 9-2　改进 D-H 参数表

连杆编号 i	α_{i-1}/rad	l_{i-1}/mm	θ_i/rad	d_i/mm	关节变量
1	0	0	θ_1	h	θ_1
2	$\pi/2$	0	θ_2	0	θ_2
3	0	l_1	θ_3	0	θ_3
4	0	l_2	θ_4	0	θ_4
—	0	l_3	0°	0	—

通过上述矩阵的连乘可得，正向运动学方程的表达式${}^0\boldsymbol{T}_\text{h}$ 为

$$
{}^0\boldsymbol{T}_\text{h}={}^0\boldsymbol{T}_1\,{}^1\boldsymbol{T}_2\,{}^2\boldsymbol{T}_3\,{}^3\boldsymbol{T}_4\,{}^4\boldsymbol{T}_\text{h}=\left[\begin{array}{ccc:c}u_x & v_x & w_x & p_{\text{h}x}\\ u_y & v_y & w_y & p_{\text{h}y}\\ u_z & v_z & w_z & p_{\text{h}z}\\ \hdashline 0 & 0 & 0 & 1\end{array}\right] \tag{9-47}
$$

$u_x=\cos\theta_1\cos(\theta_2+\theta_3+\theta_4)_{234}$；$u_y=\sin\theta_1\cos(\theta_2+\theta_3+\theta_4)_{234}$；$u_z=\sin(\theta_2+\theta_3+\theta_4)_{234}$；

$v_x=-\cos\theta_1\sin(\theta_2+\theta_3+\theta_4)_{234}$；

$v_y=-\sin\theta_1\sin(\theta_2+\theta_3+\theta_4)_{234}$；$v_z=\cos(\theta_2+\theta_3+\theta_4)_{234}$；$w_x=\sin\theta_1$；$w_y=-\cos\theta_1$；$w_z=0$；

$p_{\text{h}x}=l_1\cos\theta_1\cos\theta_2+l_2\cos\theta_1\cos(\theta_2+\theta_3)+l_3\cos\theta_1\cos(\theta_2+\theta_3+\theta_4)_{234}$；

$p_{\text{h}y}=l_1\sin\theta_1\cos\theta_2+l_2\sin\theta_1\cos(\theta_2+\theta_3)+l_3\sin\theta_1\cos(\theta_2+\theta_3+\theta_4)_{234}$；

$p_{\text{h}z}=h_1+l_1\sin\theta_2+l_2\sin(\theta_2+\theta_3)+l_3\sin(\theta_2+\theta_3+\theta_4)_{234}$。

为验证正向运动学方程的准确性，采用 Peter. Corke 开发的 MATLAB Robotics Toolbox 工具箱构造工业机器人运动学模型。将连杆几何参数和关节运动参数作为输入参量，利用 Link 函数来建立相邻坐标系之间的位姿关系，然后采用 robot 函数连接各杆件之间的关系，最后使用 fkine 函数实现正向运动学的计算。

如图 9-24 所示的是关节变量 $\boldsymbol{\theta}=[0\quad \pi/2\quad -\pi/2\quad 0]$ 时的工业机器人位姿，其末端执行器的坐标系在基坐标系下的位置向量 $\boldsymbol{p}_{\mathrm{h}}=[381\quad 0\quad 569]^{\mathrm{T}}$。

将关节变量 $\boldsymbol{\theta}=[0\quad \pi/2\quad -\pi/2\quad 0]$ 代入式（9-48）中，可得 ${}^{0}\boldsymbol{T}_{\mathrm{h}}$ 为

$$
{}^{0}\boldsymbol{T}_{\mathrm{h}}=\left[\begin{array}{ccc:c} 1 & 0 & 0 & l_2+l_3 \\ 0 & 0 & -1 & 0 \\ 0 & 1 & 0 & h+l_1 \\ \hdashline 0 & 0 & 0 & 1 \end{array}\right]=\left[\begin{array}{ccc:c} 1 & 0 & 0 & 381 \\ 0 & 0 & -1 & 0 \\ 0 & 1 & 0 & 569 \\ \hdashline 0 & 0 & 0 & 1 \end{array}\right] \tag{9-48}
$$

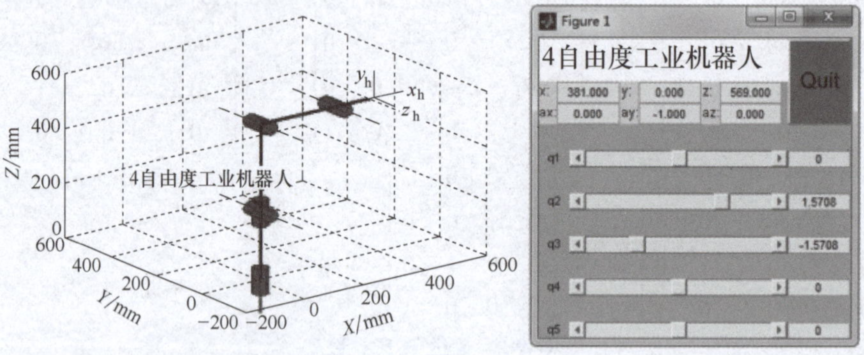

图 9-24　工业机器人的位姿

齐次变换矩阵 ${}^{0}\boldsymbol{T}_{\mathrm{h}}$ 通过 fkine 函数求解的结果与式（9-48）相等，因此上述建立的工业机器人正向运动学模型是可靠的。

据表 9-1 中的设计指标，工业机器人的完全伸展长度为 700mm，如图 9-25 所示。下面借鉴已产品化的低负载轻型工业机器人的杆件长度设计，对工业机器人的杆件进行优化设计。典型的低负载轻型工业机器人的杆件长度见表 9-3。

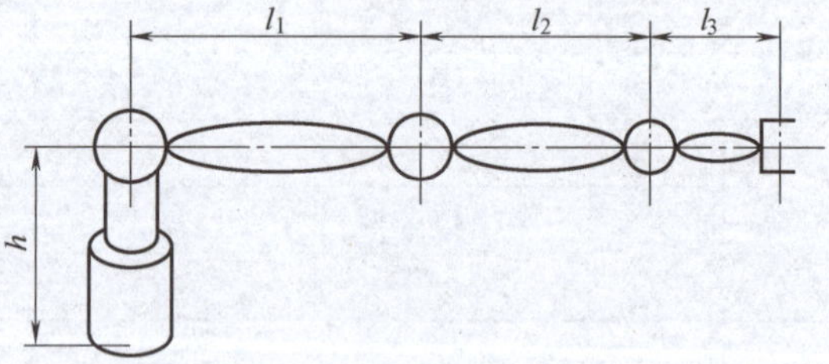

图 9-25　工业机器人完全伸展示意图

表 9-3　典型的低负载轻型工业机器人的杆件长度

轻型工业机器人型号	杆件 (l_1, l_2)/mm	$\lambda=l_1/l_2$
LBR iiwa 7 R800	(400,400)	1
史陶比尔 TX40	(320,225)	1.42
Paint Mate 200iA	(300,320)	0.94
VM-6083D	(385,329)	1.17
MOTOMAN-MHJ	(275,270)	1.02
RV-4F	(237,275)	0.86

依据表 9-3 可知，低负载轻型工业机器人的杆件长度比 λ 在 0.85~1.45 范围内。同时，结合其转动范围和工业机器人的工作空间要求，各个关节的转动范围定义如下：

$$\begin{cases}-180° \leqslant \theta_1 \leqslant 180° \\ 0° \leqslant \theta_2 \leqslant 180° \\ -140° \leqslant \theta_3 \leqslant 140° \\ -90° \leqslant \theta_4 \leqslant 90°\end{cases} \tag{9-49}$$

由于工业机器人在工作空间的位置主要由前三个关节所决定，因此主要考虑前三个关节对 GCI 的影响。如图 9-26 所示 p 点是腕关节的中心，则点 p 在基坐标系 o_0-$x_0y_0z_0$ 中的位置向量 $^0\boldsymbol{r}_p$ 为

$$\begin{bmatrix}^0\boldsymbol{r}_p \\ 1\end{bmatrix} = {}^0\boldsymbol{T}_4\begin{bmatrix}0\\0\\0\\1\end{bmatrix} = \begin{bmatrix}^0\boldsymbol{r}_{px}\\ ^0\boldsymbol{r}_{py}\\ ^0\boldsymbol{r}_{pz}\\ 1\end{bmatrix} = \begin{bmatrix}l_1\cos\theta_1\cos\theta_2 + l_2\cos\theta_1\cos(\theta_2+\theta_3)\\ l_1\sin\theta_1\cos\theta_2 + l_2\sin\theta_1\cos(\theta_2+\theta_3)\\ h+l_1\sin\theta_2 + l_2\sin(\theta_2+\theta_3)\\ 1\end{bmatrix} \tag{9-50}$$

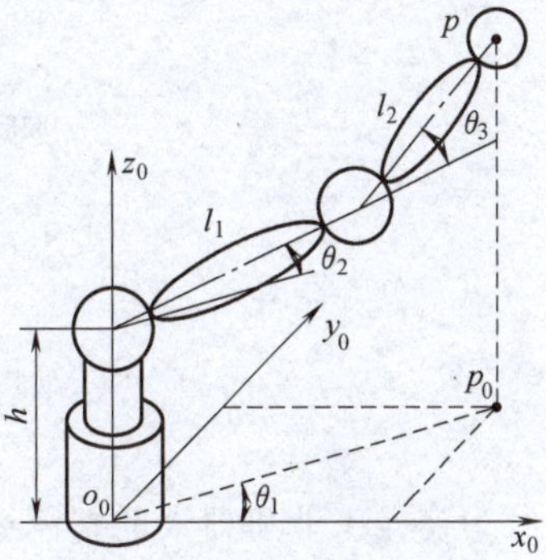

图 9-26 工业机器人简化几何模型示意图

根据速度雅可比矩阵 $\boldsymbol{J}$ 的定义可知

$$^0\dot{\boldsymbol{r}}_p = \begin{bmatrix}^0\dot{\boldsymbol{r}}_{px}\\ ^0\dot{\boldsymbol{r}}_{py}\\ ^0\dot{\boldsymbol{r}}_{pz}\end{bmatrix} = \begin{bmatrix}\dfrac{\partial^0\dot{\boldsymbol{r}}_{px}}{\partial\theta_1} & \dfrac{\partial^0\dot{\boldsymbol{r}}_{px}}{\partial\theta_2} & \dfrac{\partial^0\dot{\boldsymbol{r}}_{px}}{\partial\theta_3}\\ \dfrac{\partial^0\dot{\boldsymbol{r}}_{py}}{\partial\theta_1} & \dfrac{\partial^0\dot{\boldsymbol{r}}_{py}}{\partial\theta_2} & \dfrac{\partial^0\dot{\boldsymbol{r}}_{py}}{\partial\theta_3}\\ \dfrac{\partial^0\dot{\boldsymbol{r}}_{pz}}{\partial\theta_1} & \dfrac{\partial^0\dot{\boldsymbol{r}}_{pz}}{\partial\theta_2} & \dfrac{\partial^0\dot{\boldsymbol{r}}_{pz}}{\partial\theta_3}\end{bmatrix}\begin{bmatrix}\dot{\theta}_1\\ \dot{\theta}_2\\ \dot{\theta}_3\end{bmatrix} = \boldsymbol{J}\dot{\boldsymbol{\theta}} \tag{9-51}$$

则工业机器人的速度雅可比矩阵 $\boldsymbol{J}$ 为

$$\boldsymbol{J} = \begin{bmatrix}-l_2\sin\theta_1\cos(\theta_2+\theta_3)-l_1\sin\theta_1\cos\theta_2 & -l_2\cos\theta_1\sin(\theta_2+\theta_3)-l_1\cos\theta_1\sin\theta_2 & -l_2\cos\theta_1\sin(\theta_2+\theta_3)\\ l_2\cos\theta_1\cos(\theta_2+\theta_3)+l_1\cos\theta_1\cos\theta_2 & -l_2\sin\theta_1\sin(\theta_2+\theta_3)-l_1\sin\theta_1\sin\theta_2 & -l_2\sin\theta_1\sin(\theta_2+\theta_3)\\ 0 & l_2\cos(\theta_2+\theta_3)+l_1\cos\theta_2 & l_2\cos(\theta_2+\theta_3)\end{bmatrix} \tag{9-52}$$

综上所述，在满足工作空间和杆件约束条件下，工业机器人的 GCI 可表示为

$$\mathrm{GCI} = \frac{1}{m}\sum_{i=1}^{m}\frac{1}{\|\boldsymbol{J}(\boldsymbol{\theta},\lambda)\|\|\boldsymbol{J}^{-1}(\boldsymbol{\theta},\lambda)\|} \tag{9-53}$$

$$\text{约束条件为}\begin{cases}l_1+l_2+l_3=700\\ 0.85\leqslant\lambda\leqslant1.45\\ -180°\leqslant\theta_1\leqslant180°\\ 0°\leqslant\theta_2\leqslant180°\\ -140°\leqslant\theta_3\leqslant140°\end{cases}。$$

末端执行件的长度 l_3 为 130mm，通过 MATLAB 编程，取空间 50000 个离散点进行求解计算。工业机器人 GCI 随杆件长度比 λ 的变化曲线如图 9-27 所示。

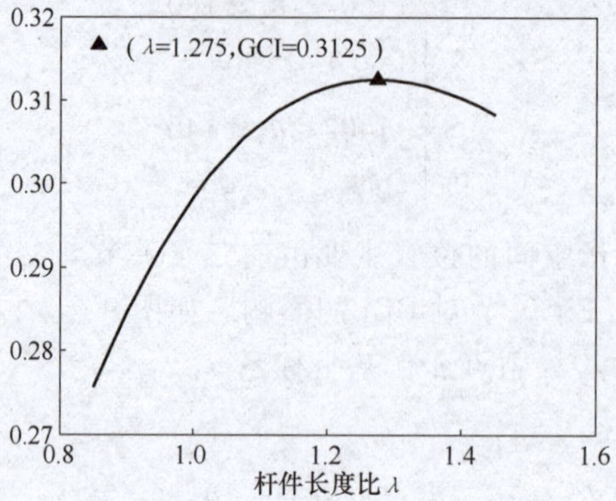

图 9-27　工业机器人 GCI 随杆件长度比 λ 的变化曲线

为使得工业机器人的整体运动学性能较好，选择 GCI 取最大值时的杆件长度进行设计。因此，$l_1=319.45\text{mm}$，$l_2=250.55\text{mm}$，圆整后，$l_1=319\text{mm}$，$l_2=251\text{mm}$。此时，通过图解法和数值法求解的工业机器人工作空间如图 9-28 和图 9-29 所示。

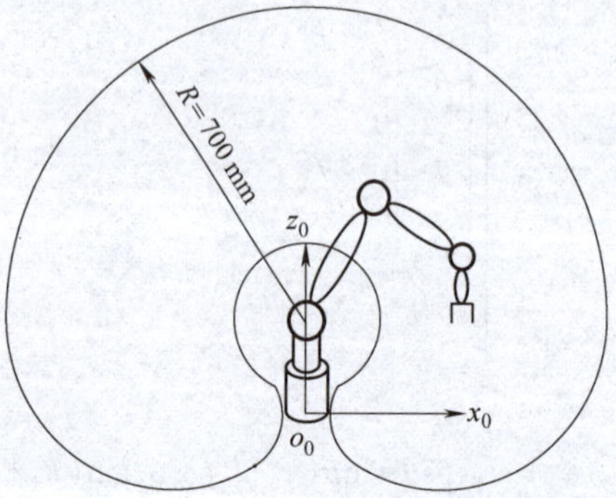

图 9-28　图解法 $x_0o_0z_0$ 剖面的工作范围

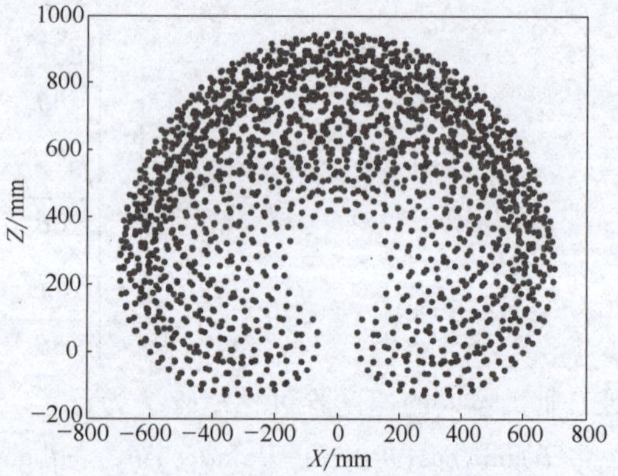

图 9-29　数值法 $x_0o_0z_0$ 剖面的工作范围

由图 9-28 和图 9-29 可知，该工业机器人的工作空间满足以基座为中心，半径为 700mm 的半球体最低工作空间的设计要求。

2. 运动轨迹的确定

在关节空间进行轨迹规划前，首先根据工业机器人的逆向运动学分别求解出末端执行器在初始姿态 ${}^0\boldsymbol{T}_{hA}$ 和终止姿态 ${}^0\boldsymbol{T}_{hB}$ 下对应的关节向量 $\boldsymbol{\theta}_A$ 和 $\boldsymbol{\theta}_B$。然后针对每一个关节，利用初始姿态和终止姿态的关节变量值作为约束条件求解得到五次多项式的系数。因此，需对 4 自由度工业机器人的逆向运动学问题进行分析。

若末端执行件的位姿 ${}^0\boldsymbol{T}_h$ 给定，即向量 $\boldsymbol{u}=[u_x \quad u_y \quad u_z]^T$，$\boldsymbol{v}=[v_x \quad v_y \quad v_z]^T$，$\boldsymbol{w}=[w_x \quad w_y \quad w_z]^T$ 和 $\boldsymbol{p}_h=[p_{hx} \quad p_{hy} \quad p_{hz}]^T$ 已知，求解关节变量 $\boldsymbol{\theta}=[\theta_1 \quad \theta_2 \quad \theta_3 \quad \theta_4]^T$ 称为逆运动学求解。具体过程如下：

$$
{}^{0}\boldsymbol{T}_{\mathrm{h}}=\left[\begin{array}{ccc:c}u_x & v_x & w_x & p_{\mathrm{h}x}\\ u_y & v_y & w_y & p_{\mathrm{h}y}\\ u_z & v_z & w_z & p_{\mathrm{h}z}\\ \hdashline 0 & 0 & 0 & 1\end{array}\right]
$$

$$
=\begin{bmatrix}\cos\theta_1\cos(\theta_2+\theta_3+\theta_4) & -\cos\theta_1\sin(\theta_2+\theta_3+\theta_4) & \sin\theta_1 & l_1\cos\theta_1\cos\theta_2+l_2\cos\theta_1\cos(\theta_2+\theta_3)+l_3\cos\theta_1\cos(\theta_2+\theta_3+\theta_4)\\ \sin\theta_1\cos(\theta_2+\theta_3+\theta_4) & -\sin\theta_1\sin(\theta_2+\theta_3+\theta_4) & -\cos\theta_1 & l_1\sin\theta_1\cos\theta_2+l_2\sin\theta_1\cos(\theta_2+\theta_3)+l_3\sin\theta_1\cos(\theta_2+\theta_3+\theta_4)\\ \sin(\theta_2+\theta_3+\theta_4) & \cos(\theta_2+\theta_3+\theta_4) & 0 & h_1+l_1\sin\theta_2+l_2\sin(\theta_2+\theta_3)+l_3\sin(\theta_2+\theta_3+\theta_4)\\ 0 & 0 & 0 & 1\end{bmatrix}
\tag{9-54}
$$

由于式（9-54）左右两边的矩阵元素（1，3）和（2，3）对应相等，则 θ_1 为

$$
\theta_1=\operatorname{atan2}(w_x,-w_y) \tag{9-55}
$$

将式（9-55）左右两边同时左乘逆矩阵 $[{}^{0}\boldsymbol{T}_1(\theta_1)]^{-1}$，则

$$
[{}^{0}\boldsymbol{T}_1(\theta_1)]^{-1}\,{}^{0}\boldsymbol{T}_{\mathrm{h}}=\begin{bmatrix}u_x\cos\theta_1+u_y\sin\theta_1 & v_x\cos\theta_1+v_y\sin\theta_1 & w_x\cos\theta_1+w_y\sin\theta_1 & p_{\mathrm{h}x}\cos\theta_1+p_{\mathrm{h}y}\sin\theta_1\\ u_y\cos\theta_1-u_x\sin\theta_1 & v_y\cos\theta_1-v_x\sin\theta_1 & w_y\cos\theta_1-w_x\sin\theta_1 & p_{\mathrm{h}y}\cos\theta_1-p_{\mathrm{h}x}\sin\theta_1\\ u_z & v_z & w_z & p_{\mathrm{h}z}-h\\ 0 & 0 & 0 & 1\end{bmatrix}
\tag{9-56}
$$

$$
{}^{1}\boldsymbol{T}_2(\theta_2)\,{}^{2}\boldsymbol{T}_3(\theta_3)\,{}^{3}\boldsymbol{T}_4(\theta_4)\,{}^{4}\boldsymbol{T}_{\mathrm{h}}=
$$

$$
\begin{bmatrix}\cos(\theta_2+\theta_3+\theta_4) & -\sin(\theta_2+\theta_3+\theta_4) & 0 & l_1\cos\theta_2+l_2\cos(\theta_2+\theta_3)+l_3\cos(\theta_2+\theta_3+\theta_4)\\ 0 & 0 & -1 & 0\\ \sin(\theta_2+\theta_3+\theta_4) & \cos(\theta_2+\theta_3+\theta_4) & 0 & l_1\sin\theta_2+l_2\sin(\theta_2+\theta_3)+l_3\sin(\theta_2+\theta_3+\theta_4)\\ 0 & 0 & 0 & 1\end{bmatrix}
\tag{9-57}
$$

由式（9-56）、式（9-57）两边的元素（3，1）、（3，2）、（1，4）和（3，4）对应相等，得

$$
\begin{cases}l_1\cos\theta_2+l_2\cos(\theta_2+\theta_3)+l_3\cos(\theta_2+\theta_3+\theta_4)=p_{\mathrm{h}x}\cos\theta_1+p_{\mathrm{h}y}\sin\theta_1\\ l_1\sin\theta_2+l_2\sin(\theta_2+\theta_3)+l_3\sin(\theta_2+\theta_3+\theta_4)=p_{\mathrm{h}z}-h\\ \sin(\theta_2+\theta_3+\theta_4)=u_z\\ \cos(\theta_2+\theta_3+\theta_4)=v_z\end{cases}
\tag{9-58}
$$

求解式（9-58），得

$$
\begin{cases}\theta_2=\operatorname{atan2}\left[K_1+K_2,\pm\sqrt{4l_1^2K_1-(K_1+K_2)^2}\right]-\operatorname{atan2}(k_1,k_2)\\ \cos(\theta_2+\theta_3)=(k_1-l_1\cos\theta_2)/l_2\\ \sin(\theta_2+\theta_3)=(k_2-l_1\sin\theta_2)/l_2\end{cases}
\tag{9-59}
$$

式中，$k_1=p_{\mathrm{h}x}\cos\theta_1+p_{\mathrm{h}y}\sin\theta_1-l_3v_z$，$k_1=p_{\mathrm{h}z}-h-l_3u_z$，$K_1=k_1^2+k_2^2$，$K_2=l_1^2-l_2^2$。式（9-56）和式（9-57）两边同时左乘逆矩阵 $[{}^{1}\boldsymbol{T}_2(\theta_2)]^{-1}$，则

$$
[{}^{1}\boldsymbol{T}_2(\theta_2)]^{-1}[{}^{0}\boldsymbol{T}_1(\theta_1)]^{-1}\,{}^{0}\boldsymbol{T}_{\mathrm{h}}=
$$

$$
\begin{bmatrix}u_z\sin\theta_2+v_z\cos\theta_2 & v_z\sin\theta_2-u_z\cos\theta_2 & 0 & (p_{\mathrm{h}z}-h)\sin\theta_2+(p_{\mathrm{h}x}\cos\theta_1+p_{\mathrm{h}y}\sin\theta_1)\cos\theta_2\\ u_z\cos\theta_2-v_z\sin\theta_2 & v_z\cos\theta_2+u_z\sin\theta_2 & 0 & (p_{\mathrm{h}z}-h)\cos\theta_2-(p_{\mathrm{h}x}\cos\theta_1+p_{\mathrm{h}y}\sin\theta_1)\sin\theta_2\\ u_x\sin\theta_1-u_y\cos\theta_1 & v_x\sin\theta_1-v_y\cos\theta_1 & w_x\sin\theta_1-w_y\cos\theta_1 & p_{\mathrm{h}x}\sin\theta_1-p_{\mathrm{h}y}\cos\theta_1\\ 0 & 0 & 0 & 1\end{bmatrix}
\tag{9-60}
$$

$$
{}^{2}\boldsymbol{T}_{3}(\theta_{3})\,{}^{3}\boldsymbol{T}_{4}(\theta_{4})\,{}^{4}\boldsymbol{T}_{\mathrm{h}}=\begin{bmatrix}\cos(\theta_3+\theta_4) & -\sin(\theta_3+\theta_4) & 0 & l_1+l_2c_3+l_3\cos(\theta_3+\theta_4)\\ \sin(\theta_3+\theta_4) & \cos(\theta_3+\theta_4) & 0 & l_2s_3+l_3\sin(\theta_3+\theta_4)\\ 0 & 0 & 1 & 0\\ 0 & 0 & 0 & 1\end{bmatrix} \tag{9-61}
$$

由式（9-60）和式（9-61）两边的矩阵元素（2，1）和（2，2）相等，可知

$$
\begin{cases}\sin(\theta_3+\theta_4)=u_z\cos\theta_2-v_z\sin\theta_2\\ \cos(\theta_3+\theta_4)=v_z\cos\theta_2+u_z\sin\theta_2\end{cases} \tag{9-62}
$$

因此，可求得 θ_{34} 为

$$
\theta_{34}=\mathrm{atan2}(\sin(\theta_3+\theta_4),\cos(\theta_3+\theta_4))\text{或 }\theta_{34}=
$$

$$
\begin{cases}\mathrm{atan2}(\sin(\theta_3+\theta_4),\cos(\theta_3+\theta_4))+2\pi,(\sin(\theta_3+\theta_4)<0,\cos(\theta_3+\theta_4)<0)\\ \mathrm{atan2}(\sin(\theta_3+\theta_4),\cos(\theta_3+\theta_4))-2\pi,(\sin(\theta_3+\theta_4)>0,\cos(\theta_3+\theta_4)<0)\end{cases} \tag{9-63}
$$

式（9-60）和式（9-61）同时左乘逆矩阵 $[{}^{2}\boldsymbol{T}_{3}(\theta_{3})]^{-1}$，得

$$
[{}^{2}\boldsymbol{T}_{3}(\theta_{3})]^{-1}[{}^{1}\boldsymbol{T}_{2}(\theta_{2})]^{-1}[{}^{0}\boldsymbol{T}_{1}(\theta_{1})]^{-1}\,{}^{0}\boldsymbol{T}_{\mathrm{h}}={}^{3}\boldsymbol{T}_{\mathrm{h}}
$$

$$
{}^{3}\boldsymbol{T}_{\mathrm{h}}=\begin{bmatrix}u_z\sin(\theta_2+\theta_3)+v_z\cos(\theta_2+\theta_3) & v_z\sin(\theta_2+\theta_3)-u_z\cos(\theta_2+\theta_3) & 0 & (p_{\mathrm{hz}}-h)\sin(\theta_2+\theta_3)-l_1\cos\theta_3+(p_{\mathrm{hx}}\cos\theta_1+p_{\mathrm{hy}}\sin\theta_1)\cos(\theta_2+\theta_3)\\ u_z\cos(\theta_2+\theta_3)-v_z\sin(\theta_2+\theta_3) & v_z\cos(\theta_2+\theta_3)+u_z\sin(\theta_2+\theta_3) & 0 & (p_{\mathrm{hz}}-h)\cos(\theta_2+\theta_3)+l_1\sin\theta_3-(p_{\mathrm{hx}}\cos\theta_1+p_{\mathrm{hy}}\sin\theta_1)\sin(\theta_2+\theta_3)\\ 0 & 0 & 1 & p_{\mathrm{hx}}\sin\theta_1-p_{\mathrm{hy}}\cos\theta_1\\ 0 & 0 & 0 & 1\end{bmatrix} \tag{9-64}
$$

$$
{}^{3}\boldsymbol{T}_{4}(\theta_{4})\,{}^{4}\boldsymbol{T}_{\mathrm{h}}=\begin{bmatrix}\cos\theta_4 & -\sin\theta_4 & 0 & l_2+l_3\cos\theta_4\\ \sin\theta_4 & \cos\theta_4 & 0 & l_3\sin\theta_4\\ 0 & 0 & 1 & 0\\ 0 & 0 & 0 & 1\end{bmatrix} \tag{9-65}
$$

由式（9-64）和式（9-65）两边的矩阵元素（2，1）和（2，2）对应相等，得

$$
\begin{cases}\sin\theta_4=u_z\cos(\theta_2+\theta_3)-v_z\sin(\theta_2+\theta_3)\\ \cos\theta_4=v_z\cos(\theta_2+\theta_3)+u_z\sin(\theta_2+\theta_3)\end{cases} \tag{9-66}
$$

同理，通过三角恒等变换，θ_4、θ_3 分别为

$$
\theta_4=\mathrm{atan2}(u_z\cos(\theta_2+\theta_3)-v_z\sin(\theta_2+\theta_3),v_z\cos(\theta_2+\theta_3)+u_z\sin(\theta_2+\theta_3)) \tag{9-67}
$$

$$
\theta_3=\theta_{34}-\mathrm{atan2}(u_z\cos(\theta_2+\theta_3)-v_z\sin(\theta_2+\theta_3),v_z\cos(\theta_2+\theta_3)+u_z\sin(\theta_2+\theta_3)) \tag{9-68}
$$

综上所述，θ_1、θ_2、θ_3、θ_4 均可以求解出。

当关节变量 $\boldsymbol{\theta}=[\pi/4\quad \pi/3\quad -\pi/6\quad -\pi/2]$ 时，即工业机器人末端执行件的位姿矩阵 ${}^{0}\boldsymbol{T}_{\mathrm{h}}$ 已知，通过 MATLAB 中编写相应的代码，求解的关节变量 $\boldsymbol{\theta}=[\theta_1\quad \theta_2\quad \theta_3\quad \theta_4]^{\mathrm{T}}$ 的结果，见表 9-4。表中的第二组解与已知的关节变量相同，且其他两组的关节变量通过 fkine 函数验证计算，其位姿矩阵与已知矩阵 ${}^{0}\boldsymbol{T}_{\mathrm{h}}$ 也相等。由此说明，上述推导的逆向运动学是正确的，可以应用于后续的轨迹规划计算。

$$
{}^{0}\boldsymbol{T}_{\mathrm{hA}}=\begin{bmatrix}1 & 0 & 0 & 381\\ 0 & 0 & -1 & 0\\ 0 & 1 & 0 & 569\\ 0 & 0 & 0 & 1\end{bmatrix},\ {}^{0}\boldsymbol{T}_{\mathrm{hB}}=\begin{bmatrix}0 & 0 & 1 & 0\\ 1 & 0 & 0 & 623.6\\ 0 & 1 & 0 & 284\\ 0 & 0 & 0 & 1\end{bmatrix} \tag{9-69}
$$

表 9-4　逆运动学的计算结果

编号	θ_1/rad	θ_2/rad	θ_3/rad	θ_4/rad
1	π/4	π/6	π/6	-2π/3
2	π/4	π/3	-π/6	-π/2
3	π/4	π/3	11π/6	-π/2

在动力学计算时，工业机器人的运动轨迹作为其输入条件必须被指定。如设计的工业机器人将执行点位作业（Pick and Place Operation，PPO），给定的轨迹是：在工业机器人的工作空间内，从初始姿态点 ${}^0\boldsymbol{T}_{hA}$ 抓取 1.5kg 的重物，历时 3s 移动至终止姿态点 ${}^0\boldsymbol{T}_{hB}$，安装方式采用地面（$\boldsymbol{g}_1=[0\quad 0\quad -1]^{\mathrm{T}}$）和墙面安装（$\boldsymbol{g}_2=[1\quad 0\quad 0]^{\mathrm{T}}$）两种方式。工业机器人运动轨迹如图 9-30 所示。

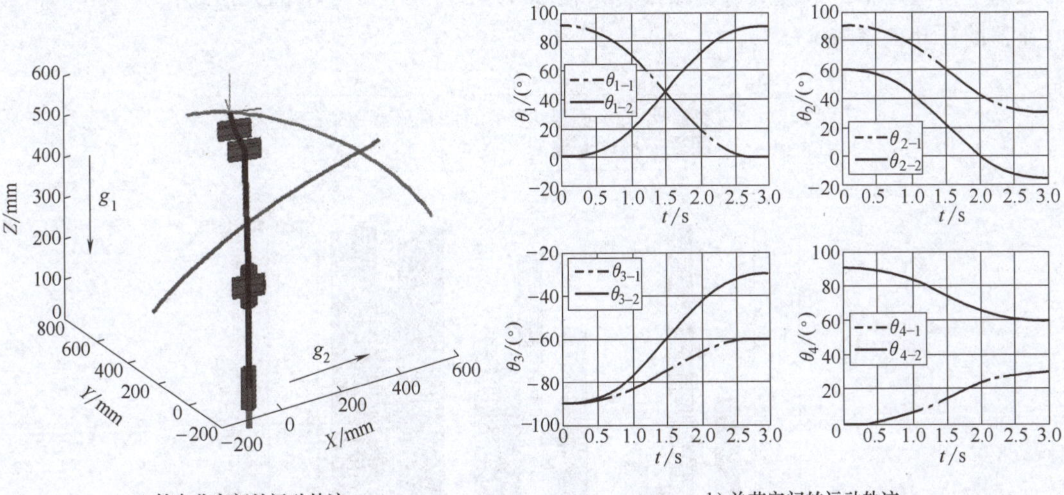

a) 笛卡儿空间的运动轨迹　　b) 关节空间的运动轨迹

图 9-30　工业机器人运动轨迹

3. 轻量化设计的初始数据

下面将依据轻量化设计方案，结合 9.3 节中的设计变量，详细介绍轻量化设计的初始数据，包括结构变量参数、刚度和强度约束、候选驱动系统的驱动力矩密度曲线等，为优化案例的具体实施提供初始数据。

1）结构变量参数。在臂杆的结构优化过程中，其设计变量的初始值及设计范围是必不可少的条件，见表 9-5。臂杆长度 $l_1=319\text{mm}$，$l_2=251\text{mm}$。同时，在采用有限元静态结构分析，评估结构的刚度和强度约束时，结构设计安全系数 $S_1=1.2$，末端最大允许变形量 $d_{mp}=1\text{mm}$。

2）驱动力矩密度曲线。由于驱动系统设计是基于关节力矩密度曲线完成的，因此需要给出构造力矩密度曲线的驱动系统组件的技术参数。从理论上讲，驱动系统的力矩密度曲线是存在的，它取决于组成驱动系统的电动机和减速器的拓扑结构、材料和额定转速等参数。此外，关节力矩密度曲线随着制造工艺以及新材料的应用也是在不断更新变化的。在实际设计过程中，为了定量地描述力矩密度曲线，只能依据候选驱动系统的技术参数拟合得到。

表 9-5　结构设计的初始值及设计范围　（单位：mm）

结构变量	r_1	r_2	a_1	a_2	b_1	b_2
范围	[22.5,27.5]	[20,25]	[20,50]	[10,30]	[20,50]	[10,40]
初始值	22.5	20	20	10	20	10

选择采用瑞士 Maxon 公司生产的 EC 系列无刷直流电动机作为关节驱动源，北京宏远皓轩 HBHY 型谐波减速器作为传动件。由驱动系统组件的技术参数可知，候选电动机的额定转速在 3000~5000r/min 范围内。根据谐波减速器产品目录可知，其传动效率取决于工作速度，如图 9-31 所示。文中各关节的谐波减速器的传动比 $i_g=120$，驱动系统可使工业机器人的关节转动速度保持在 25~40r/min 范围内，满足设计指标中对关节转动速度的要求。同时，查询谐波减速器以额定转矩输出时的工作温度、速度和效率性能参数图可知，在室内 25℃的工作温度下，谐波减速器输入转速在 2000~3500r/min 范围内，传动比为 120 的谐波减速器的传动效率 $\eta\approx75\%$。

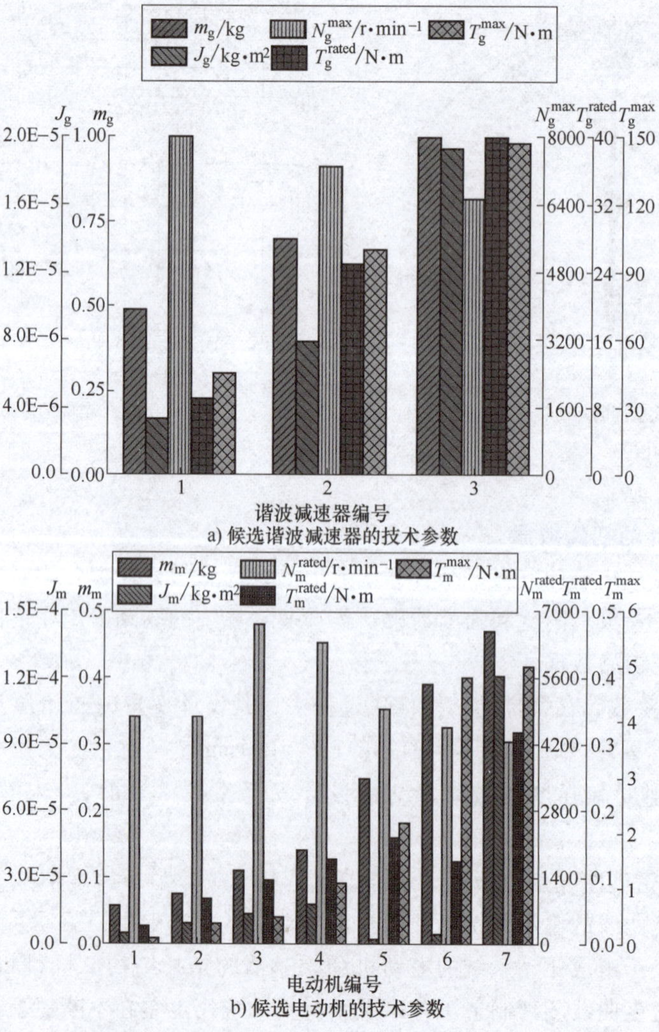

a) 候选谐波减速器的技术参数

b) 候选电动机的技术参数

图 9-31　电动机技术参数

依据式（9-28）匹配原则进行组合，按照驱动力矩密度曲线的构造过程，计算得到组合后的驱动系统的质量 m_d、额定输出力矩 u_d 和等效转动惯量 J_d，见表 9-6。依据表 9-6 中组合后的驱动系统的技术参数，通过曲线拟合逼近的方法得到候选驱动系统的力矩密度曲线，如图 9-32 所示。XOZ 平面上的曲线为 $m_d=F_1(u_d)$，XOY 平面上的曲线为 $J_d=F_2(u_d)$。

表 9-6　候选驱动系统的技术参数

谐波减速器型号	电动机型号	驱动系统编号	m_d/kg	u_d/N·m	J_d/kg·m^2
HBHY-14-120	EC-45-12W	A_1	0.607	2.462	5.23×10^{-6}
	EC-45-30W	A_2	0.635	6.110	9.25×10^{-6}
	EC-45-50W	A_3	0.660	8.846	1.35×10^{-5}
HBHY-17-120	EC-45-70W	A_4	0.830	11.674	1.81×10^{-5}
	ECI-40-70W	A_5	0.950	14.592	2.30×10^{-6}
	ECI-40-100W	A_6	1.190	21.341	4.40×10^{-6}
HBHY-20-120	EC-60-100W	A_7	1.470	29.093	1.21×10^{-4}

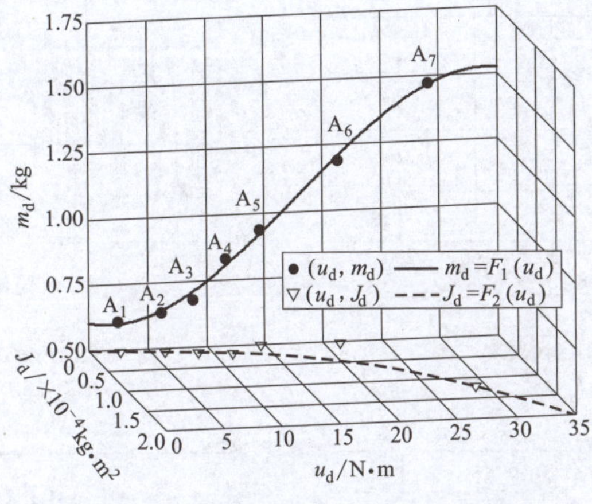

图 9-32　候选驱动系统的力矩密度曲线

4. 优化结果对比分析

依据轻量化设计的初始数据，执行本文中提出的轻量化设计方法流程，设置结构优化模块中遗传算法的初始种群数量和迭代的种群样本数量为 20，误差限 $e=0.01$，经过 14 次计算完成对工业机器人的优化设计。同理，按照参考设计方法的流程，给定 20 个可行域中的设计点，设置复合形算法的反射系数 $\alpha=1.3$，紧缩系数 $\zeta=0.6$，扩展系数 $\gamma=1.5$，收缩系数 $\beta=0.3$，收敛限 $\varepsilon=0.01$，经过 240 次迭代完成优化，两种设计方法的优化结果如下：

图 9-33 和图 9-34 中分别是依据参考设计方法和驱动力矩密度曲线设计方法的优化流程，借助参数化有限元静态结构计算平台和动力学计算平台，得到臂杆的结构尺寸 $\boldsymbol{u}_l=[a_1, a_2, b_1, b_2, r_1, r_2]$ 的迭代图。

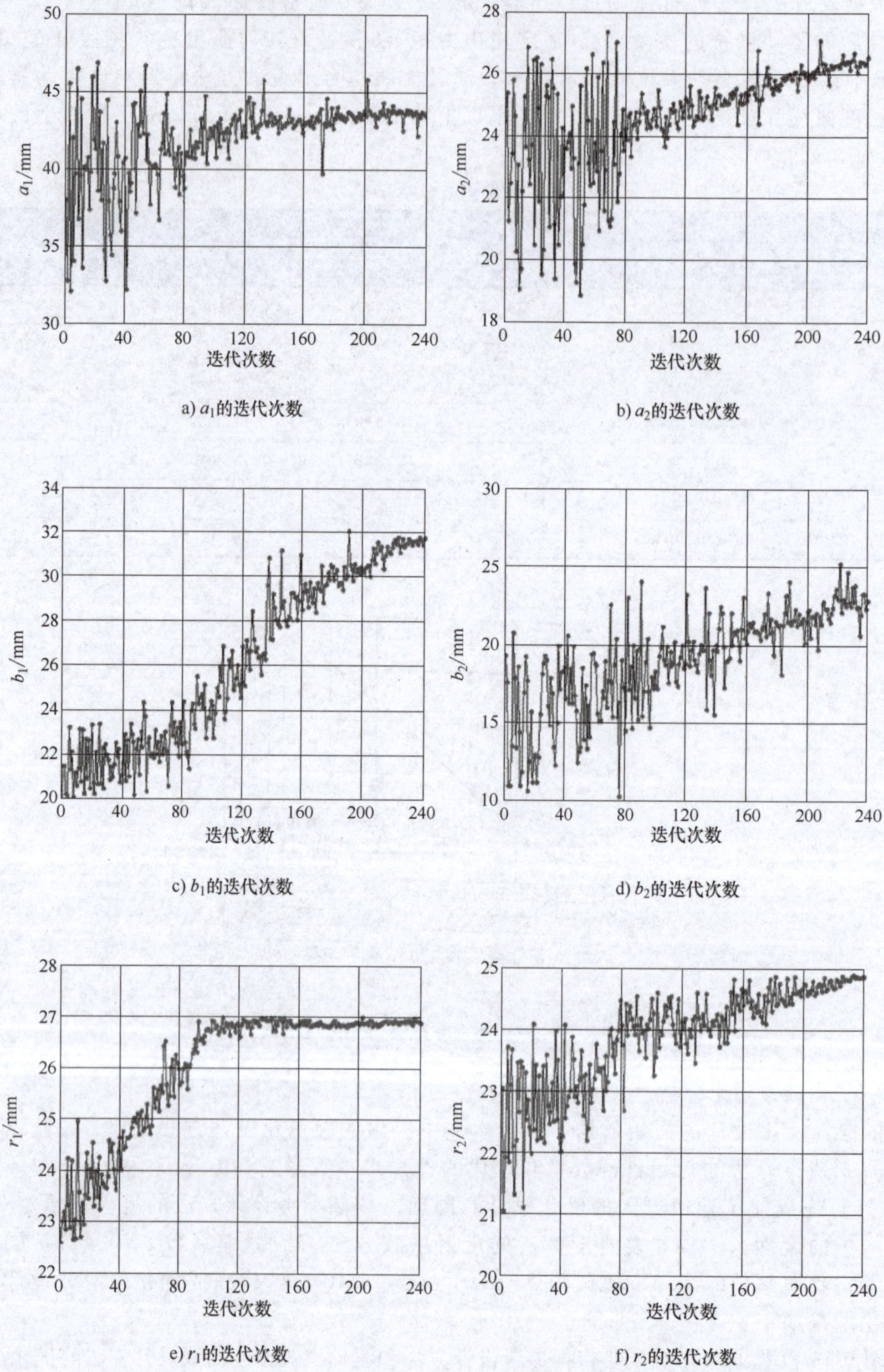

图 9-33 参考设计方法-臂杆的结构尺寸 $\boldsymbol{u}_l^{\mathrm{ref}}=[a_1, a_2, b_1, b_2, r_1, r_2]$ 的迭代图

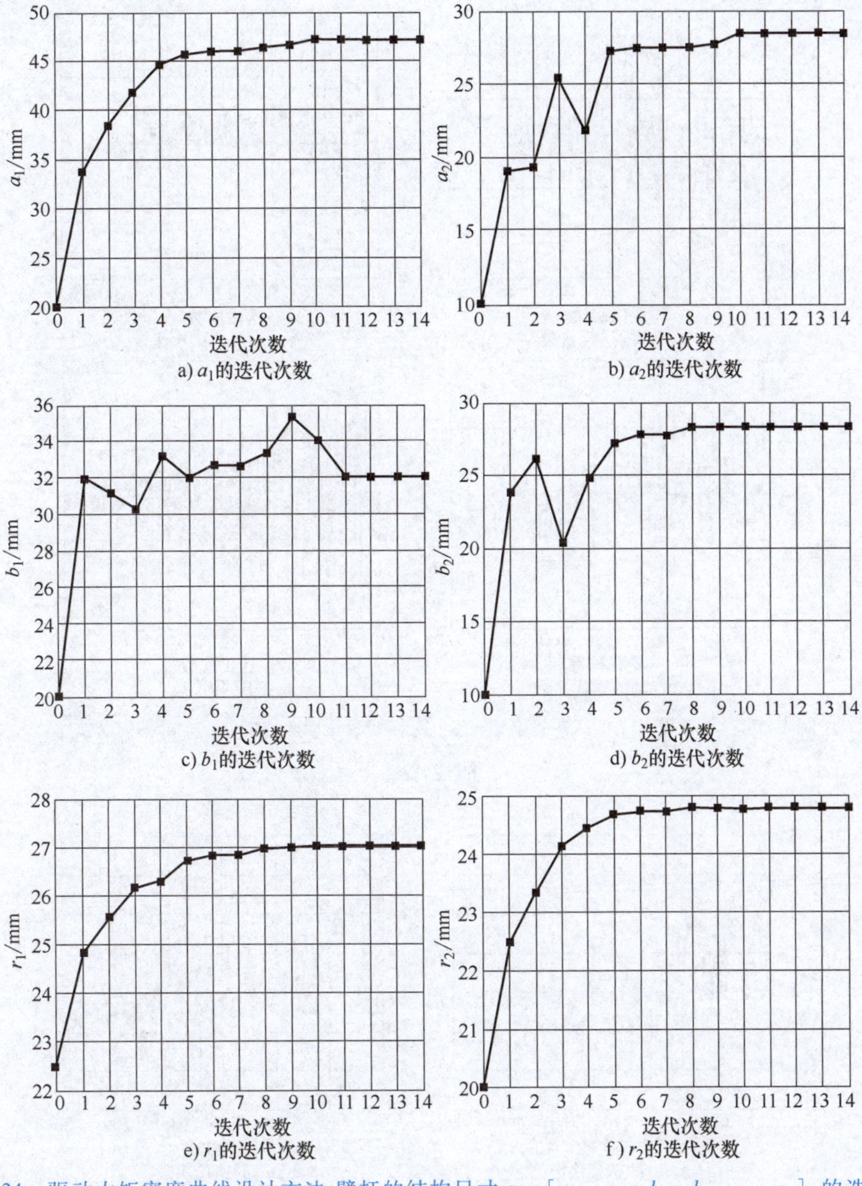

图 9-34　驱动力矩密度曲线设计方法-臂杆的结构尺寸 $\boldsymbol{u}_l=[a_1, a_2, b_1, b_2, r_1, r_2]$ 的迭代图

图 9-35 和图 9-36 所示分别为参考设计方法执行过程中关节变量 $\boldsymbol{u}_{\mathrm{m}}^{\mathrm{ref}}=[u_{\mathrm{m1}}, u_{\mathrm{m2}}, u_{\mathrm{m3}}, u_{\mathrm{m4}}]$、$\boldsymbol{u}_{\mathrm{g}}^{\mathrm{ref}}=[u_{\mathrm{g1}}, u_{\mathrm{g2}}, u_{\mathrm{g3}}, u_{\mathrm{g4}}]$ 的迭代图。图 9-37 所示为通过驱动力矩-密度曲线得到的驱动系统 $\boldsymbol{u}_{\mathrm{d}}=[u_{\mathrm{d1}}, u_{\mathrm{d2}}, u_{\mathrm{d3}}, u_{\mathrm{d4}}]$。图 9-38 和图 9-39 所示分别为上述两种设计方法执行过程中轻量化目标函数的迭代过程。

由于驱动力矩密度曲线描述的是同一拓扑结构的候选驱动系统固有的驱动能力和惯量属性，在驱动系统设计过程中可以快速地沿着该曲线进行连续搜索得到最优设计。结果通过 4 次驱动系统的迭代计算就实现了最优设计，关节 4 至关节 1 的驱动系统变量（u_{d4}、u_{d3}、u_{d2}、u_{d1}）依次于第 7、12、13 和 14 次迭代在驱动力矩密度曲线上完成收敛，其他迭代计算（14−4=10 次）则是用来执行臂杆的结构优化，如图 9-37 所示。

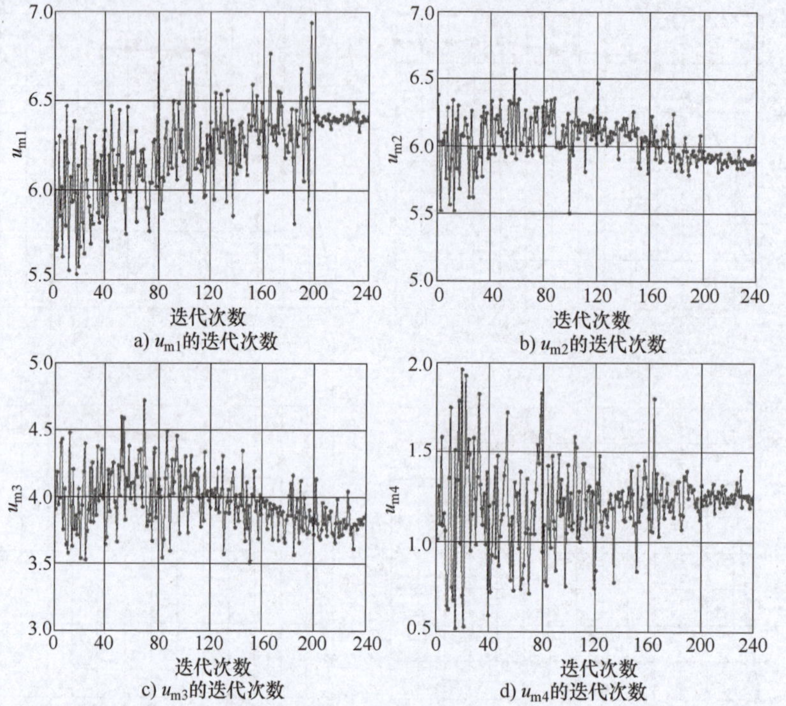

图 9-35　参考设计方法-关节电动机的关节变量 $\boldsymbol{u}_{m}^{ref}=[u_{m1}, u_{m2}, u_{m3}, u_{m4}]$ 的迭代图

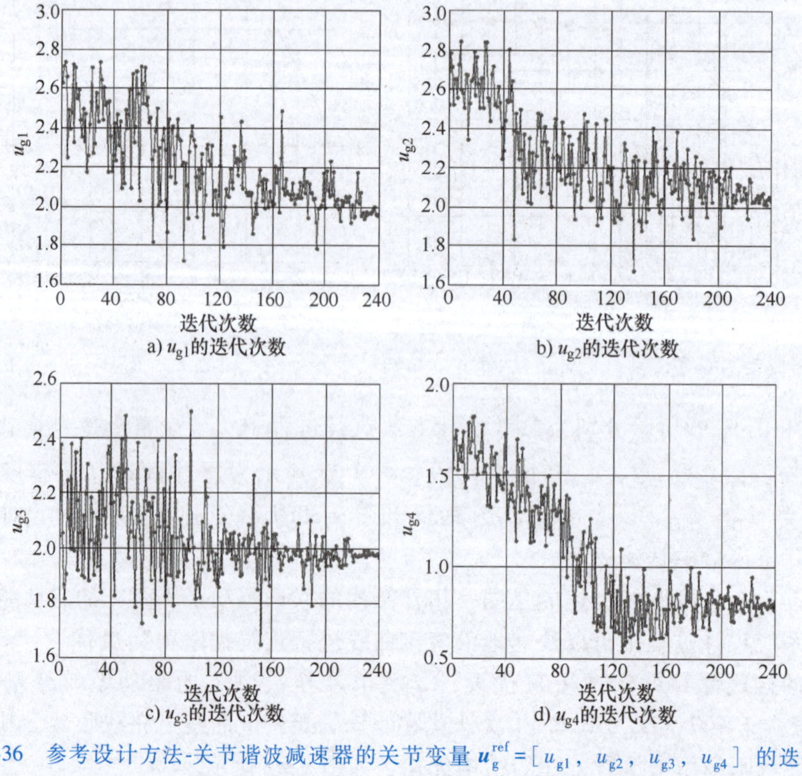

图 9-36　参考设计方法-关节谐波减速器的关节变量 $\boldsymbol{u}_{g}^{ref}=[u_{g1}, u_{g2}, u_{g3}, u_{g4}]$ 的迭代图

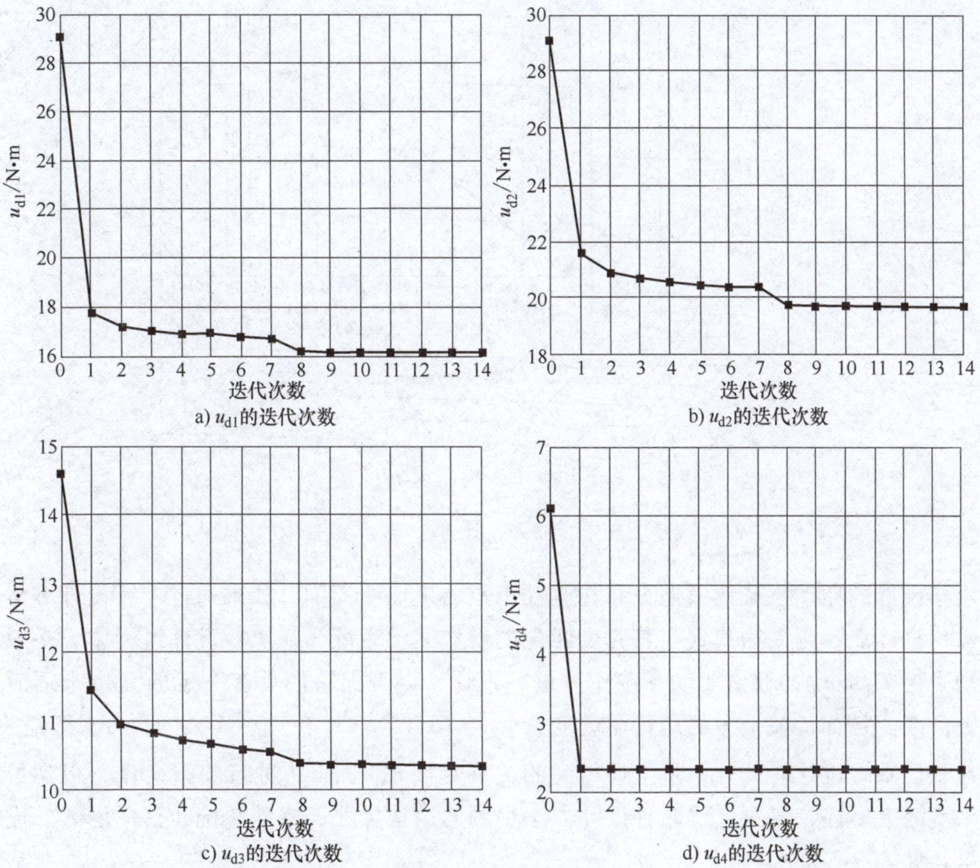

图 9-37　驱动力矩密度曲线设计方法-驱动系统 $\boldsymbol{u}_d=[u_{d1}, u_{d2}, u_{d3}, u_{d4}]$ 的迭代图

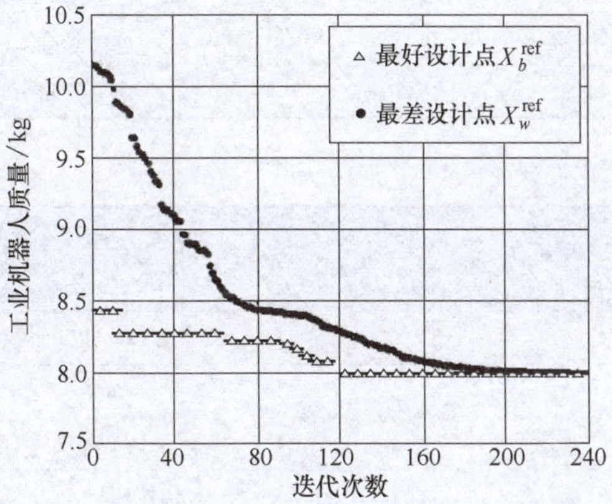

图 9-38　参数设计方法-目标函数的迭代图

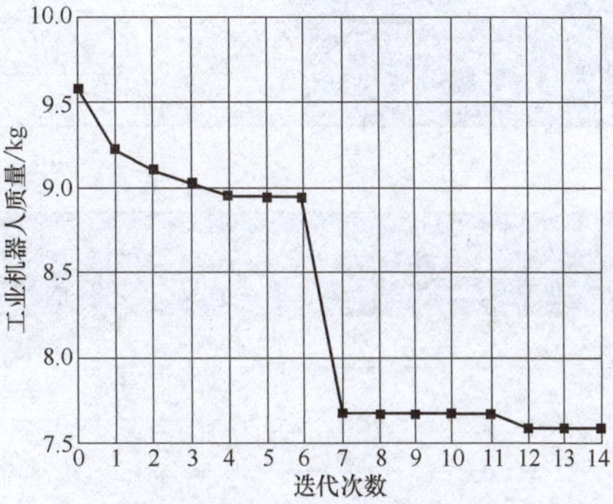

图 9-39　驱动力矩密度曲线设计方法-目标函数的迭代图

如图 9-40 所示驱动系统的最优结果是基于驱动力矩密度曲线采用连续设计的方法得到的理论最优设计，其中驱动力矩密度曲线是采用现有商业产品目录中的电动机和减速器来组成候选驱动系统，通过曲线拟合进行构造的。

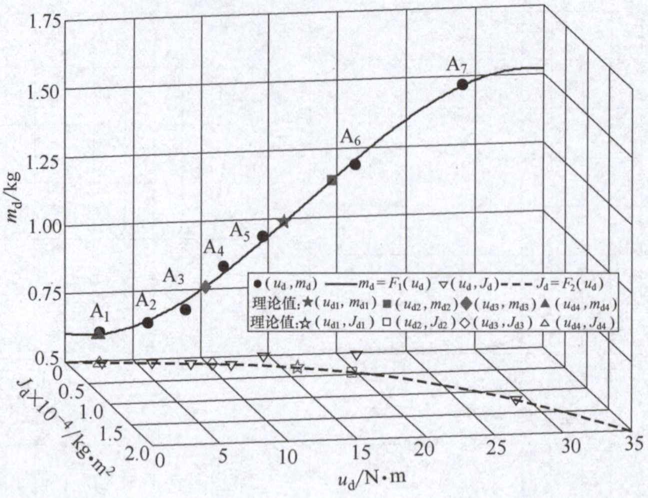

图 9-40　驱动力矩密度曲线设计方法-驱动系统的优化结果

由于候选的驱动系统离散地分布在驱动力矩密度曲线周围，如果通过连续设计方法得到理论最优设计点，则无法找到与其完全匹配的候选驱动系统。在实际设计过程中，一般将额定驱动力矩 $\boldsymbol{T}_d \geqslant \boldsymbol{u}_d$ 的候选驱动系统作为最终设计，以确保它们具有一定的冗余来适应更宽的任务范围。例如，关节 1 的最优驱动变量 u_{d1} = 16.15N · m 在 A_5 ~ A_6 之间，A_6 即是关节 1 的最佳驱动系统设计。此外，将上述得到的关节变量 $\boldsymbol{u}_m^{ref}$ 和 $\boldsymbol{u}_g^{ref}$ 进行圆整操作，得到最终优化结果。综上所述，通过上述两种设计方法得到的结构尺寸、驱动系统和目标函数的优化设计结果，见表 9-7 和表 9-8。

表 9-7　结构尺寸优化结果　　（单位：mm）

结构尺寸	r_1	r_2	a_1	a_2	b_1	b_2
本文设计方法	27.11	24.91	46.33	28.38	31.85	28.67
参考设计方法	26.97	24.89	44.01	26.56	32.07	26.39

表 9-8　驱动系统优化设计结果

关节编号	驱动力矩密度曲线设计方法		参考设计方法		
	理论最优设计	权衡设计	u_{mi}	u_{gi}	组合后的驱动系统
1	16.37∈(A_5, A_6)	A_6	6	2	A_6(6,2)
2	19.89∈(A_5, A_6)	A_6	6	2	A_6(6,2)
3	10.34∈(A_3, A_4)	A_4	4	2	A_4(4,2)
4	2.31∈(0, A_1)	A_1	1	1	A_1(1,1)
工业机器人的质量	7.51kg		7.95kg		

通过表 9-7 和表 9-8 中的优化结果可知，基于驱动力矩密度曲线的设计方法得到的理论最优设计结果的质量（7.51kg）要比参考设计方法的质量（7.95kg）小。此外，参考设计方法得到计算结果的迭代次数为 240 次，而设计方法计算次数为 14 次，如图 9-38 和图 9-39 所示。这表明：依据驱动力矩密度曲线的设计方法是一种连续的优化方式，不但可有效减少

计算的次数，而且还可更加直接地指导驱动系统的轻量化设计。在工艺流程和制造技术成熟的条件下，可以依据优化设计的结果对驱动系统进行定制设计，以避免驱动系统驱动力矩过多的冗余，从而实现更加轻型、节能的设计。由于驱动力矩密度曲线设计方法得到的驱动系统最优设计在实际候选驱动系统中没有与之完全匹配的驱动系统组件，只能将额定驱动力矩 $\boldsymbol{T}_{\mathrm{d}} \geqslant \boldsymbol{u}_{\mathrm{d}}$ 的候选驱动系统作为最终设计，最终两种设计方法的设计结果相同。

综上所述，采用驱动力矩密度曲线的轻量化设计方法具有一定的可行性和高效性。根据此设计方法得到的关节驱动系统和臂杆的结构尺寸优化结果，建立其有限元分析模型，通过静态结构求解分析得到工业机器人的总变形量和应力分布云图，如图 9-41 和图 9-42 所示。

图 9-41　优化后工业机器人的结构变形云图

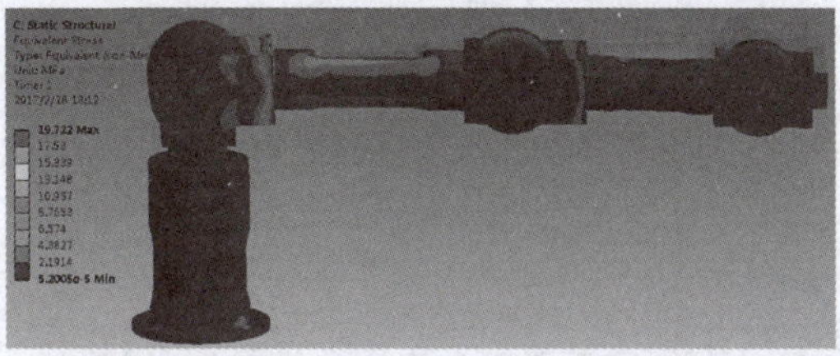

图 9-42　优化后工业机器人的等效应力云图

由变形和等效应力云图可知，$S_1 d_{\mathrm{m}} = 1.2 \times 0.826\mathrm{mm} < 1\mathrm{mm}$，$S_1 \sigma_{\mathrm{m}} = 1.2 \times 19.7\mathrm{MPa} < 275\mathrm{MPa}$，因此，优化后的工业机器人刚度和强度满足设计要求。

课后习题

9-1　在满足工业机器人设计目标基础上，工业机器人应具有哪些设计优势？

9-2　在工业机器人实际控制轨迹规划过程中，存在最优解的选择问题时，应按照何种原则选择最优解？

9-3　在工业机器人轻量化设计过程中，如何选取设计变量和确定约束条件？

9-4　如何定义驱动力矩密度曲线？如何利用驱动力矩密度曲线描述工业机器人的轻量化问题？

9-5　在描述工业机器人的轻量化问题时，驱动力矩密度曲线和参考设计法的区别是什么？

9-6　工业机器人轻量化设计的整体设计方案主要包括哪些方面的优化？

第 10 章 工业机器人应用技术

10.1 引言

从 20 世纪 60 年代开始，随着对产品加工精度要求的提高，以及各国对工人工作环境的严格要求，企业已经在一些生产环节上使用工业机器人代替工人在高危、有毒等恶劣条件下进行作业。在发达国家中，工业机器人对制造业的发展和自动化水平的提高起到了关键作用，工业机器人已经广泛应用于汽车制造业、机械加工行业、物流、航空航天等领域。典型的工业机器人应用包括打磨、码垛、焊接、装配等，如图 10-1 所示。

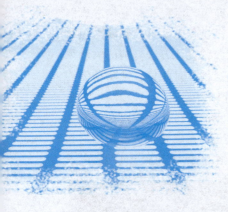

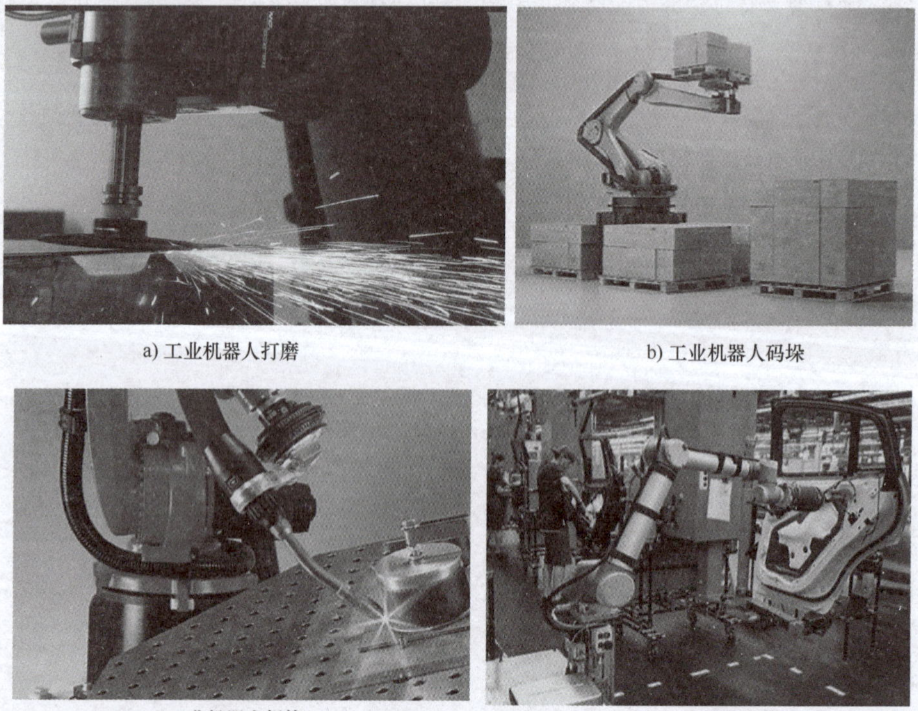

a) 工业机器人打磨　b) 工业机器人码垛　c) 工业机器人焊接　d) 工业机器人装配

图 10-1　工业机器人类型

10.2 工业机器人在汽车制造中的应用

1. 背景与应用

在如今全球化的形式之下，国内外汽车行业的竞争越来越激烈。工业机器人凭借其特殊优势在汽车生产制造业中占据着越来越重要的地位，有效地实现了汽车制造业的工业自动化、柔性化的要求。

如今，无论是配备传统内燃机的运输车辆和载客汽车，还是越来越普及的分别配备混合动力驱动和电力驱动系统的车辆，生产都变得越来越复杂。目前，所有生产过程的主要部分都需要基于两种关键生产设备——数控机床和工业机器人。为了应对气候变化，未来汽车工业的目标将放在低排放或零排放车辆上，这将需要基于智能传感器（smart sensors）、认知和协作机器人或其他智能技术。为了实现汽车制造业的高端化和智能化，我国要进一步加强工业机器人的发展和应用。

汽车制造业用机器人可划定为工业机器人领域，其主要应用在汽车制造业的主要装配线和整个供应链上。汽车制造业用机器人在整个生产过程中的应用可以实现大范围的自动化，减少了在生产过程中对操作人员的需求，提高了生产的安全性和可靠性。如今，汽车制造业的工程师正在探索使工业机器人能够更加准确、高效的方法，从而执行更加复杂或者更加灵活的任务。目前，汽车制造业仍然是全球自动化程度最高的生产供应链之一，也是工业机器人的最大用户之一。汽车制造业用机器人是我国工业机器人应用数量最多的领域，目前占机器人工业领域总投资的 30%左右。

汽车制造业中最常见的自动化流程有一般处理、弧焊和点焊、自动化装配、涂装、接缝密封、视觉检查和质量检查，以及各种附属任务。全球新安装工业机器人的应用分布如图 10-2 所示。

工业机器人在汽车制造业的应用主要有四方面：

1）提高汽车行业的加工精度和年生产率。

2）完成自动化或者有限的人为干预的任务。

3）降低可能的职业风险以保证工人的安全。

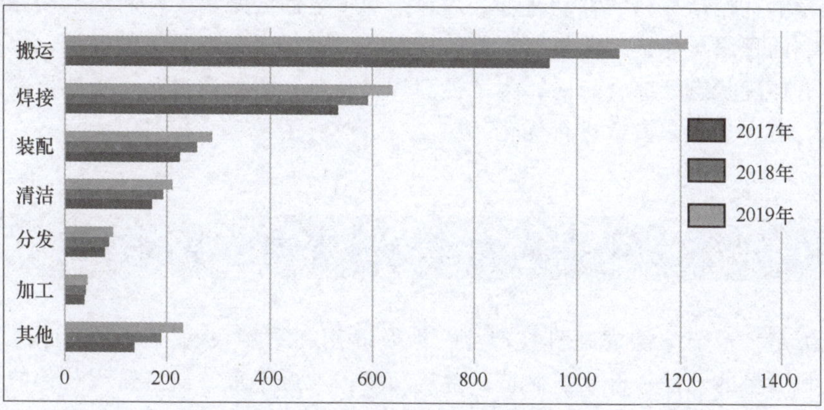

图 10-2　全球新安装工业机器人的应用分布（单位：千套）

4）对重型和超大型材料进行有效的处理和操作。

2. 关键技术

汽车制造业中的工业机器人具体应用有铸造、磨削、抛光、切割、装配、涂装和焊接等。

（1）铸造　铸造是将工程材料熔化后倒入事先制好的模具中，然后凝固成形，从而制造产品的方法。铸造过程中可以用工业机器人进行熔化材料的搬运和倾倒，从而减少铸造过程对人员的安全危害。

（2）磨削和抛光　磨削工业机器人的末端执行器包含磨盘、砂带等，可以被用来去除零件的毛刺和抛光零件。这些任务假如让人来完成，需要耗费大量的时间并且需要有经验的工人，但如果使用机器人，能够大幅提高生产率。此外，将磨削和抛光自动化也是出于安全考虑，特别是在如核电站等危险的地方，磨削机器人已经被用于磨削电厂的管道系统。抛光可使加工表面变得细腻和光亮，抛光工业机器人广泛用于抛光大理石、花岗岩、金属板等材料。

（3）切割　使用3轴或更多轴的切割工业机器人，可切割出复杂形状的材料，因此在汽车制造业中广泛应用。由于串联切割工业机器人刚度较低，切割力和重力会造成工业机器人的定位误差，因此需要对切割工艺参数进行优化。

（4）装配　装配是将多个零件装配起来，形成一个复杂的机械系统，如汽车发动机或整车。装配过程通常繁琐和耗时，通过装配工业机器人进行自动化装配能够大幅提高装配效率。装配工业机器人的装配动作通常是预先规划好的，但借助视觉传感器等感知元件，工业机器人也可自主规划轨迹。此外，有些装配任务的灵巧性要求高，难以完全实现自动化装配，可结合人的灵巧性，通过人机协作进行装配，发挥人和工业机器人的各自作用，提升装配效率，其中，基于多模态的人机协作装配环境感知、人的意图识别等是关键点。

（5）涂装　喷涂工业机器人能够在恶劣的环境下工作，通常通过低压空气使油漆在喷枪出口雾化并附着在材料上。有时，涂装不仅仅是用均匀的涂层覆盖一块材料，还可以艺术的形式呈现。例如，可通过将画分解成不同的部分，然后为每个部分规划工业机器人涂装轨迹，涂装的颜色可根据需要切换。

（6）焊接　焊接是通过对焊料加热、加压，再将不同的零部件焊接为一个整体。汽车制造业中通常采用点焊、电弧焊等进行车身等部件的焊接。焊接的质量或焊接部位的强度受多种因素的影响，包括焊料的移动速度、焊料与焊接表面的距离、焊料的移动路径等。通常使用预先编制的程序对焊接工业机器人进行控制，但对于复杂场景下的焊接，焊接质量受焊接工艺参数、环境状态等综合影响，为了提高焊接质量，需要通过基于传感器的焊缝状态实时反馈信息，对焊接工艺参数进行优化。

10.3　工业机器人在航空航天制造中的应用

航空航天是一个全球性的高科技产业，涉及商用和军用飞机、太空飞行器、导弹和火箭、无人机和卫星的设计、开发、制造、部署和维护。近年来，航空航天装备的典型构件在结构上趋向大型化、复杂化，在功能上趋向智能化，在时间上要求更短的制造周期，这些特点对航空航天制造水平提出了挑战。工业机器人具有操作空间大、响应速度快、自动化程度高、智能柔性好、协作能力强等优点，且可以与大行程龙门行车、移动导引平台等结合，突破传统作业方式局限，实现大范围内的高效率、高精度、高柔性和自适应装配作业，有效解决航空航天产品精度高、工序复杂、品种多、批量小的难题，使航空航天制造装配的质量和效率得到提高。因此，工业机器人是提高航空航天装备零件智能装配水平的重要技术。

10.4　工业机器人制孔技术

1. 背景与应用

大型航天飞行器的孔洞数以万计，这些孔洞用于安装和连接不同的零部件、系统和设备，以便实现不同的功能。连接孔处容易引起应力集中，孔的质量严重影响着连接件的疲劳寿命。根据相关统计数据显示，超过 70%的飞机机体事故源于连接部位的疲劳失效，其中超过 80%的疲劳裂纹自连接孔处产生。因此，高水平的制孔质量有助于提升航天飞行器的系统性能和整体可靠性。相对于传统制孔方式，工业机器人通过末端搭载执行器能实现高度灵活的操作且不受工作空间限制。此外，采用工业机器人制孔系统还能避免过度依赖手动铆接，从而减轻对工人身体健康和安全造成的影响。

20 世纪 50 年代，国外就开始了工业机器人自动钻孔技术的研究，部分研究成果如图 10-3 所示。经过几十年的发展，工业机器人制孔技术已在航天制造领域中广泛应用。

美国的航空机器人制孔技术应用始于 2001 年美国 EI 公司为波音公司大黄蜂战斗机设计的一套基于 KUKA 工业机器人的 ONCE（One-sided Cell End-effector）制孔工业机器人。2009 年，EI 公司在第一代 ONCE 制孔工业机器人的基础上，研制了增加了视觉识别功能的第二代航空制孔工业机器人 TEDS（The Trailing Edge Drilling System）。2013 年 EI 公司研发了一款基于 AGV（Automated Guided Vehicle）的航空制孔工业机器人，将 KUKA KR500-L340 工业机器人安装在自主移动 AGV 上，提高了定位精度。2016 年，波音与 Electroimpact 公司合作开发了 Quadbots 多工业机器人协同装配系统，用于波音 787 客机后机身的装配。该系统通过多台工业机器人同时在机身两侧进行钻孔操作。2017 年，美国通用公司成功研制出适用于狭窄空间的工业机器人自动钻削系统，解决了机舱内部钻孔受限的问题。同年，洛马公司推出了 Xmini 工业机器人，用于碳纤维复合材料的混联加工，实现了复杂结构高精度钻孔的要求。

欧洲的工业机器人制孔技术也发展较早。2008 年，瑞典的 Novator 公司研发出来的一套名为 Orbital E-D100 的先进工业机器人自动钻孔系统，该系统采用了先进的轨迹控制和自适应技术，能够实现高精度、高效率的钻削操作。2009 年，德国 BROETJE 公司开发出一套机器人自动钻孔系统 RAC（Robot Assembly Cell），该系统采用了先进的工业机器人技术和自动化钻孔工艺，旨在提高直升机制造过程中钻孔操作的效率和准确性。2012 年，德国 KUKA 公司与波音合作研发的集成多个工业机器人的先进协同钻孔系统 RCDS（Robotic Cooperative Drilling System）。该系统中多机器人可实时协调工作，提高了高精度钻孔和零件加工效率。2015 年，意大利 B&C（Bisiach & Carrù）公司研制了两台工业机器人组成的自动钻孔设备（ADDS），作为一个加工生产单元。该设备的终端执行器具有多功能和高集成度，能实现自动涂胶（AG）、定位（LOC）、换刀（TC）等操作。

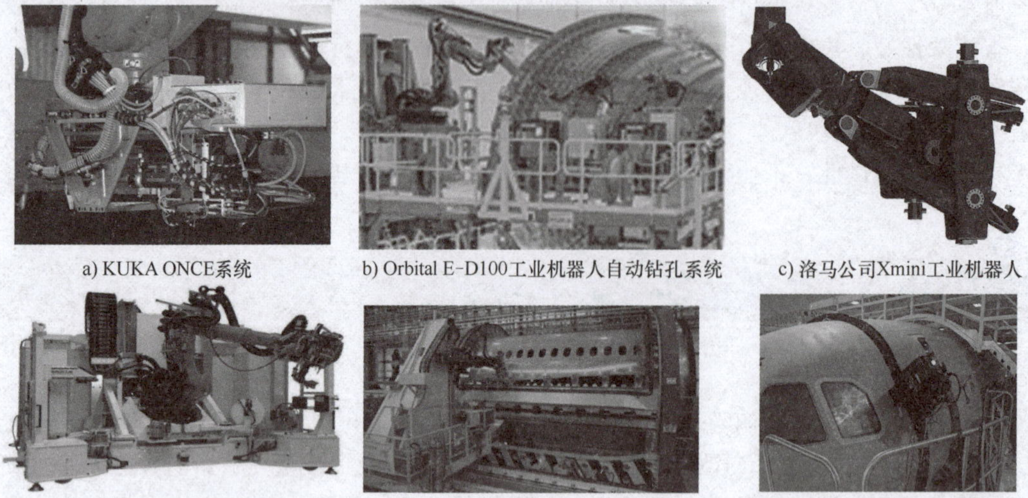

a) KUKA ONCE系统　b) Orbital E-D100工业机器人自动钻孔系统　c) 洛马公司Xmini工业机器人

d) RAC工业机器人自动钻孔系统　e) B&C公司工业机器人自动钻孔设备　f) 空客工业机器人钻孔系统

图 10-3　国外工业机器人自动钻孔系统示例

我国在自动制孔机器人方面的研究工作起步较晚。2009 年，北京航空航天大学与沈阳飞机工业有限公司、沈阳机床厂一起研发了国内首套工业机器人自动钻孔系统，将钻孔效率提高了一倍以上。2012 年，成都飞机工业有限公司与西北工业大学合作设计某机型机身壁板顶部钻孔系统，解决了柔性度不足问题。2014 年，成都飞机工业有限公司又与南京航空航天大学合作研制智能钻孔系统，同时利用在线视觉误差对精度进行了补偿。2017 年，浙江大学开展了双工业机器人协同钻孔研究，研制出了一款配置多功能终端执行器的双工业机器人钻孔系统。随后，浙江大学团队在 2019 年基于前述技术预测和补偿工业机器人钻孔变形，显著提升了加工效率、精度和加工范围。同时，改进加强了末端执行器的通用性、加工范围和集成度。部分国内工业机器人自动钻孔系统如图 10-4 所示。

a) 北京航空航天大学与沈阳飞机工业有限公司等联合研制　b) 成都飞机工业有限公司与南京航空航天大学合作研制　c) 浙江大学工业机器人自动钻孔系统

图 10-4　国内工业机器人自动钻孔系统示例

综上，国外工业机器人制孔的相关技术研究起步早，技术发展成熟。与国外相比，国内工业机器人的制孔技术研究尚处于发展阶段，仍存在精度和效率不够高，以及系统稳定性、可靠性和功能性不够强等问题，未来需要在这些方面下功夫，使问题有所改善。

2. 关键技术

（1）末端执行器设计技术　末端执行器是负责工业机器人钻孔的执行器，其本体参数直接影响到制孔的质量。末端执行器通过工业机器人终端法兰与工业机器人相连，连接方式有同轴式、悬挂式和侧面式三种方式，不同的安装方式会对工业机器人的可操作性和受力等产生影响，进而影响钻孔效率和精度。末端执行器的功能模块主要包括主加工模块、检测模块和辅助模块，分别用于完成加工任务、采集加工全过程的信息和负责加工时的辅助工作。

（2）离线编程技术　离线编程技术在航空制造中应用于工业机器人自动钻孔，相比在线示教编程具有高精度的优势，并能预先编程下一加工任务，可显著提高钻孔效率。离线编程技术主要包括工艺信息提取、任务规划、离线仿真与优化三方面内容。通过离线编程技术，工业机器人可以提取需要加工的产品特征信息，再通过一系列加工序列、路径轨迹等进行规划。最终，对已设定好的加工过程进行仿真检查，如果存在干涉点，可以对机器人运动进行修正优化，直至能够高效完成工作目标。

（3）误差补偿技术　工业机器人制孔系统的加工误差会导致工业机器人的绝对定位精度和可靠性不足，从而不能满足典型航空工业的需求，因此需要对误差进行测量和补偿。通常误差补偿分为以下两方面：

一方面，通过预测和修正工业机器人的运动误差，能够有效提高工业机器人定位精度。这种运动误差预测方法简单有效，得到了广泛应用。误差预测方法可以分为运动学标定和非运动学标定。运动学标定主要涉及工业机器人运动学建模和参数误差识别，而非运动学标定常常通过空间相似性或深度学习算法等方法，利用误差采样结果来实现目标位置的误差预测。

另一方面，进行作业误差补偿是离线编程技术的重要应用之一。补偿方法主要分为基于模型和基于传感器两类。基于模型的误差补偿方法可分为离线补偿和在线补偿两种。离线补偿是在编程阶段根据模型预测误差，并进行补偿设置。在线补偿则是通过传感器实时测量并修正误差。基于传感器的误差补偿方法则是利用传感器来监控作业情况来进行补偿。表 10-1 从误差补偿方法、控制精度、优缺点三个方面对比了两种方法的特点。

表 10-1　工业机器人作业误差补偿方法对比

名称	误差补偿方法	控制精度	优缺点
基于模型的误差补偿	离线补偿	≤0.3mm	成本低，精度较高，通用性好，受建模精度影响较大
	在线补偿	≤0.3mm	精度较高，通用性好，计算简单，成本较高
基于传感器的误差补偿	基于关节反馈的半闭环误差补偿	≤0.25mm	精度较高，通用性好，开发周期长，成本高
	基于末端反馈的全闭环误差补偿	≤0.1 mm	精度最高，成本及环境要求高，通用性差

10.5　工业机器人装配技术

1. 背景与应用

工业机器人具有灵活性好、可移植性强等优点，以工业机器人为载体进行自动化装配是航空制造业的重要发展趋势。目前，工业机器人针对航空航天领域主要有以下三类典型装配需求：

（1）复杂零件装配　目前，航天制造领域中的复杂零件对装配精度要求极高，但大部分装配工作仍依赖于人工完成，导致装配效率和质量难以保证。然而，随着非结构化环境综合感知技术和工业机器人技术的发展，工业机器人的感知能力和运动控制准确性大幅提升，工业机器人已初步具备了替代人工的能力，应用前景非常广阔。

（2）可变形线性零件装配　在航天装备中，通常会用到如电缆、软管和线束等可变形的线性零件。这些零件安装在非常狭窄的空间内，在某些情况下仅靠人力是无法完成装配任务的。工业机器人本身结构紧凑和关节可调整的特性让它能适用于狭小空间的装配任务，同时，工业机器人上的传感器和视觉系统让工业机器人能够感知和调整零件的形态，更高效地完成装配。

（3）大型构件对接　航天器的结构需保证安全可靠，而其中大型构件的结构复杂，对接面的质量直接影响飞机的性能。大型构件对对接的精度要求非常高，在传统的对接过程中要用大型夹具支撑着构件进行定位。通过移动夹具上的定位机构调整大型构件的位置和方向，使得它们能够相互接触和对合。多工业机器人协同系统中的多种类工业机器人通过实时通信和柔顺控制，能适应不同的环境和任务需求，以保证完成精准的装配动作。

2. 关键技术

工业机器人在航空航天装配领域中需要研究的关键理论与技术，包括非结构化综合感知、智能规划与决策、柔顺控制策略、多机协同装配四个方面。

（1）非结构化综合感知　目前，工业机器人多在结构性环境下工作，较少运用在灵活性和精度都受到限制的非结构化环境。可添加视觉传感器将视觉点云数据集成到工业机器人控制系统中，再通过 RGBD 深度摄像头获得相应点云数据的配准和分割，使工业机器人可以精确感知零部件的位置和姿态，实现对环境的多方位感知。力觉感知能力也是必要的，它能显著减少装配失误，提高装配效率。通过混合使用视觉和力觉对装配状态进行感知，可以提高工业机器人的装配精度和安全性，并为后续操作提供重要信息。这种综合感知方案对于航空航天装配等领域具有重要意义。

（2）智能规划与决策　在航空航天领域，装配工业机器人规划与决策是指为航空航天飞行器的装配和维护任务制订合理的行动计划和决策策略的过程。智能规划与决策用于生成装配任务的执行序列和路径，以确保装配的准确性、效率和质量。同时，智能规划工业机器人的姿态和位置，以确保正确的部件对准和精确的连接。通过分析装配过程中的数据和经验，机器人还可以学习和改进装配方法和策略，包括自动调整和优化装配路径、动态调整姿态控制和精确定位参数，以提高装配过程的效率和质量。同时，为了应对装配任务的复杂性和不确定性挑战，算法需要提高泛化性，融合多模态环境信息的感知能力。人工示例、装配工艺和模型设计中的先验知识可以用于提升装配规划算法的泛化性，而传感器融合、多模态数据处理和多源信息融合等技术和方法可以用于提高算法的感知能力。

（3）柔顺控制策略　柔顺控制策略分为被动柔顺和主动柔顺。被动柔顺通过使用特定的装置确保工业机器人能够适应环境中的不确定性。而主动柔顺则通过各种控制策略来主动适应环境中的不确定性，通常使用额外的传感器，如力觉、视觉传感器。

主动柔顺控制主要有力/位混合控制、变阻抗控制、智能控制和视觉伺服控制等方法。

力/位混合控制通过同时控制位置和施加的力来实现精确的装配和对接任务。变阻抗控制利用柔性关节和传感器反馈调整工业机器人的刚度和动力学响应，以适应需要施加合适力和力矩的任务。智能控制利用先进算法和技术，如机器学习和人工智能，实现自适应和自学习，以适应不确定性和变化的环境。视觉伺服控制利用视觉传感器感知环境，并通过分析和处理视觉数据实时调整工业机器人的姿态和位置。各主动柔顺控制方法对比见表 10-2。

表 10-2　各主动柔顺控制方法对比

主动柔顺控制	原理	优点	缺点
传统阻抗控制	根据力与位置之间的动态变化关系	自动/约束运动柔顺切换	对未知环境力的跟踪能力有限
变阻抗控制	根据环境变化实时改变阻抗参数	能够应对未知环境	调参可能会导致系统不稳定
力/位混合控制	将位置控制和力控制正交分解	可同时控制力和位置	需要对环境约束，精确建模
智能控制	从数据中学习隐含的控制策略	控制策略无需显式特征	控制策略的泛化能力有限
视觉伺服控制	基于视觉数据控制执行机构运动	可在非接触情况下实现对准	易受阳光变化、遮挡等影响

(4) 多机协同装配　为了完成航空航天制造领域的复杂装配任务，通常需要多个工业机器人之间的协同作业，如图 10-5 所示。相较于单一工业机器人系统，多工业机器人系统具有鲁棒性高和效率高等优点，可用于加工复杂的大型航空航天结构。在多机器人协同装配中，任务分配是当前研究的重要方向之一。其目标是在一定的约束条件下将装配任务分解为多个子任务，并规划多个机器人之间无冲突的任务分配策略，以获得更好的全局收益。

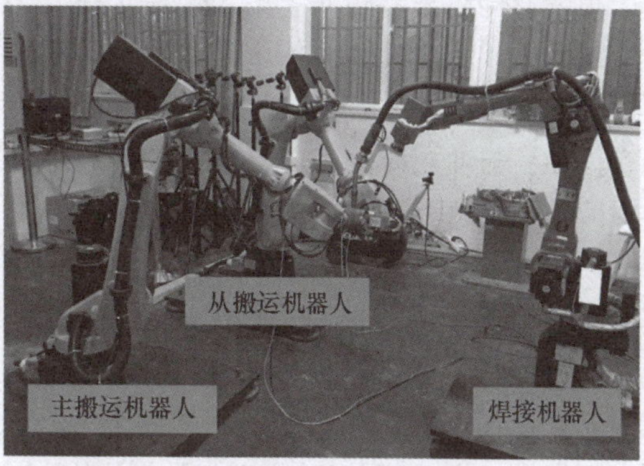

图 10-5　多机协同装配

10.6　工业机器人加工技术

从 16 世纪人力移动手持刀具进行切割，19 世纪早期的机械加工，20 世纪 50 年代使用半自动加工机床，20 世纪 70 年代的数控机床加工，到现在的工业机器人加工，加工技术历史悠久，如图 10-6 所示。工业机器人加工技术具有经济性好、适应性强等优点，成为复杂零件加工中的重要技术方式。工业机器人加工是一种能够根据环境和工作对象实现独立判断和决策的自动化技术，取代手工作业在各种繁重、枯燥或有害的环境中进行操作。工业机器人行业正受到新兴行业自动化趋势的推动，其性能从低精度的操作任务（如涂装、搬运、焊接等）扩展到高精度的加工操作领域（如磨削、铣削、钻孔等）。下面主要介绍工业机器人铣削技术和工业机器人磨削技术。

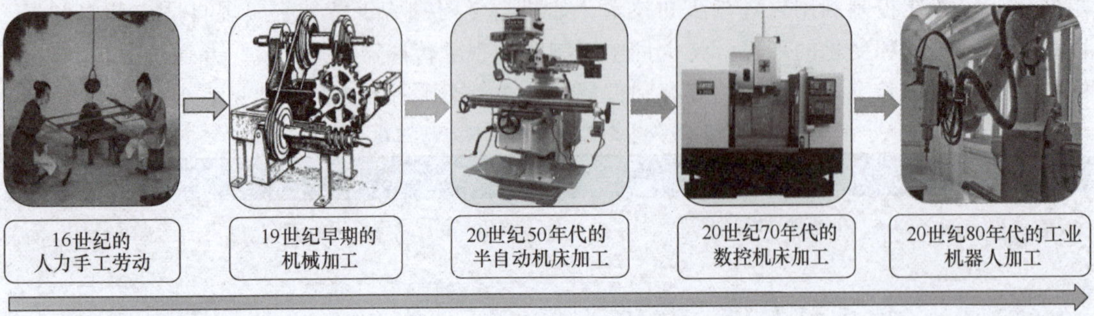

图 10-6　加工技术发展过程

10.6.1　工业机器人铣削技术

1. 背景与应用

铣削是通过高速旋转的铣刀去除材料以获得所需形状和特征的加工方法。与数控加工等传统的材料去除技术不同，工业机器人铣削具有成本低、灵活性高、适应性强等优点。近年来，高端器件越来越趋向于更大规模、更复杂、制造周期更短的结构，这对先进制造技术提出了新的挑战。多轴数控机床是目前制造复杂零件的主要手段，但其价格昂贵、灵活性和并行加工能力有限，并且配置复杂。相比较之下，工业机器人在灵活性、拓展性和经济性等方面有优势。与此同时，工业机器人技术越来越成熟，已成为加工复杂零件的重要手段，具有重要的科学价值和广阔的应用前景。

2. 关键技术

（1）颤振检测和抑制　颤振现象在工业机器人加工中常常导致加工精度降低、表面质量变差和生产率下降等问题。因此，需要对工业机器人铣削过程进行颤振检测和抑制来解决这些问题。颤振检测首先是使用传感器来收集与加工状态相关的信号，常用的识别信号包括：力信号、振动信号和声信号等。不同颤振检测方法的性能比较见表 10-3。

表 10-3　不同颤振检测方法的性能比较

方法	特点	限制
力信号检测	低频、高精度，抗干扰能力强	检测范围有限，不适合高速加工
位移信号检测	工作范围为高频	信号中存在高噪声
声信号检测	可以获取全部过程信息	易受环境噪声影响
电流信号检测	适应性强，价格低廉	灵敏度低，抗干扰能力弱

在传感器采集颤振信号后，需对其进行特征提取，以去除干扰，减少数据量并提高准确性。特征提取可分为时域和频域两种方法。时域通过分析统计特性获取特征值，频域基于傅里叶变换提取频率和幅度作为特征值。然而，时域和频域分析可能存在难以识别的异常现象。为解决问题，采用经验模态分解（EMD）、变分模态分解（VMD）、离散小波变换

（DWT）等方法，根据颤振信号的频谱和能量分布提取特征，利用这些方法能更好地提取有用信息，为颤振抑制和控制提供准确的数据支持。

工业机器人加工中的颤振抑制可采用 SLD（Stability Lobe Diagram）方法。SLD 方法基于稳定性图识别颤振区域，避免工业机器人振动。通过绘制稳定性图，确定稳定切削状态和颤振状态的边界，指导工业机器人加工，提升加工效率和质量。对颤振进行抑制可从被动抑制、半主动抑制和主动抑制三个方面入手。被动抑制结构简单，无需额外能量输入。被动抑制方法可分为三类：最大化结构刚度、优化加工工艺、安装减振器和阻尼器吸收或中断颤振，半主动抑制也采用类似方法。主动抑制通常采用力控制技术。图 10-7 所示为颤振抑制策略框架。

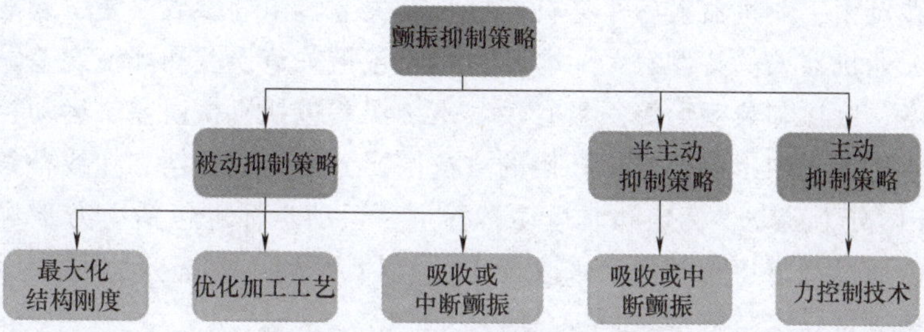

图 10-7 颤振抑制策略框架

（2）刚度建模与强化策略 工业机器人的低刚度可能导致加工过程中的变形和颤振，从而降低加工精度和表面质量。因此，强化机器人的刚度具有重要意义。机器人刚度建模的三种方法分别是有限元分析（FEA）、矩阵结构分析（MSA）和虚拟关节法（VJM），三者各有优劣。有限元分析（FEA）能够提供高精度的结果，但计算量大且计算效率低，通常在最终设计阶段才采用。矩阵结构分析（MSA）主要用于分析柔性元件，计算成本较低，但无法提供工业机器人加工系统中零件的物理关系。虚拟关节法（VJM）引入了虚拟弹性关节，并通过雅可比映射表示刚度，适用于分析和研究不同结构配置的工业机器人的刚度特性。相对于 FEA 和 MSA，VJM 的精度较低，但具有高计算效率和简单参数分析的优点，在工业机器人建模和分析中仍被广泛应用。

在刚度建模方法的基础上，可以进行刚度强化和提高工业机器人加工过程的刚度。常见的方法包括通过添加辅助结构来增强末端执行器的刚度、设计新的结构以提高接头刚度并减少加工变形，以及引入加工性能评价指标进行优化。

（3）动力学分析和姿态规划 一方面，精确的动力学模型和参数识别是必不可少的。由于实际测量和建模的不精确性，再加上负载变化、外部扰动和大量的不确定性，很难获得准确完整的工业机器人运动模型。要进行动力学分析，必须先对工业机器人进行动力学建模。工业机器人的动力学模型是了解其动力学特性的前提，而精确的模型需要精确的动力学参数。对动力学模型进行建模的方法分为牛顿-欧拉法、拉格朗日法和凯恩法。在机器人动力学模型中，模型参数包括工业机器人连杆质量、质心位置、惯性参数、电动机转子惯性、关节摩擦参数和负载惯性参数。这些参数的识别影响着工业机器人的应用。为了获得这些参数，使用了三种通用方法：物理识别（通过试验）、计算机辅助设计（CAD）识别和理论识别（如最小二乘法、扩展卡尔曼滤波法、最大似然估计法、遗传算法、神经网络算法等）。

另一方面，工业机器人稳定性与姿态有强相关性。姿态规划对于工业机器人的稳定性和高效性也非常重要。在满足各种约束条件的前提下，通过优化工业机器人的姿态，可使工业机器人在稳定和高效的状态下完成任务，从而提高工业机器人的加工效率。工业机器人在笛卡儿空间中的刚度会随着姿态的变化而变化，因此在相同的加工轨迹下，可以通过选择不同的姿态进行加工，通过优化姿态可以提高加工精度。工业机器人通常具有多于六个自由度的特性，增加了其可到达的空间位置和末端执行器的灵活性和可操作性。在铣削姿态研究中，主要通过优化冗余角度或工具姿态角，结合工业机器人的刚度模型、姿态和误差补偿模型等，根据动力学特性和优化算法确定最佳的加工配置，以提高铣削质量。

（4）加工误差补偿　工业机器人加工误差主要包括几何误差、非几何误差和系统误差。几何误差主要涉及由工业机器人各个连杆的杆长、关节转角等参数误差引起的运动学模型误差，其本质与工业机器人的特性有关。非几何误差包括关节误差和环境误差，主要与工业机器人关节的柔度、摩擦和热变形等因素有关。系统误差包括机械误差、运动控制误差和测量误差等。对工业机器人加工误差进行补偿的方法主要分为离线补偿和在线补偿两种。

1）离线补偿分为运动学标定和非运动学标定。运动学标定包括动力学建模、参数辨识和误差补偿等，通过调整运动学模型来改善工业机器人精度。非运动学标定则利用传感器、神经网络等方法进行标定与补偿。

2）在线补偿法是指利用外界测量设备进行实时反馈，使工业机器人可以不断调整直至达到理想状态。根据所采用的装置不同，在线补偿法可分为关节编码器反馈（Joint Encoder Feedback，JEF）技术、激光跟踪仪反馈（Laser Tracker Feedback，LTF）技术和视觉伺服反馈（Vision Servo Feedback，VSF）技术。考虑工业机器人运动时状态变化对误差的影响，通过传感器收集切削过程中的位置、力和其他信号，并实时调整行为。

与离线补偿技术相比，在线补偿利用实时测量误差在线修改运动学参数，提高定位精度。上述两种补偿技术的比较见表 10-4。

表 10-4　离线补偿和在线误差补偿技术的比较

方法	精度	模式	特点
离线补偿	取决于模型识别的准确性	离线修改运动学参数	成本低，精度一般，通用性好，实时性差，它在很大程度上受到建模精度的影响
在线补偿	取决于外部测量设备	在线修改运动学参数	成本高、精度高、通用性好、实时性好、操作要求高

10.6.2　工业机器人磨削技术

1. 背景与应用

磨削是制造产品几何形状的最后一道工序，而几何形状对产品性能具有至关重要的影响。传统的手动磨削是将产品通过手动操作在简单的磨床辅助下进行磨削，如图 10-8a 所示。然而，这种方法存在劳动强度大和耗时的问题，手动操作的位置精度差异导致最终产品质量不一致。此外，手动磨削产生的灰尘颗粒和噪声对人体有危害。因此，工业机器人磨削技术是一种具有实际应用意义的方法，它能够克服传统手动磨削的缺点，提高产品质量，降低生产成本，并能代替人类在不良环境中工作，如图 10-8b 所示。同时，相较于昂贵的多轴数控机床，工业机器人有更好的加工柔性和拓展性。

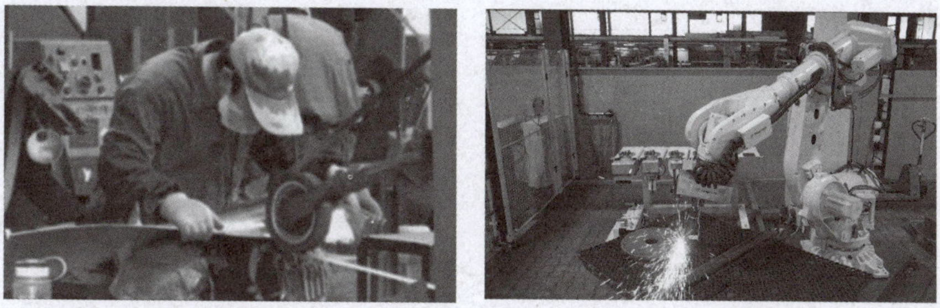

a) 传统手动磨削　　b) 工业机器人磨削

图 10-8　磨削技术

2. 关键技术

（1）磨削余量控制　工业机器人磨削余量控制对于获得理想的加工结果非常重要。过少的余量可能导致无法达到所需的尺寸和表面质量，而过多的余量则可能导致加工时间延长、加工精度下降或材料浪费。通过有效地控制磨削余量，工业机器人磨削加工可以实现高精度、高效率的加工操作，满足各种工件的要求，在诸如汽车制造、航空航天、模具制造等领域具有广泛的应用。磨削余量控制可从材料去除率建模和工业机器人磨削路径规划两方面进行考虑。

材料去除率（MRR）是工业机器人磨削加工中衡量表面轮廓精度和尺寸精度的关键指标之一。材料去除率建模是一种研究和预测磨削过程中材料去除量的方法。在建模过程中需要考虑多个因素，如材料特性、磨削工具特性和磨削参数选择等，并进行模型验证和精度评估，以确保模型的准确性和适用性。

工业机器人磨削路径规划是确定工业机器人在磨削任务中运动路径和轨迹的过程，这个过程类似于移动工业机器人在复杂环境中寻找从初始状态到目标状态的无碰撞路径。根据具体的磨削任务和工件要求，可以选择合适的路径规划方法或将不同方法组合使用，综合考虑工件形状、磨削工具、工业机器人能力和运动约束等因素，以实现高效、精确和安全的磨削过程，提高工业机器人磨削的效率和质量。

（2）高精度测量技术

1）手眼标定。工业机器人磨削加工系统需要在加工操作前进行准确的标定，以减少相对误差，从而保证精度。工业机器人手眼标定是一种方法，能够将工业机器人末端坐标系和测量设备之间的坐标进行转换（图 10-9），在末端坐标系中处理测量数据。这样可以确保测量数据与工业机器人坐标系的一致性，从而提高加工的精度。手眼标定有“眼在手中”（eye-in-hand）和“眼在手外”（eye-to-hand）两种方式，取决于工业机器人和视觉设备的安装位置。

工业机器人测量设备主要分为主动式和被动式两类。主动式测量设备由设备发出光源并通过自身相机接收，利用编码结构光等算法进行测距，如激光扫描仪和结构光扫描仪。被动式测量设备通过接收测量表面反射光来进行测量，再利用一些算法进行测距，如 CMOS 相机和 CCD 工业相机。主动式测量设备通常具有比被动式测量设备更高的精度，其中基于扫描仪的工业机器人磨削具有高效和自动化制造的潜力。

2）点云匹配。工业机器人加工点云匹配利用工业机器人和点云处理技术，通过比对和匹配工件表面的点云数据与目标模型，实现精确的加工操作。点云数据是通过三维扫描仪或传感器获取的工件表面的三维信息，描述工件的形状和几何特征。

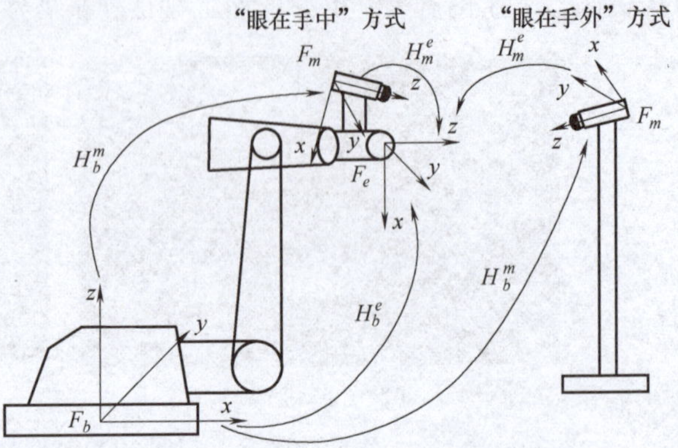

图 10-9　手眼标定中的坐标系和坐标转换

点云匹配包括粗匹配和精匹配两个阶段。粗匹配阶段常用的算法有 PCA、4PCS、3D-NDT，以及基于局部特征（如 FPFH 特征）描述的算法。这些算法用于初步匹配实际获取的点云数据与目标模型，确定它们之间的大致位置和姿态关系。精匹配阶段常用的算法有 ICP、SDM/TDM、ADF 和 VMM 等。ICP 算法是最常用的精匹配算法，能够在点云重叠率高、初始位置接近的情况下获得良好的配准效果。然而，由于 ICP 算法计算量大且迭代收敛速度较慢，研究者通常结合其他算法以改进其计算缺点，实现更好的点云匹配效果。

3）恒力控制技术。恒力控制被认为是提高工业机器人磨削加工表面质量的重要手段之一。由于工业机器人磨削过程中接触力的不可控性，加工表面质量和几何精度无法得到充分保证。因此，恒力控制是实现复杂零件高性能加工的有效手段。为了更准确地控制工业机器人加工过程，应该使用外部传检器来检测和控制工业机器人末端与外部环境之间的接触力，如图 10-10 所示。

图 10-10　三维力传感器

通过外部传感器感知加工环境信息，实时控制工业机器人的加工过程，从而实现机器人的主动力控制。为此，大量的力控制研究从不同角度估计未知环境，包括阻抗控制、混合力/位置控制、自适应控制、前馈 PID、模糊 PID、模糊逻辑控制、神经网络控制、导纳控制等。这些方法致力于准确估计工业机器人所处的环境，并根据感知到的力信息实时调节工业机器人的加工过程，以实现精准控制。

10.7　人机协作应用技术

1. 背景与应用

目前，协作机器人在各个领域逐渐得到了应用和发展，如社会服务、医疗健康、航空航天、高端制造等。目前，人机协作在我国快速发展并应用在各个方面，已成为工业机器人未来的发展趋势，被列入《新一代人工智能发展规划》和《制造强国》重点支持的研究计划。

人机协作是指人与机器人在同一个工作空间或任务中相互协作和互动的过程。国际机器人联合会定义了人机协作的四种类型：

1）人机共存（coexistence）：人和机器人在同一个物理空间下，但人和机器人在各自独立的工作单元中完成各自的任务，相互之间没有直接接触，可能会交换工件。

2）人机交互（interaction）：人和机器人在同一个工作单元中，存在交互，人和机器人完成同一个任务，但是按照顺序（step-by-step）完成。

3）人机合作（cooperation）：人和机器人具有独立的目标，通过临时资源共享，实现各自的目标，工作单元有部分的重叠。

4）人机协作/协同（collaboration）：人和机器人在相同的工作空间中，共享各自的能力和资源，完成共同的目标。

在过去的几十年中，工业机器人应用技术一直在蓬勃发展，部分工业机器人替代人类完成各种危险、枯燥的工作，目前的主流工业机器人见表 10-5。人机协作机器人是一种具有传感器和智能控制系统的机器人，可以安全地与人类合作，而不需要额外的防护装置。目前，人机协作机器人广泛应用于工业、医疗、军事和其他领域。

在工业领域中，人机协作机器人可以承担繁重、单调或精细的生产步骤，如安装、焊接、打磨、检测等，可提高生产率和质量，减轻员工的负担。一些知名的汽车制造商，如福特、宝马、大众等，都在利用人机协作机器人优化其生产线。

在医疗领域中，人机协作机器人可以辅助医生进行手术、康复、护理等任务，提高医疗水平和安全性，降低医疗成本和风险。目前，已量产的人机协作的先进医疗机器人有 LBR Med、life science robotics 等。

在军事领域中，人机协作机器人可以执行侦察、救援、排雷等危险或困难的任务，增强军事实力和战略优势，保护士兵的生命和安全。一些国家已经在研发和部署具有人机协作功能的军用机器人，如美国的 BigDog、Atlas 等。

表 10-5　工业机器人示例

工业机器人	制造商	特性
UR5e	Universal Robots	单臂，6 自由度，重复性精度为±0.03mm，有效载荷为 5kg
LBR iiwa	KUKA	单臂，7 自由度，重复性精度为±0.1mm，有效载荷为 7kg，关节集成了外力传感器
CRX-10iA	FANUC	单臂，6 自由度，重复性精度为±0.04mm，有效载荷为 10kg
gen3	KINOVA	单臂，7 自由度，有效载荷为 4kg
FRANKA PRODUCTION 3	Franca Emika	单臂，7 自由度，重复性精度为±0.1mm，有效载荷为 3kg，每个关节能够检测外力
AUBO-i5	遨博	单臂，6 自由度，重复性精度为±0.02mm，有效载荷为 5kg
JAKA Zu 5	节卡	单臂，6 自由度，重复性精度为±0.02mm，有效载荷为 5kg
CR5	越疆	单臂，6 自由度，重复性精度为±0.02mm，有效载荷为 5kg

2. 关键技术

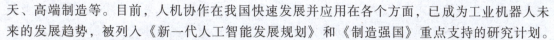

如今，工业机器人在很大程度上仍然是通过预先编程来完成任务的，大多数商业工业机器人的应用程序与人类互动的能力都有所欠缺。在目前可预测的未来，想要让工业机器人在非结构化的环境中自主完成任务依旧要面临重重困难。正因如此，需要开发协作机器人系

统，让人类可以接管工业机器人难以完成的部分任务。在设想的未来工厂中，人类和工业机器人将共享相同的工作空间，并以协作的方式执行不同的对象操作任务。下面将对目前人机协作的关键技术进行介绍。

（1）感知与估计人类的意图　人类在合作任务中，会根据合作伙伴的动作来推断对方的意图，并做出相应的反应。一个能够准确理解合作伙伴意图的人，会让合作更加高效。同理，在人机协作任务中，如果机器人能够像人一样预测对方的运动意图，就可以提前做出响应，从而提高协作效率。这是目前人机协作研究的一个重要方向。

目前，有一些方法利用概率模型来对人类的运动意图进行建模和估计。这些方法基于一个假设，即人在完成同一协作任务时，通常会采用具有相似轨迹特征的运动路径。使用隐马尔可夫模型（Hidden Markov Model，HMM）等图形模型是概率建模的一种有效方式。隐马尔可夫模型可以同时编码时间和空间特征。目前已经有一些方法提出了根据新获取的数据来自适应地更新模型。但是，目前在解码时间特征上仍然存在困难。具体来说，虽然 HMM 可以随机编码空间和时间特征，但轨迹是离散和抽象的，要详细解码时间特征会遇到许多问题。为了明确地将时间特征纳入到模型中，有学者提出了使用显性时间 HMM 和自回归 HMM 的建模方法。但是，如何将其扩展到在线算法又是一个难题，因为在没有事先确定图形的情况下，想要使得模型参数的学习收敛并不容易。非线性回归方法也是一种可能的方法，如高斯过程回归（Gaussian Process Regression，GPR）和高斯混合回归（Gaussian Mixture Regression，GMR）。高斯过程动力学模型（Gaussian Process Dynamic Model，GPDM）也是一种利用概率分布的模型，它可以有效地解决对人类动力系统进行随机建模的问题。此外，还有其他一些模型可以用于人类意图估计，如自回归综合移动平均（Auto Regressive Integrated Moving Average，ARIMA）模型、递归神经网络（Recurrent Neural Network，RNN）。

（2）VR（虚拟现实）　VR 能够模拟出真实协作机器人的虚拟模型（数字孪生），并基于此可以模拟人类与真实协作机器人的协作。例如，Baxter 或 Kinova 协作机器人模型，已经在不同的 VR 平台（如 Unity）上广泛开发和实施其数字孪生。同样，使用这种数字孪生允许使用相同的工业机器人控制系统（如 ROS）框架来控制虚拟和真实的工业机器人。此外，VR 允许开发超越现有工业机器人设计的协作机器人模型。虽然很多学者阐明了工业机器人外观、运动模式、人类表现、自我报告和生理信号之间的复杂关系，但目前还很少有测量更详细的性能指标，如人类运动模式（速度和准确性）或眼睛凝视数据。因此，工业机器人拟人化会如何微妙的影响用户性能还有待进一步揭示。

不成熟的人机协作可能会给人类带来物理风险，如工业机器人可能会撞击操作人员等。因此，操作人员在与工业机器人协作时可能会感到压力，这可能导致操作人员出现异常行为，如认知负担增加或运动性能降低。这种危险的场景很难在自然界中进行测试，这意味着协作机器人的用户体验测试存在重大限制，但是通过数字孪生可以预先进行测试。

近年来，在维护人类安全的同时测试协作机器人的可行解决方案是使用沉浸式 VR 环境。Oyekan 等人认为：可以设计一个协作环境来理解人类对可预测和不可预测的工业机器人运动的反应，如使用物理布局的虚拟现实数字孪生。基于数字孪生技术，HRC 的交互式仿真技术使用实时物理仿真，将设计工程师或生产规划人员融合在工厂的响应式虚拟模型中，从而优化和验证制造流程，以便更好地了解装配过程的风险和复杂性。总之，这些研究展示了测试不同类型的交互场景和虚拟协作机器人的不同方法。这种虚拟测试也可以针对危险场景进行，但不会使人类处于危险之中。

（3）示教学习　科研人员在近些年对技能传递学习的研究越来越多，所谓技能传递学习就是将人类的经验技巧传递给工业机器人。技能传递学习有着以下优势：

1）能够通过技能传递学习使得工业机器人能够在复杂动态的环境中习得操作技能来弥补传统编程方法的缺点。

2）使得工业机器人对复杂环境的适应能力有所提高。

3）通过采集人体的生理信号，可以在技能传递过程中提取出所需的多个维度的技能特征。

目前主要的示教学习方法见表 10-6。

表 10-6　目前主要的示教学习方法

方法	难度	计算复杂性	优势	缺点
动觉示教	低	低	易于演示	不能执行快速动作
遥控操作示教	中等	中等	远程演示	动作时间延迟
通过可穿戴设备示教	最低	高	适用于穿戴进行动作	体现方式不同，对应困难

要想得到相应的策略来映射到工业机器人控制器，可以先获取技能示教的数据集，然后通过工业机器人技能学习来生成策略。学习的技能策略还可用于在新环境中复现并泛化工业机器人的技能。对于技能学习，有以下三种常用的方法：

1）基于模型学习的技能学习。传统的工业机器人完成任务，通常依赖于人工设定的规则。这种方式缺乏编程的灵活性和自主性，导致工业机器人只能适应结构化的环境。为了让工业机器人能够适应更多样化的场景，可以利用统计学习方法或者动态系统来构建工业机器人技能的表达模型。

2）基于强化学习的技能学习。强化学习通过环境与工业机器人自身的智能体（Agent），从试错（Trial-and-error）中学习。设定的奖励函数决定了强化学习中的目标，通过奖励函数评价工业机器人对目标的完成情况，奖励函数起到正强化或负惩罚的作用。与传统方法相比，基于强化学习的技能学习方法有以下优点：学习示教者无法实际示教或直接编程的任务，如抬起重量偏大的目标；能够学习难以直接给出最优解的技能，或者示教者不确定最优解的技能；可以通过使用已知的成本函数，实现没有分析公式或已知封闭形式解的难题的优化目标学习；使习得技能适应相仿的新任务；能够选出一次效果较好的实例，并从中学习技能，以帮助完善技能学习情况，这是其独特的优势。

3）基于逆强化学习的技能学习。工业机器人系统是非常复杂的，要想使其学习一项技能一般不仅耗时很大，而且有一定的困难。然而有一种方法能够通过逆强化学习反推奖励函数，这个方法就是逆强化学习。可据此进行强化学习，从而提高学习策略的泛化性能。

课后习题

10-1　工业机器人在汽车制造中的应用有哪些？请举例说明。

10-2　工业机器人在航天制造中的应用有哪些？请举例说明。

10-3　在工业机器人的孔加工技术领域，存在哪些关键的技术问题？请举例说明。

10-4　在工业机器人装配技术领域，存在哪些关键的技术问题？请举例说明。

10-5　在工业机器人铣削和磨削技术领域，存在哪些关键的技术问题？请举例说明。

10-6　在工业机器人的人机协作应用技术领域，存在哪些技术问题和挑战？请举例说明。

参考文献

[1] 董理，杨东，鹿建森．工业机器人轨迹规划方法综述［J］．控制工程，2022，29（12）：2365-2374.

[2] 郭洪红．工业机器人技术［M］．西安：西安电子科技大学出版社，2006.

[3] 段昊宇翔，张宇，陈昊然，等．工业机器人轨迹规划及轨迹优化研究综述［J］．农业装备与车辆工程，2023，61（2）：54-57.

[4] CRAIG J J．机器人学导论［M］．3版．负超，等译．北京：机械工业出版社，2006.

[5] NIKU S B．机器人学导论：分析、系统及应用［M］．孙富春，朱纪洪，刘国栋，等译．北京：电子工业出版社，2004.

[6] 张华文．六自由度串联机器人运动学逆解算法研究［J］．国外电子测量技术，2021，40（4）：53-57.

[7] 龙樟，李显涛，帅涛．工业机器人轨迹规划研究现状综述［J］．机械科学与技术，2021，40（6）：853-862.

[8] 柳洪义，宋伟刚．机器人技术基础［M］．北京：冶金工业出版社，2002.

[9] 朱世强，王宣银．机器人技术及其应用［M］．杭州：浙江大学出版社，2001.

[10] 高涵，张明路，张小俊．冗余机械臂空间轨迹规划综述［J］．机械传动，2016，40（10）：176-180.

[11] 李精伟．PR1400焊接机器人轨迹优化［D］．南京：南京理工大学，2017.

[12] 傅京逊．机器人学［M］．北京：科学出版社，1989.

[13] 熊有伦．机器人技术基础［M］．武汉：华中理工大学出版社，1996.

[14] 郭勇，赖广．工业机器人关节空间轨迹规划及优化研究综述［J］．机械传动，2020，44（2）：154-165.

[15] 叶政．六自由度工业机器人轨迹规划算法研究与仿真［D］．南京：南京航空航天大学，2017.

[16] 田国富，郑博涛，孙书会，等．基于内插法的工业机器人关节空间轨迹规划［J］．重型机械，2019（1）：54-56.

[17] 孙玥，魏欣．基于五次多项式的码垛机器人轨迹规划［J］．包装工程，2017，38（21）：159-163.

[18] 李珍珠．面向HSR-605机器人的轨迹优化研究［D］．武汉：华中科技大学，2019.

[19] 方石银．等步长抛物线时间分割插补算法［J］．重庆文理学院学报（自然科学版），2012，31（2）：48-50.

[20] 李小霞，汪木兰，刘坤，等．基于五次B样条的机械手关节空间平滑轨迹规划［J］．组合机床与自动化加工技术，2012（8）：39-42.

[21] 卜少熊．基于改进B样条函数的并联指向机构轨迹规划的研究［D］．秦皇岛：燕山大学，2021.

[22] 陈伟华．工业机器人笛卡尔空间轨迹规划的研究［D］．广州：华南理工大学，2010.

[23] 冯瑶，公茂震．6R机器人笛卡尔空间轨迹规划中的逆运动学［J］．自动化技术与应用，2018，37（6）：68-73.

[24] 张岩，过仕安，李争，等．串联型机械臂直线轨迹规划Bresenham算法应用与改进［J］．制造技术与机床，2021（5）：63-69；75.

[25] 牛方方．基于圆弧插补的工业码垛机器人轨迹规划［J］．机械制造与自动化，2018，47（4）：149-151.

[26] 孟明辉，周传德，陈礼彬，等．工业机器人的研发及应用综述［J］．上海交通大学学报，2016，50（S1）：98-101.

[27] 董松，郑侃，孟丹，等. 大型复杂构件机器人制孔技术研究进展［J］. 航空学报，2022，43（5）：23-40.

[28] 王皓，陈根良. 机器人型装备在航空装配中的应用现状与研究展望［J］. 航空学报，2022，43（5）：41-63.

[29] 喻龙，章易镰，王宇晗，等. 飞机自动钻铆技术研究现状及其关键技术［J］. 航空制造技术，2017，6（9）：16-25.

[30] 袁培江，陶一宁，傅帅，等. 航空制孔机器人的现状与展望［J］. 航空制造技术，2022，65（13）：38-47.

[31] 付鹏强，苗宇航，王义文，等. 航空领域机器人自动钻孔研究进展及关键技术综述［J］. 智能系统学报，2022，17（5）：874-885.

[32] 战强，陈祥臻. 机器人钻铆系统研究与应用现状［J］. 航空制造技术，2018，61（4）：24-30.

[33] 田威，焦嘉琛，李波，等. 航空航天制造机器人高精度作业装备与技术综述［J］. 南京航空航天大学学报，2020，52（3）：341-352.

[34] 董云龙，李祥飞，刘行，等. 航空航天领域机器人化智能装配技术综述［J］. 电子科学技术，2022，28（3）：6-20.

[35] 赵欢，葛东升，罗来臻，等. 大型构件自动化柔性对接装配技术综述［J］. 机械工程学报，2023，59（14）：277-297.

[36] 王龙，林兴浩，王彬，等. 机器人铣削加工轨迹研究现状及发展趋势［J］. 机床与液压，2022，50（18）：136-141.

[37] 廖文和，田威，李波，等. 机器人精度补偿技术与应用进展［J］. 航空学报，2022，43（5）：1-22.

[38] 朱大虎，徐小虎，蒋诚，等. 复杂叶片机器人磨抛加工工艺技术研究进展［J］. 航空学报，2021，42（10）：8-30.

[39] 黄海丰，刘培森，李擎，等. 协作机器人智能控制与人机交互研究综述［J］. 工程科学学报，2022，44（4）：780-791.

[40] HUA Y X. Review of trajectory planning for industrial robots［J］. Journal of physics：conference series，2021，1906（1）：1-6.

[41] THOMAS R K. Robotics and automation handbook［M］. Boca Raton：CRC Press，2005.

[42] GOU Z J，WANG C. The trajectory planning and simulation for industrial robot based on fifth-order B-splines［J］. Applied mechanics and materials，2014，538：367-370.

[43] DOLLARHIDE R L，AGAH A. Simulation and control of distributed robot search teams［J］. Computers and electrical engineering，2003，29（5）：625-642.

[44] DERBY S. Simulating motion elements of general-purpose robot arms［J］. The international journal of robotics research，1983，2（1）：3-12.

[45] LUIGI B，CLAUDIO M. Trajectory planning for automatic machines and robots［M］. Heidelberg：Springer，2008.

[46] LIU Y，CONG M，ZHENG H，et al. Porcine automation：robotic abdomen cutting trajectory planning using machine vision techniques based on global optimization algorithm［J］. Computers and electronics in agriculture. 2017，143：193-200.

[47] WAN W W，LU F，WU Z P，et al. Teaching robots to do object assembly using multi-modal 3D vision［J］. Neurocomputing. 2017，259（11）：85-93.

[48] WANG X V，KEMENY Z，VANCZA J，et al. Human-robot collaborative assembly in cyber-physical production：Classification framework and implementation［J］. CIRP Annals，2017，66（1）：5-8.

[49] BOGUE R. The growing use of robots by the aerospace industry［J］. Industrial robot，2018，45（6）：

705-709.

[50] ZHAN Q, LIU Z B, CAI Y. A back-stepping based trajectory tracking controller for a non-chained nonholonomic spherical robot [J]. Chinese journal of aero nautics, 2008, 21 (5): 472-480.

[51] NGUYEN H N, ZHOU J, KANG H J. A calibration method for enhancing robot accuracy through integration of an extended Kalman filter algorithm and an artificial neural network [J]. Neurocomputing, 2015, 151 (3): 996-1005.

[52] LI M, TIAN W, HU J S, et al. Study on shear behavior of riveted lap joints of aircraft fuselage with different hole diameters and squeeze forces [J]. Engineering failure analysis, 2021, 127: 105499-105514.

[53] LIU H, ZHU W D, KE Y L. Pose alignment of aircraft structures with distance sensors and CCD cameras [J]. Robotics and computer integrated manufacturing, 2017, 48: 30-38.

[54] LIU H, ZHU W D, DONG H Y, et al. A helical milling and oval countersinking end-effector for aircraft assembly [J]. Mechatronics: The Science of Intelligent Machines, 2017, 46: 101-114.

[55] WANG W B, GUO Q, YANG Z B, et al. A state-of-the-art review on robotic milling of complex parts with high efficiency and precision [J]. Robotics and computer-integrated manufacturing, 2023, 79: 102436-102470.

[56] ZHU Z R, TANG X W, CHEN C, et al. High precision and efficiency robotic milling of complex parts: challenges, approaches and trends [J]. Chinese journal of aeronautics, 2022, 35 (2): 22-46.

[57] LI W L, XIE H, ZHANG G, et al. 3-D shape matching of a blade surface in robotic grinding applications [J]. IEEE/ASME transactions on mechatronics, 2016, 21 (5): 2294-2306.

[58] ZHU D H, FENG X Z, XU X H, et al. Robotic grinding of complex components: A step towards efficient and intelligent machining-challenges, solutions, and applications [J]. Robotics and computer-integrated manufacturing, 2020, 65: 101908-101922.

[59] XIE H, LI W L, JIANG C, et al. Pose error estimation using a cylinder in scanner-based robotic belt grinding [J]. Transactions on Mechatronics, 2021, 26 (1): 515-526.

[60] HE W, LI Z, CHEN C L. A survey of human-centered intelligent robots: Issues and challenges [J]. Journal of Automatica Sinica, 2017, 4 (4): 602-609.